OSTSEE
Gelting
Buckhagen
Damp
Hemmelmark
Noer
Knoop
Quarnbek
Kl. Nordsee
Marutendorff
Schierensee
Bredeneek
Bothkamp
Depenau
Stockseehof
Die Blomenburg
Lammershagen
Neuhaus
Panker
Neudorff
Helmstorf
Wittenberg
Salzau
Rastorf
Rantzau
Kletkamp
Wahlstorf
Schloß Plön
Weissenhaus
Farve
Testorf
Siggen
Gaarz
Güldenstein
Hasselburg
Sierhagen
Schloß Eutin
Nehmten
Seedorf
Glasau
Wensin
Rohlstorf
Pronstorf
Trave
Nütschau
Fresenburg
Borstel
Niendorf b.L.
Blumendorf
Kastorf
Jersbek
Steinhorst
Ahrensburg
Niendorf a.Sch.
Kogel
Groß-Zecher
Gudow
Basthorst
Schloß Reinbek
Wotersen
Friedrichsruh
Gülzow
E.R.

Henning von Rumohr
Hubertus Neuschäffer

Schlösser und Herrenhäuser in Schleswig-Holstein

Verlag Weidlich Frankfurt

Gesamtherstellung: Kösel, Kempten
Printed in Germany
ISBN 3 8035 1216 6

Inhaltsverzeichnis

Südliches Holstein
(Kreise Segeberg, Stormarn,
Herzogtum Lauenburg und Stadt Lübeck)

Vorwort

Die eigentliche Geschichte des Landes, und damit die Geschichte der Schlösser und Herrenhäuser, beginnt mit der Belehnung des Grafen Adolf v. Schauenburg im Jahre 1111 mit den beiden holsteinischen Grafschaften Holstein und Stormarn. Das Herzogtum Lauenburg nimmt bis zum Beginn des 19. Jahrhunderts eine andere Entwicklung. Askanier und das Haus Hannover in verschiedenen Zweigen regieren dort. Dennoch ist der Verlauf der Gutsgeschichte ähnlich vorgegangen, vor allem gibt es bereits lang vor der geschichtlich politischen Verquickung mit Schleswig und Holstein zahlreiche familienmäßige Überschneidungen und Verbindungen.

Die Schauenburger sollten 350 Jahre lang das Land regieren, im Jahre 1459 starb das Geschlecht aus. Sie waren ein Geschlecht, das im Grunde bis auf den heutigen Tag nicht vergessen ist, obwohl seit ihrem Aussterben ein halbes Jahrtausend vergangen ist. Es gibt kaum eine Stadt im Lande, die nicht bevorzugte Straßen und Plätze nach den Schauenburgern benannt hätte, und die Vornamen der Grafen Johann und Gerhard, Klaus und Adolf sind bis in die Gegenwart hinein volkstümlich geblieben.

Dabei haben sie es im Anfang ihrer Geschichte nicht leicht gehabt. Die Auseinandersetzungen mit den schon vorhandenen führenden Geschlechtern des Landes, mit inneren und äußeren Feinden haben viele Kämpfe gekostet, und zweimal haben sie noch für viele Jahre stärkeren Kräften weichen müssen. Aber sie verstanden es, ihren neuen Untertanen ein lockendes Ziel zu setzen und das hieß: Eroberung und Christianisierung des wendischen Ostholsteins. Der Graf richtete klugerweise seine Burg nicht in Altholstein ein, sondern am Rande des wendischen Landes, auf dem Segeberg, und er umgibt sich mit Lehnsleuten, die sicherlich mit ihm gekommen sind und deren Burgen die Keimzellen der späteren Güter um Segeberg werden.

Und dann strömen lehnsfähige Männer von allen Seiten herzu, aus dem altholsteinischen Raum, aus Dithmarschen, aus den Elbmarschen und weiter von Süden her. Und als das Land erobert ist, verteilt der Graf das Land zu Lehen an diese Ritter, die eine Ritterschaft bilden und sich als der Adel des Landes bezeichnen. Hier liegt die Erklärung, warum in Holstein, von den Elbmarschen abgesehen, alle sogenannten „adeligen Güter“, d. h. die ritterschaftlichen, im alten Grenzgebiet zwischen den Sachsen (Niedersachsen) und den Wenden östlich davon liegen.

In dieser Zeit tauchen die Geschlechter auf, die bis zur Neuzeit hin die Geschicke des Landes bestimmen sollten, die Rantzau, die wahrscheinlich

aus dem Gebiet zwischen Saale und Mulde zugewandert sind, die Reventlow, die aus Dithmarschen kommen, die Brockdorff aus der Elbmarsch, die Rumohr und die Ahlefeldt aus der Gegend um den Westensee, die Qualen und Buchwaldt aus dem wendischen Bereich, weiter die Pogwisch und v. der Wisch, die Sehestedt, die Rathlow u. a., heute längst ausgestorbene Familien. Zu den sogenannten „Originarii", den Ursprünglichen, stoßen bald die „Recepti", die aufgenommen worden sind in die hiesige Ritterschaft wie die Bülow und Schack, die im Lauenburgischen und Mecklenburgischen zu den alten ritterschaftlichen Familien gehören und sehr deutlich werden lassen, wie die familiären Wechselbeziehungen im nordostdeutschen Raum des ehemaligen Kolonisationsgebietes schon früh ausgeprägt waren.
Es ist ein langer Weg vom ritterlichen Lehnsmann des 12. Jahrhunderts bis zum Gutsherrn des 18., von der Burg des Mittelalters bis zum Herrenhaus des adeligen Gutes, dem Schloß eines regierenden Landesfürsten der Neuzeit. Im Mittelalter wird unterschieden zwischen castrum und curia. Curia ist der Hof, aus dem der Ritter mit seinen Zugehörigen seinen Lebensunterhalt zieht, ein Hof, der nicht besonders groß ist, auf keinen Fall vergleichbar mit den Gutshöfen späterer Zeit. Die curia liegt üblicherweise im oder am Dorf und ist kaum der Ausgangspunkt der großen Höfe gewesen.
Daneben gibt es das castrum, die Burg, als Verteidigungs- und Wehranlage. Die Burg liegt immer in einer gut zu verteidigenden Umgebung, mangels Berghöhen immer im oder am Wasser, im See, auf einer Halbinsel, einer Flußschleife, im Moor. Sie bestand aus Erdwall und Graben, der Wall wahrscheinlich durch einen Palisadenzaun verstärkt, die Burg selber sehr klein, vielleicht aus Fachwerk erbaut, wohl mehr ein Turm als ein Haus. Es gibt viele Burgplätze im ganzen Land, aber kein einziges Bauwerk ist uns erhalten geblieben.
Die ältesten noch vorhandenen Bauten stammen aus dem Ende des 15. Jahrhunderts, so zum Beispiel Wahlstorf am Lancker See. Einige Häuser des 16. Jahrhunderts zeigen genau den gleichen Typus, wie Roest und Lindau in Angeln. Stets finden wir einen mächtigen Rittersaal, daneben einige wenige kleine Zimmer. Darüber ein großes Frauengemach, die Eingangstür aus Sicherheitsgründen hoch liegend. Aber es ist offensichtlich, daß diese Häuser schon ein ganz anderes Wohnbedürfnis verraten als die Turmbauten des 12. und 13. Jahrhunderts. Auf der anderen Seite sind sie noch keine Herrenhäuser im Sinne des 18. Jahrhunderts, die großen Gutshöfe sind noch nicht vorhanden oder fangen doch erst an, sich zu bilden. Infolgedessen stehen diese Häuser im allgemeinen noch nicht in achsengerechter Verbindung zu den erst später angelegten Wirtschaftshöfen.

Eine kurze Zwischenepoche stellt die Zeit der Renaissance dar, ihr verdanken wir zwei heute noch wohlerhaltene Häuser, Ahrensburg bei Hamburg und Hoyerswort an der schleswigschen Westküste, auch sie beide noch ohne Beziehung zu den Gutshöfen erbaut. Die Entwicklung von der mittelalterlichen Grundherrschaft zur Gutswirtschaft der Neuzeit wird durch eine Reihe von Faktoren bestimmt. Der räumliche Umfang mancher Güter ist nachweislich im Mittelalter schon ebenso groß wie Jahrhunderte später. Wir wissen zum Beispiel, daß das Gut Rundhof in Angeln schon im 14. Jahrhundert fast den gleichen Umfang hatte wie noch fünfhundert Jahre später. Das gleiche gilt für Lindau im Dänischen Wohld oder Pronstorf bei Segeberg. Aber auch auf diesen Gütern hat im Mittelalter noch keine Gutswirtschaft im heutigen Sinne bestanden. Sie wird erst im 16. und 17. Jahrhundert eingerichtet.

Maßgebend hierfür ist einmal die Tatsache der Einführung der modernen Waffen, des Schießpulvers, der Aufstellung von Söldnertruppen, die das Ende der Ritterzeit und somit den Übergang vom ritterlichen Lehnsmann zum Landedelmann erzwangen. Weiter kommt die hohe Konjunktur für landwirtschaftliche Produkte hinzu, die um die Wende des 15. Jahrhunderts einsetzt und lange Jahrzehnte anhalten sollte. Endlich schuf der Zusammenbruch der katholischen Kirche mit der Einführung der Reformation in der Mitte des 16. Jahrhunderts die Möglichkeit, Land in größerem Umfange aus dem Besitz der Bistümer und Klöster zu erhalten. Fürsten und Ritterschaft beteiligten sich gemeinsam an dieser Agrarreform, von vielen Gütern wissen wir, daß sie aus altem geistlichen Besitz entstanden sind, Breitenburg, Bothkamp, Damp, Testorf.

Nachdem aber die großen Gutshöfe gebildet waren, entstand die Notwendigkeit der Errichtung von Herrenhäusern, die so genannt werden im Gegensatz zu den landesherrlichen Schlössern. Jetzt steht nicht mehr der Wehrgedanke des Mittelalters im Vordergrund, jetzt entsteht in einem großartigen Zusammenspiel der Kräfte die Einheit des schleswig-holsteinischen Gutshofes, die bis in unsere Tage hinein zum Teil lebendig geblieben ist. Das Herrenhaus hat seinen festen Platz im Rahmen des Ganzen, es stellt eine Funktion des Gutsbetriebes dar. Es steht daher regelmäßig quer zum Hof mit seinen mächtigen Scheunen und Ställen, ihm gegenüber das Torhaus, des nachts wurde es verschlossen. Hinter dem Herrenhaus erst beginnt die private Sphäre, hier liegen die Gärten und Parks, die Alleen und Boskette. Das Herrenhaus ist Mittelpunkt des sogenannten „adeligen Gutes", ein rechtlicher Terminus des ritterschaftlichen Gutes, das einen eigenen Rechts- und Verwaltungsbezirk darstellt. Dies erhält besonders seinen Ausdruck dadurch, daß im Herzogtum Lauenburg diese in Schleswig-

Holstein sogenannten adeligen Güter dort die „adeligen Gerichte" heißen. Die große Zeit des Herrenhausbaues in Schleswig-Holstein beginnt folgerichtig erst mit dem 17. Jahrhundert. Sie hat in vielen Beispielen bis zum Zweiten Weltkrieg hin Bestand gehabt. Allerdings, die baugeschichtlich bemerkenswerten Häuser fallen fast alle in das 18. und in die ersten Jahrzehnte des 19. Jahrhunderts hinein. Was dann folgt, zeigt einen erschreckenden Verfall der Baugesinnung, die Ausdruck einer neu angebrochenen Zeit dokumentiert. So entstehen Herrenhäuser im Schweizerstil wie auf Bienebek, im Stil einer englischen Cottage wie auf Hemmelmark, in neugotischen oder neubarocken Formen wie das zinnenreiche Tremsbüttel oder das cyklopenhafte Salzau oder im Stil einer Grunewaldvilla wie auf manchen anderen Höfen. Selbst die Einheit des Hofes wird dann mehrfach gesprengt wie in Wittenberg, Glasau, Kühren, wo die Herrenhäuser fern vom Wirtschaftshof im Park erbaut wurden.
Das Repräsentationsbedürfnis noch des 19. Jahrhunderts ist heute verschwunden, das alte patriarchalische Verhältnis des Gutsherren zu seinen Leuten hat sich gelockert. Aus dem Landedelmann der alten Zeit ist der Leiter eines modernen technisierten Betriebes geworden. Dementsprechend wird sein Wohnbedürfnis heute besser in einem kleinen, modernen Haus befriedigt als in den großen Herrenhäusern.
Der Prozeß der Umwandlung der Herrenhäuser begann auf den aufgesiedelten Gütern, bleibt aber längst nicht mehr auf sie beschränkt. Einige Häuser wurden ganz abgebrochen wie Oppendorf und Perdöl, andere brannten aus, um nicht wieder aufgebaut zu werden wie Tangstedt. In Heiligenstedten und auf der Blomenburg wurden Fürsorgeerziehungsheime eingerichtet, in Schönhagen und Nehmten Schullandheime. Blumendorf wurde zeitweilig Krankenhaus, Freudenholm ein Sanatorium, Kl. Nordsee Altenheim. In Tralau und Mori entstanden Altersheime, Hotels und Hotelpensionen in Tremsbüttel und Dunkelstorf. Der evangelische Johanniter-Orden gründete in Bothkamp für einige Zeit ein Wohnheim für ältere Menschen, in Hemmelmark war ein Internat, in Nütschau zog der katholische Benediktiner-Orden ein.
Groß ist die Zahl der Schulen aller Art: Hagen erhielt eine Dorfschule, Louisenlund und Carlsburg sind Internatsschulen ebenso wie Kaltenhof und Blumendorf zeitweilig. In Ascheberg war die Landesluftschutzschule untergebracht, in Weissenhaus war die sogenannte Europa-Kurzschule. Putlos wurde von der Bundeswehr übernommen.
Verschiedene Herrenhäuser dienen kulturellen Zwecken. Die Universität Kiel besitzt Schädtbek, Hohenschulen und Stift, Borstel beherbergt ein Forschungsinstitut zur Bekämpfung der Tuberkulose. Das Max-Planck-Institut

in Göttingen hat sich in Trenthorst eingerichtet, Ahrensburg wurde Museum.
Manche Häuser, die noch im Privatbesitz stehen und von ihren Besitzern bewohnt werden, haben ihre Pforten interessierten Besuchern weit geöffnet. Auf Deutsch-Nienhof finden seit Jahren regelmäßige Veranstaltungen mit Vorträgen statt, Hasselburg und Seedorf veranstalten Hauskonzerte. Andere Häuser zeigen in Führungen, meist durch die Besitzer selber, bereitwillig ihre Schätze an Gemälden und Inneneinrichtungen, an Stuck und Bibliotheken. An erster Stelle sind hier Glücksburg und Altenhof zu nennen. So zeigt sich auch in diesen Fällen eine Wandlung der Anschauungen, eine Abkehr von der Sphäre des Privaten, eine Zuwendung zur Allgemeinheit.
An Neubauten ist nach dem Zweiten Weltkrieg nicht wenig entstanden, aber entsprechend den oben niedergelegten Gedanken ist kaum eines mehr als Herrenhaus anzusprechen, sie sind es nicht und sie wollen es nicht sein. So sind zu erwähnen Bauten in Noer, in Rixdorf und Ascheberg, in Kl. Nordsee und Ludwigsburg, in Bredeneek, Schrevenborn und Rohlstorf. Mancherorts wurden ehemalige Inspektorenhäuser oder andere Nebengebäude umgebaut, fast überall ist die Tendenz erkennbar, sich von den alten großen Häusern, die zum großen Teil aus wirtschaftlichen Gründen nicht länger bewohnbar sind, zu trennen. Erst in jüngster Zeit, 1962, ist mit dem Bau des stattlichen, doch schlichten neuen Hauses in Stockseehof zielbewußt ein Weg beschritten worden, der alte Wohnkultur mit den Bedürfnissen der Neuzeit, der betriebliche Erfordernisse mit zweckmäßiger Raumgestaltung zu verbinden weiß.
In unserem umfassenden Werk über die Schlösser und Herrenhäuser in Schleswig-Holstein sind die wichtigsten und schönsten Häuser abgebildet und beschrieben. Wegen der sehr großen Anzahl bedeutender Schlösser und Herrenhäuser im ganzen Lande ist im Text bis auf die Hinweise auf die Bauherren, besonders auf die Baugeschichte und die Ausstattung der Häuser eingegangen. Für eine wirklich vollständige Information – Besitzerfolge von frühester Zeit bis in die Gegenwart und ausführlichere Details über die Ausstattung – stehen den Interessenten unsere Verlagswerke: Schlösser und Herrenhäuser in Schleswig; Schlösser und Herrenhäuser in Ostholstein; Schlösser und Herrenhäuser im nördlichen und westlichen Holstein, sämtlich von Henning von Rumohr verfaßt, zum Kauf zur Verfügung. Das ergänzende ausführliche Werk über den südlichen Landesteil Holsteins und das Herzogtum Lauenburg wird voraussichtlich im nächsten Jahr, verfaßt von Hubertus Neuschäffer, erscheinen. Die bedeutendsten Häuser aus diesen Landesteilen sind im Gesamtband bereits enthalten.

Schloss Glücksburg

Kirchspiel Glücksburg   Kreis Schleswig-Flensburg

Das Schloß Glücksburg ist von einem eigenen Nimbus umgeben, sicherlich eines der bedeutendsten Schlösser des gesamten europäischen Nordens, gleich hervorragend durch die Größe des Bauwerks, durch seine Geschichte und durch den Reichtum seiner engen Verbindung zum schleswig-holsteinischen Herzogshaus in mehreren Linien; ja sogar durch seine zeitweilige Eigenschaft als königliche Residenz sichert sich Glücksburg einen hervorragenden Platz innerhalb der Geschichte Schleswig-Holsteins und Dänemarks. So ist es nur natürlich, wenn alljährlich Touristenströme aus aller Welt, in erster Linie aus Dänemark und den Herzogtümern dorthin kommen, um ein so wichtiges und eindrucksvolles Schloß zu besuchen.
Wahrhaft, ein Schloß ist es, wie es mit seinem dreifach aneinandergebauten, fast quadratischen Mittelbau und mit den vier wuchtigen Ecktürmen unmit-

telbar aus dem Wasser aufsteigt, umkränzt von dem dunklen Grün der Buchenwälder rings um den Schloßteich, bis zum heutigen Tag zugänglich nur über eine einzige schmale Brücke, früher eine Zugbrücke. Natur und Kunst, Sage und Geschichte treffen sich in Glücksburg in großartiger und nirgendwo sonst in den Herzogtümern wiederkehrender Verbindung. Das Schloß stammt aus dem Ende des 16. Jahrhunderts, aber die Geschichte Glücksburgs reicht in wesentlich ältere Zeiten zurück. Durch die Ausmündung der Schwennau in die Ostsee und ihren Verlauf durch den heutigen Schloßteich war schon in frühgeschichtlicher Zeit die Möglichkeit für einen ruhigen Hafen geschaffen. Die Gegend des heutigen Glücksburg dürfte daher schon vor Jahrtausenden einen festen Stützpunkt für eine Ansiedlung gebildet und vielleicht schon damals eine Häuptlingsburg besessen haben.
Fast alle großen Schlösser haben im Laufe der Geschichte erhebliche Umbauten erfahren. Sicherlich ist auch am Schlosse Glücksburg mancherlei verändert worden. Gleichwohl präsentiert es sich auch heute noch in seinen wesentlichen Bauelementen fast genauso wie vor vierhundert Jahren, ein eindrucksvoller Beweis für die gestaltende Kraft seines Bauherrn, des Herzogs Hans d. J. Die entscheidenden Impulse gingen zweifellos vom Herzog selber aus.
Wenn uns heute Glücksburg etwas schwer, manchmal düster mittelalterlich erscheint, so entspricht dies nicht dem Zustand zur Zeit der Erbauung. Die mit Schweifgiebeln geschmückten Zwerchhäuser, vier an der Zahl, wurden zwischen 1814 und 1835 abgenommen, die Hauptgiebel durch Entfernung des geschweiften Rahmens vereinfacht. Das Schloß muß daher ursprünglich in seiner äußeren Gestaltung einen ähnlich bewegten Eindruck vermittelt haben wie die gleichzeitigen Schlösser der sogenannten Weser-Renaissance, etwa wie Hämelschenburg oder Wolfsburg.
Seit 1854 residierte König Friedrich VII. für längere Zeit hier, am 15. November 1863 verstarb er auf Glücksburg, in einem historisch entscheidenden Zeitpunkt. Da mit ihm das dänische Königshaus erlosch, traten mit seinem Tode die weitreichenden Bestimmungen des Londoner Protokolls von 1852 in Kraft, durch das die Großmächte versucht hatten, die schwierige Erbfolgefrage zugunsten der Erhaltung der Integrität des Gesamtstaates zu regeln. Weder die Herzogtümer noch Preußen waren bereit, dieser Regelung zuzustimmen. So löste der Tod des Königs praktisch den preußisch-dänischen Krieg von 1864 aus, der für Dänemark zu dem schwerwiegenden Verlust der Herzogtümer führte.
Nach der Einverleibung der Herzogtümer in Preußen übertrug der neue Landesherr, König Wilhelm I. von Preußen, im Jahre 1871 Glücksburg als Lehen dem damaligen Chef des herzoglichen Hauses, dem Herzog Carl, der

auch im Schlosse bis zu seinem Tode im Jahre 1878 gewohnt hat, ebenso wie nachher seine Witwe, die Herzogin Wilhelmine, Tochter König Friedrichs VII. bis zu ihrem Tode im Jahre 1891. Sie beide sind auf dem neuen Glücksburger Friedhof beigesetzt worden.
Ihm folgte sein Bruder, Herzog Friedrich, † 1885, diesem der Sohn Herzog Friedrich Ferdinand, † 1934. Sie alle haben noch ihren Hauptwohnsitz in Glücksburg gehabt. Aber wenn auch in den nachfolgenden Generationen der Wohnsitz überwiegend nach den Häusern Grünholz, Louisenlund und Bienebek verlegt wurde, so bleibt doch Glücksburg immer noch der Mittelpunkt des herzoglichen Hauses. So weitgehend es auch dem flüchtigen Besucher zugänglich gemacht wird, ebenso sehr bleibt es doch ein bewohnbares Schloß, sei es für fürstliche Empfänge oder für Hauskonzerte oder für Zeiten beschaulicher Ruhe.
Größere Familienveranstaltungen innerhalb des herzoglichen Hauses werden hier abgehalten, ebenso wie öffentliche Empfänge und Tagungen. Vor allem durch die Schloßkonzerte ist Glücksburg weithin bekannt geworden. Anfangs fanden diese in der Orangerie statt, in den letzten Jahren jedoch

Herrenzimmer

stets im Schloß selbst, wo der Rahmen der alten großen nur durch Kerzen erhellten Säle ein besonders feierlicher ist.
Das Schloßmuseum ist ganzjährig geöffnet und wird alljährlich von nahezu 100 000 Besuchern, vielen auch aus Skandinavien besichtigt.
Wenn heute das Schloß eine ungewöhnlich reiche Ausstattung an Portraits und Landschaftsbildern, an Gobelins und Kupferstichen, an Mobiliar und Büchern enthält, so sollte man glauben, daß dies alles von Generation zu Generation in vier Jahrhunderten zusammengetragen sei, ein Gedanke, der sich einem aufdrängt, wenn man bedenkt, daß Glücksburg praktisch immer im Besitz des Hauses Schleswig-Holstein geblieben ist. Aber genau das Gegenteil ist der Fall, aus den früheren Jahrhunderten ist an Ausstattung außerordentlich wenig erhalten; schon 1824 nach dem Tode der Herzogin Anna Caroline wurde der größte Teil des Mobiliars versteigert. Vieles wurde nach 1864 nach Berlin überführt, nachdem das Schloß schwere Beschädigungen erlitten hatte. 1864/65 wurde es gar als Quartier für Truppen, als Lazarett und Kaserne benutzt. Als König Friedrich VII. im Jahre 1854 das Schloß beziehen wollte, mußte es, wie es in den Akten heißt, neu montiert werden, damals kamen bedeutende Gobelins aus dem Schloß Gottorf nach Glücksburg.

Schloßkapelle

Gobelin aus Brüssel, um 1700

Erst 1871 kam mit dem Wiedereinzug des Herzogs Carl die reiche Ausstattung in das Schloß, darunter weitere wertvolle Gobelins aus dem Schlosse Ballenstedt und der Großteil des Mobiliars. So sind aus der Zeit des Erbauers, des Herzogs Hans, fast nur noch die Stuckierungen der Gewölbe sowie die meisten Türen erhalten. Etwas mehr stammt aus der Zeit des Urenkels, des Herzogs Philipp Ernst, † 1729, vor allem die Einrichtung des nordwestlichen Eckzimmers im Obergeschoß, des sogenannten Dankwartzimmers. Die Wände, soweit sie nicht durch Pilaster und Kamin unterbrochen sind, sind über einem Sockelpaneel in weiß und gold mit bemalten Stoffbahnen bespannt, die eine Darstellung der Türkenkriege enthalten, und zwar die Kämpfe Prinz Eugens von Savoyen in Ungarn und Siebenbürgen. Sie sind kurz nach 1731 für den Statthalter Markgraf Friedrich Ernst von Brandenburg-Kulmbach geschaffen worden. Derartige Serien gehören heute zu den größten Seltenheiten. Im übrigen stammen aus dieser Zeit mehrere Kamine im Obergeschoß, Sockelpaneele, Türen und Wandverkleidungen.

Der kostbarste Besitz des Schlosses sind jedoch die Ledertapeten und die Gobelins. Vor allem die letzteren stellen sicherlich die bedeutendste Sammlung im gesamten nordeuropäischen Raum dar und sind, von einigen

wertvollen Einzelstücken abgesehen, zwei getrennten Herkünften zuzurechnen.
Die eine Folge, die aus dem Schlosse Gottorf stammt, und speziell für dieses Haus angefertigt ist, wie das am oberen Rand eingewebte schleswig-holsteinische Wappen beweist, sind Brüsseler Arbeiten aus der Zeit um 1700. Diese Gobelins hängen im Gobelinzimmer im 3. Geschoß, einige von ihnen befinden sich heute in Grünholz und Louisenlund. Die Gobelins stellen Szenen dar aus den Metamorphosen des römischen Dichters Ovid und sind in Brüssel von Hendrick Ruydams, † 1719, gewebt. Die flandrischen Bildwirker haben die Begebenheiten der Ovidischen Fabeln in weite Parklandschaften verlegt. Prächtig gekleidete Gestalten beleben die Szenerie, ein wundervolles Beispiel barocken Prunkes in höfischer Umgebung, eine großartige Verbindung klassischer Würde mit zeitgemäßer Kunstauffassung.
Die zweite Folge stammt aus dem Schlosse Ballenstedt; sie umfaßt neun Stücke und ist im Weißen Saale aufgehängt, der dadurch zum großartigsten Raum des ganzen Schlosses erhöht wird. Es sind Brüsseler Arbeiten mit Darstellungen des Lebens flämischer Bauern und Fischer nach Vorlagen von David Teniers d. J., die sogenannte Folge der Fins Teniers. Sie sind um 1740 gleichfalls in Brüssel entstanden und zwar in der Werkgemeinschaft des Brüsseler Bildwirkers Peter van den Hecke, † 1752, zusammen mit den Brüdern Pieter und Frans von der Borgth. Hier ist nichts zu spüren von der höfischen Grundhaltung der älteren Gobelins, frei und locker gesellen sich hier die schlichten Menschen des täglichen Lebens beim Tanz und auf dem Markt zueinander.
Unter den Einzelstücken sind Brüsseler Arbeiten um 1650 als Ausklang der Rubens-Serien, sowie Wandteppiche der Manufaktur Lille um 1700 bis 1730 zu nennen, weitere Arbeiten von Brüssel um 1690 und 1710, von Amsterdam um 1650.
Die Ledertapeten stammen aus dem Schlosse Gottorf und sind zur Zeit Friedrichs VII. nach Glücksburg gebracht worden. Sie hängen zum großen Teil im Ledertapetenzimmer im 3. Geschoß und stellen Jagdszenen und Reiterkämpfe dar. Die Tapeten sind mit Gold, Silber und bunten Farben bemalt, seltene Arbeiten aus der Blütezeit des flandrischen Barocks. Sie sind wahrscheinlich um 1670 in Mecheln in der Werkstatt der Familie Vermeylen hergestellt worden und lehnen sich bei den Darstellungen von Jagd und Landleben eng an Landschaftsgemälde von Peter Paul Rubens und seiner Schüler an. Sie verwenden in ihren Werken Gold- und Silberauflage zusammen mit ornamentaler Lederpressung und buntfarbiger Ölmalerei. So bieten die Ledertapeten ein vorzügliches Beispiel der reichen flandrischen Malerei der Zeit.

Schloß Glücksburg

Der Kunstbesitz umfaßt eine umfangreiche Sammlung von hervorragenden Portraits, vor allem fürstlicher Häuser aus allen Jahrhunderten seit Bestehen des Schlosses. Es befinden sich darunter Werke von Gustav Pilo, Antoine Pesne, Valentin Wassner, Johann Heinrich Tischbein, C. A. Goos, Robert Schneider und vielen anderen mehr. Ferner sind eine größere Anzahl von Landschafts- und Historienbildern, Ansichten von Glücksburg aus alter und neuerer Zeit vorhanden. Hinzu kommen mehrere Marmorplastiken von Bertel Thorvaldsen, sowie ein sehr reichhaltiges Mobiliar vor allem aus der Zeit des Rokoko und des Empire.
Endlich ist zu erwähnen die etwa 10000 Bände umfassende Bibliothek mit zahlreichen Werken zur schleswig-holsteinischen Landeskunde und zur Geschichte des Hauses Schleswig-Holstein. Die graphische Sammlung enthält über 6000 Blatt, darunter zehn große Stiche nach Motiven der Loggien des Vatikan von G. Volpato aus den Jahren 1772 bis 1777.

Schloß Glücksburg

Besitzer: Christoph Prinz zu Schleswig-Holstein-Sonderburg-Glücksburg

Besitzer

vor 1209	königlich
1209	Rüdekloster, ein Kloster der Cicerciensermönche
1538	königlich
1582	Herzog Hans d. J., dann dessen Nachkommen aus der Linie Schleswig-Holstein-Sonderburg-Glücksburg bis
1825	Herzog Wilhelm zu Schleswig-Holstein-Sonderburg-Glücksburg (-Beck), neuere Linie Glücksburg, dann dessen Nachkommen

Bauten

1209	Kloster erbaut
1582	Kloster abgebrochen
1582–87	Schloß Glücksburg erbaut
1685	Kavalierhaus erbaut
1717	Schloßkapelle eingerichtet, Back- und Brauhaus abgebrannt
1743	Orangerie erbaut
1786	Kavalierhaus aufgestockt
um 1815	Zwerchgiebel abgebrochen
1853/54	Schloß als königliche Residenz eingerichtet
1905	Schloß restauriert

Gelting

Kirchspiel Gelting Kreis Schleswig-Flensburg

Gelting gehört seit alters her zu den bedeutendsten Besitzungen im Herzogtum. Schon der Ortsname deutet auf ein hohes Alter und dürfte in die Zeit der Besiedelung des Landes durch den Volksstamm der Angeln zurückreichen.
Nach der Überlieferung gehen die älteren Teile des heutigen Schlosses auf die Jahre 1470 oder 1476 zurück, der dicke runde Turm am Ostende und wohl auch der Ostflügel selber. Dabei kann es durchaus möglich sein, daß der Turm auf wesentlich älteren Fundamenten ruht und daß er bis dahin als Wohnturm gedient hat, während jetzt durch die Errichtung des Ostflügels eine erste wesentliche Erweiterung vorgenommen wurde.

Schloß Gelting

Die Lage des Schlosses ist höchst bezeichnend sowohl für die große Bedeutung einer Befestigung an dieser Stelle wie für das hohe Alter dieser Anlage. In späteren Jahrhunderten bemüht man sich um eine achsengerechte Anordnung von Herrenhaus und Bauhof, in Gelting ist hiervon noch nichts zu spüren. Auf innerer Insel, nur durch schmale Brücken mit der Außenwelt verbunden, liegt das gewaltige Bauwerk, vielleicht nicht einmal das älteste an dieser Stelle. Überall innerhalb des Schloßhofes, wo man auch aufgräbt, stößt man auf Mauerschutt und Ziegelbrocken.
Aber auch der Wirtschaftshof muß alt sein, auch er ist von allen Seiten durch breite Gräben geschützt, ja mehr noch, durch festungsartige Wälle und Bastionen. Man weiß, daß diese Wälle noch im 18. Jahrhundert instandgesetzt und aufgehöht worden sind, zweifellos sind sie aber in ihrem Kern mittelalterlich und dürften in Verbindung zu bringen sein mit der königlichen Burg an der östlichen Spitze Angelns.
Auf Joachim v. Ahlefeldt, † 1701, geht der Bau des Westflügels des Schlosses zurück, der um 1680 erbaut wurde. Ost- und Westflügel waren durch einen Mittelbau verbunden, der wohl schon vor der Erbauung des Westflügels errichtet worden ist. Der Mittelbau hat zunächst ein wesentlich bescheideneres Aussehen gehabt, nur die halbe Tiefe des heutigen, im Erdgeschoß Diele und drei Räume, in den beiden Obergeschossen neben einem Saal nur je einen Raum. Auch die beiden Flügelbauten waren zu jener Zeit bedeutend einfacher ausgestattet, der Ostflügel enthielt im Erdgeschoß die Diele und einen großen alten Saal, wohl den ursprünglichen Rittersaal, beide mit Mittelstütze versehen, in den drei Obergeschossen befanden sich Kornböden. Im Westflügel war im Keller die Holländerei, also die Milchverarbeitung untergebracht, hier gab es in den beiden Obergeschossen Zimmer.
Markgraf v. Brandenburg-Kulmbach suchte nach 1751 nach einem neuen Gutsherrn, ließ aber zuvor den Hof in Ordnung bringen, so wurden zwischen 1746 und 1753 die Scheunen und Ställe nach Entwürfen des Landbaumeisters O. J. Müller teilweise neu erbaut, teilweise umgebaut. Der Kuhstall brannte im Jahre 1972 ab. Das schlichte Torhaus, das sich der Landschaft vorzüglich eingliedert, ist in seiner jetzigen Gestalt im Jahre 1754 erbaut worden, ruht aber auf älteren Fundamenten.
Endlich im Jahre 1758 fand sich ein Käufer, Sönke Ingwersen aus Langenhorn in Nordfriesland. Im Jahre darauf wurde er in den Dänischen Adelsstand erhoben unter dem Titel eines Barons von Geltingen. Dieser hochbedeutende Mann hatte schon bis zum Erwerb von Gelting ein geradezu phantastisches Lebensschicksal hinter sich. Als er jetzt als Herr auf Gelting einzog, blühten Haus und Gut unter seiner kundigen Hand zu einem der schönsten Schlösser unseres Landes auf.

Zunächst galt es, dem neuen Baron ein würdiges Heim zu schaffen, der Mittelbau des Geltinger Herrenhauses wurde von Grund auf umgestaltet, auf die doppelte Tiefe gebracht, der Bau mit hohem doppeltem Walmdach versehen, die Fenster durch große holländische Schiebefenster mit reicher Sprosseneinteilung ersetzt. Im Inneren sind alle Räume in beiden Geschossen in dieser Zeit neu gestaltet worden oder gar völlig neu entstanden. Aber weit über das Bauliche hinaus verstand es dieser erste Baron v. Geltingen, ein wirkliches Schloß zu schaffen. 1777 berief er Michel Angelo Tadei aus Gandria bei Lugano als Stukkateur. Er hat in Gelting fünf Jahre lang gearbeitet und zog 1784 seinen jüngeren Bruder Francesco Antonio nach. In Michel Angelo Tadei fand Baron v. Geltingen den kongenialen Künstler. Von Raum zu Raum fortschreitend wußte er sich in die Gedankengänge des Bauherrn einzufühlen, die triumphale Steigerung seiner Kunst zeigt sich im großen Festsaal im Obergeschoß. Die Darstellung ist geradezu eine Apotheose auf den Schloßherrn. Jugendlich und unternehmend steht er da, selbstbewußt setzt er den Zirkel auf den Globus als Zeichen seiner Kühnheit, den Erdball zu umrunden. Welterfahren, mit fremden Ländern vertraut, hat

Festsaal

Torhaus

er den Rahmen der üblichen Kavalierstour weit hinter sich gelassen. Seine Schutzherrin, die allegorische Figur der Klugheit mit ihren Attributen Spiegel und Schlange, deutet auf Sönke Ingwersen hin, dem ihre Gaben zum Erfolg verhalfen. Das Füllhorn des Glückes schüttet seine Früchte über ihn aus, dahinter die Säule auf hohem Postament gibt dem Relief die großartige Steigerung. Säule und ein Buch im Vordergrund haben symbolische Bedeutung, sie weisen Sönke Ingwersen aus als Liebhaber der Wissenschaften, als Freund der Künste.

Die Gestaltung der übrigen Teile des Saales ist dementsprechend ein großer Wurf. Schmuck und Gliederung der Wandflächen war die Aufgabe von Michel Angelo Tadei. So zog er gerade breite Stuckrahmungen, die senkrecht über der getäfelten Sockelzone aufsteigen und schmückte die Türen mit anmutigen Supraporten. An den Wänden entfaltet sich innerhalb der Rahmen die Reliefplastik mit Darstellung der Künste; so stellen ein Bündel Flöten und ein Dudelsack die Musik dar, ein Bildniskopf und eine Palette die bildenden Künste, ein korinthisches Kapitell mit Lot und Winkelmaß die Architektur. Die Supraporten über den Seitentüren stellen die vier Erdteile dar, Europa mit Szepter und Krone als die wahre Herrscherin der Welt, Asia

in spärlicher Bekleidung am Fuß einer dürftigen Palme und mit Schirm in der Hand, um sich vor der Hitze des Erdteils zu schützen, ähnlich die Figuren der Africa mit der Pyramide und der America.
Aber die unermüdliche Schaffenskraft dieses ersten Barons v. Geltingen erschöpfte sich nicht hiermit. Er wandte erhebliche Mittel auf, um das Schloß mit dem nötigen Inventar zu füllen, legte eine umfangreiche Sammlung von Gemälden sowohl aus der eigenen Familie wie auch aus fürstlichen Häusern an. Sein Sohn und Nachfolger Rudolph Frhr. v. Geltingen berief 1789 den Gartenarchitekten J. C. Bechstedt, nach dessen Plänen Garten und Park gestaltet wurden. Die Zeit war schon über die einseitig konzipierten französischen Gärten des Hochbarock hinweggeschritten. Bechstedt schuf eine kombinierte Anlage von französischem und englischem Garten. Unmittelbar hinter der Gartenfront des Schlosses erstreckt sich die streng gehaltene Gartenanlage des französischen Stils mit Blumenparterre und Bosketts, daneben in geschickter Ausnutzung des Geländes ein englischer Park mit gewundenen Wegen.

Adeliges Gut Gelting

Besitzer: Siegfried Baron v. Hobe-Gelting

Besitzer

1231	königlich
1482	Claus v. d. Wisch Vater und Sohn
1470	königlich
1494	Ritter Hans v. Ahlefeldt dann bis 1724 v. Ahlefeldt
1724	Gottfried v. Wedderkop
1736	königlich
1758	Sönke Ingwersen, Baron v. Geltingen
1786	sein Sohn Rudolph
1820	Levin Baron v. Hobe-Gelting, dann dessen Nachkommen

Gut und Bauten

1231	Gelting, Gyaelting
1470	oder 1476 Bau von Turm und Ostflügel
1680	Bau des Westflügels
1710	Priesholz abgetrennt
1746	und 1753 Bau der Wirtschaftsgebäude
um 1770	Umbau und Erweiterung des Mitteltraktes
1789	Anlage des französischen und des englischen Gartens
1789	Aufhebung der Leibeigenschaft und Parzellierung
1877	Umbau des Ostflügels
1899	und 1900 Restaurierung des Mittelbaues
1925	Einbau der Kapelle im Turm und im Ostflügel
1972	Brand des Kuhhauses

Buckhagen

Kirchspiel Kappeln   Kreis Schleswig-Flensburg

Das heutige Gut ist aus einem Teil der großen silva geltinga hervorgegangen, dem Geltinger Wald, der nach dem Erdbuch König Waldemars II. von 1231 Besitz des Königs war.
Im Jahre 1624 beginnt eine Epoche von genau 175 Jahren, in der das Gut in eigentümlicher Weise seinen Besitzer zwischen den Geschlechtern Rumohr und Ahlefeldt wechselt. Von Joachim I. Rumohr, † 1627, ging Buckhagen an die Tochter Anna, vermählt mit Gert Philipp v. Ahlefeldt, † 1666, und verblieb drei Generationen lang bei dieser Familie. Entweder durch Gert Philipp v. Ahlefeldt oder durch seinen Sohn Joachim ist das Herrenhaus in seiner älteren Gestalt erbaut worden, wie wir es von verschiedenen Abbildungen her kennen. Im Kern ist es auch heute noch in dem jetzigen Bau enthalten. Aber starke Umbauten im 19. Jahrhundert haben es so sehr und

Salon

nicht unbedingt zu seinem Vorteil verändert, daß man heute nur mit Mühe die reizvolle Anlage des 17. Jahrhunderts rekonstruieren kann. Das Haus lag auf der Herreninsel unmittelbar im Wasser, nur durch eine Zugbrücke mit Bauhof und Außenwelt verbunden, ein zweistöckiger Querbau mit einem stattlichen Seitenflügel an der Nordseite, der im Obergeschoß anscheinend einen Saal enthielt. Der Seitenflügel war mit einem fünffach getreppten Giebel abgeschlossen, dessen Stufen mit Sandstein-Obelisken geschmückt waren, über dem Mittelportal des Hauses erhob sich ein Vorbau, dessen Spitze in ein Zwiebeltürmchen auslief. Nach Süden hin stand ein kleinerer Flügelbau auch mit Treppengiebel, anscheinend ohne Verbindung mit dem Haupthause und wahrscheinlich zur Aufnahme der Küchenräume bestimmt.

Wie die Raumaufteilung im Inneren beschaffen war, wissen wir nicht. Joachim v. Ahlefeldt suchte beim König im Jahre 1706 um die Erlaubnis nach, eine Kapelle zu erbauen. Vielleicht wurde sie im Obergeschoß des nördlichen Flügels eingerichtet.

Aus der Zeit von Joachim v. Ahlefeldt hat sich eine Folge von Kunstwerken erhalten, die uns einen klaren Einblick in die Lebensweise der großen Herren des barocken Zeitalters tun läßt, eine Szenenfolge von insgesamt 15 Bildern, die meisten in der stattlichen Größe von 123×128 cm, später auf einfache Holzrahmen gespannt, ursprünglich wohl als Ausstattung eines Saales geschaffen. Eines von ihnen ist signiert von dem Gottorpischen Hofmaler Balthasar Mahs. Nach der Art der Darstellung dürften die meisten Bilder von seiner Hand herrühren, zwei oder drei verraten einen anderen Stil.
1799 war der Landbaumeister, Major Johann Hermann v. Motz, †1829, Käufer des Gutes. In der kurzen Zeit seines Besitzes führte er eine Anzahl von Veränderungen durch. Noch im Jahre seines Besitzantrittes hob er die Leibeigenschaft auf und begann mit der Parzellierung des Gutes. In den Jahren von 1801 bis 1803 machte er sich an den Umbau des Herrenhauses, doch sind uns von diesem ersten Umbau keine Einzelheiten überliefert.
1863 kaufte ein Hamburger Großkaufmann, der Konsul Gustav Wilhelm v. Schiller, †1870, Buckhagen. Alsbald nach der Übernahme im Jahre 1864,

Bibliothek

nahm Gustav Wilhelm v. Schiller den zweiten Umbau des alten Herrenhauses vor, der ihm die Gestalt gegeben hat, die es heute noch besitzt und die uns allzu sehr vom Geschmack der damaligen Zeit bedingt erscheint.
Erbe war der Sohn, Paul P. H. v. Schiller, † 1930. Er ist als der eigentliche Begründer des Gutes Buckhagen in seiner heutigen Gestalt anzusehen. Er starb im hohen Alter von 79 Jahren und war nicht weniger als 60 Jahre lang Besitzer gewesen. Während seiner Lebenszeit wurde Buckhagen zu einem modernen Großbetrieb umgestaltet. 1839 war das Torhaus abgebrochen worden; 1888 wurde durch einen Blitzschlag ein großer Teil der Hofgebäude eingeäschert. Paul P. H. v. Schiller baute sie nach den damals modernsten Gesichtspunkten wieder auf. Ferner führte er aus Holstein das schwarzbunte Vieh nach Angeln ein, sowie zur Feldarbeit das schwere englische „Shire"-Pferd. Und noch ein besonderes Verdienst erwarb sich Paul P. H. v. Schiller um die Jagd, der Inhaber der Weltfirma Carl Hagenbeck in Hamburg riet ihm, einen Versuch mit dem Aussetzen des japanischen Sikawildes in unserer Heimat zu machen. Zwei Hirsche, drei Alttiere und zwei Kälber kamen im Jahre 1929 nach Buckhagen, wurden zunächst im Tiergarten hinter dem Herrenhause im Gatter gehalten, bis dieses infolge des langandauernden 2. Weltkrieges nicht mehr erhalten werden konnte und das Wild sich seinen Weg in die Freiheit bahnte. Heute stehen in allen größeren Revieren Ostangelns ansehnliche Rudel von Sikawild, deren Geweihe sehr begehrt sind.
Als Paul P. H. v. Schiller 1930 gestorben war, folgte ihm sein Sohn Paul G. H. v. Schiller, der schon seit 1913 die Bewirtschaftung des Gutes übernommen hatte und gleichfalls zu den führenden Landwirten des Landes zählte. Er fiel als Oberstleutnant und Regimentskommandeur 1943 bei einem Bombenangriff auf Berlin.
Das Gut ging über an seinen Sohn, den jetzigen Besitzer Carl-Ludwig Paul v. Schiller. Dieser ließ 1965 das Herrenhaus im Inneren gründlich umbauen und modernisieren und stattete die Räume gleichzeitig mit wertvollen Gemälden und Möbeln, Porzellanen und Teppichen aus, so daß das Haus heute zu den am schönsten und elegantesten eingerichteten Herrenhäusern unseres Landes zählt.

Adeliges Gut Buckhagen

Besitzer C.-L. Paul v. Schiller

Besitzer

1339	Ritter Sievert Sehestedt, dann seine Nachkommen bis ca. 1500
um 1515	Benedict v. Ahlefeldt
1529	König Friedrich I. von Dänemark
1535–1624	Pogwisch
1624	v. Rumohr
1627–1736	v. Ahlefeldt
1736–1799	v. Rumohr
1799	J. H. v. Motz
1812	Landgraf Carl v. Hessen, dann dessen Enkel Herzog Carl zu Schleswig-Holstein-Sonderburg-Glücksburg
1863	G. W. v. Schiller, dann dessen Nachkommen

Gut und Bauten

1339	Siegfried Sehestedt erhält pfandweise ⅙ des Geltinger Waldes mit Buckhagen, der Mühle von Buckhagen, der Insel Oehe und dem Dorfe Lehbek
um 1525	das Dorf Schwackendorf im Tausch gegen das Dorf Lehbek erworben
1583	Oehe mit Hasselberg, Wormshöved und Gundelsby abgetrennt
1614	Kronsgaard verkauft
ca. 1660	Bau des älteren Herrenhauses
um 1700	barocke Wandgemälde von B. Mahs und anderen
1799	Aufhebung der Leibeigenschaft
1801	erster Umbau des Herrenhauses
1839	Torhaus abgebrochen
1864	zweiter Umbau des Herrenhauses
1888	Wirtschaftsgebäude neu erbaut
1950	Meierhof Ruhkrog verkauft
1965	dritter Umbau des Herrenhauses

Rundhof

Kirchspiel Esgrus   Kreis Schleswig-Flensburg

Rundhof gehört seit altersher zu einer der bedeutendsten und stattlichsten Besitzungen im ganzen Herzogtum Schleswig. Seine Geschichte umfaßt nahezu 750 Jahre, und die Reihe seiner Besitzer läßt sich über 700 Jahre zurückverfolgen. In außerordentlicher Fülle hat sich Urkundenmaterial sowohl aus dem Mittelalter wie aus neuerer Zeit erhalten. Wir sind dadurch in die Lage versetzt, mit ungewöhnlicher Genauigkeit die Wandlungen zu verfolgen, die dieses adelige Gut im Lauf der vielen Jahrhunderte erfahren hat, beginnend mit der königlichen Burg um die Wende des 12. Jahrhunderts, dem Entstehen des Groß-Gutes um die Wende des 14., der Bildung landwirtschaftlicher Großbetriebe um die Wende des 16., der Auflösung des alten Gutsverbandes um die Wende des 18., und endlich der Anpassung an moderne Betriebsformen im 2. Drittel des 20. Jahrhunderts. So schälen sich Epochen von je etwa 2 Jahrhunderten heraus, die das äußere Bild des Gutes bestimmen.

Das Herrenhaus, das aller Wahrscheinlichkeit nach durch Henneke Rumohr, †1618, erbaut wurde, ist uns nur bekannt durch eine kreidegehöhte Lithographie, die vielleicht erst nach dem Abbruch dieses Hauses nach einer älteren Vorlage entstanden ist. Danach war das Haus ein einfacher Querbau mit vorgezogenem Mittelrisalit, links und rechts mit je vier Fensterachsen, der Mittelbau mit weiteren drei Achsen, das Haus strohgedeckt, der First mit den typischen Angliter Hängehölzern befestigt, zur Rechten und zur Linken mehrere offenbar großräumige Nebengebäude für Pferde und Wagen. Gravitätisch schreitet der Gutsherr in der Kleidung zu Beginn des 18. Jahrhunderts über den Hof.
Wie dieses Haus im Inneren aussah, wissen wir nicht, einige wenige allerdings besonders schöne Renaissancemöbel sind in das jetzige Herrenhaus übernommen worden, darunter ein vorzüglicher Renaissanceschrank.
Im Hause gab es die „Grüne Kammer“, nach 1743 sind hier mehrfach Erneuerungsarbeiten durch den Maler Peter Christian aus Ulegraff vorgenommen worden. Der Ehrenhof ist vom Wirtschaftshof noch deutlich getrennt durch den mittleren Hausgraben, über ihn führt freilich schon keine Zugbrücke mehr hinweg, sondern ein schmaler Fahrdamm.
Der Überschuß der Betriebe war so groß, daß es um die Mitte des 18. Jahrhunderts möglich wurde, das alte bescheidene Herrenhaus zu ersetzen durch ein schloßartiges Herrenhaus, das der Größe des Besitzes entsprach. Bauherr war Christian August II. v. Rumohr, †1775. Bereits im Jahre 1748, als in Riga Gips eingekauft wurde, scheint man sich mit den Bauarbeiten beschäftigt zu haben. In den Jahren bis 1755 beliefen sich allein die Ausgaben für Materialien auf 8000 Rthlr. Die eigentlichen Bauarbeiten scheinen doch erst um das Jahr 1753 begonnen zu haben, in diesem Jahr erhielt der Baumeister George Greggenhofer den ersten Abschlag auf sein Honorar bezahlt.
Rundhof ist Greggenhofers erstes Werk in den Herzogtümern, eine Anlage, die großzügig geplant ist und mit eindrucksvoller Konsequenz und Kraft durchgeführt worden ist. Das imposante Hauptgebäude erhebt sich mit zwei hohen Stockwerken über einer aus Granitsteinen errichteten Kelleretage. Ein stark betonter Mittelrisalit springt wie ein dreiseitiger Vorbau mit aufgemauerter Attika zum Hof hin vor, an der Attika ist eine Kartusche mit dem Baujahr 1754 angebracht. Die Fassaden sind unterteilt durch breite Pilaster und haben Blendnischen zwischen den großen flachbogigen Fenstern. Die gewaltige Tiefe des Gebäudes mit dem Ausmaß von 36 zu 18 m erfordert die Abdeckung des Daches durch zwei parallel abgewalmte Dächer. Die gegenwärtige etwas steif wirkende Eindeckung stammt aus dem Jahre 1868.

Gartensaal

Das Hauptgebäude wird eingerahmt von zwei einfacheren Seitenflügeln, dem Kavalierhaus nach Norden, 1761 errichtet, und dem herrschaftlichen Stall nach der Südseite, 1786 erbaut. Trotz des großen Abstandes in der Bauzeit sind die Flügel in allen ihren Hauptzügen einheitlich gehalten, haben zwei Stockwerke und schmale, von geschweiften Lisenen eingefaßte Frontispize.

In Rundhof ist eine lange Reihe von wertvollen Inneneinrichtungen aus den zwei Bauperioden in den 1750er und 1780er Jahren bewahrt. Aus der ersten Zeit stammen die voll panellierten Räume in dem südlichen Teil des Herrenhauses, der Speisesaal und der anschließende Ecksalon nach dem Hof hin, weiter die zum Garten hin liegende Eckstube mit zierlich bemalten Supraporten, Ofennische und Decke. In dem sogenannten Salon zum Garten sind Rokokostukkaturen um die Ofennische und an der Decke bewahrt, ferner gemalte Supraporten mit Arabesken und Blumenschalen auf grauem Grund.

Gleichzeitig mit der Errichtung des südlichen Seitenflügels und damit der Vollendung der ursprünglich geplanten großzügigen Bauanlage im Jahre 1786 erhielten eine Reihe von Räumen im Herrenhause selber ihre großartige Ausgestaltung in Übereinstimmung mit dem jetzt veränderten künstlerischen Geschmack der Zeit. Wahrscheinlich ist es der Landbaumeister Johann Adam Richter gewesen, der die Arbeiten in Rundhof geleitet hat. Vor allem die reiche stuckierte Ausgestaltung, die den Brüdern Tadei aus Gandria bei Lugano verdankt wird, legt Zeugnis ab von der hochentwickelten einfachen und doch festlich gestimmten Kunst der Ausgestaltung des Inneren in der Zeit des frühen Klassizismus. In erster Linie ist hier die ovale Eingangshalle, der sogenannte Kuppelsaal, zu erwähnen.
Diese Eingangshalle, die durch eine breite und hohe Freitreppe erreicht wird, ist ein zweigeschossiger Kuppelbau mit umlaufender Galerie und Musikantenempore, im Grundriß oval, im Erdgeschoß von acht ionischen Halbsäulenpaaren geziert, die ein mächtiges, glatt umlaufendes Gebälk tragen, über den Türen Stucksupraporten mit ländlichen Idyllen, vielleicht von Michel Angelo Tadei. Auch die Kuppel selber zeigt reich stuckierte Gehänge, die in zierlichen Guirlanden bis zu einem Strahlenstern in der Mitte aufsteigen. Eigentümlich rustikal wirkt in diesem sonst so elegant gestalteten Raum der Fußboden, der aus weiß gescheuerten Holzdielen besteht. Von der Decke

Kuppelsaal

Luftbild

hängt ein mächtiger Empireleuchter herab, eine Huldigung an den Geist einer neuen Zeit: er stellt die Nachbildung einer Montgolfière dar. Die übrigen Stukkaturen, auch die im Gartensaal und in der Bibliothek, werden dem jüngeren Bruder Francesco Antonio Tadei zugeschrieben.
Der Gartensaal ist mit ähnlich fein modelliertem Stuck ausgestaltet, die blauen Wandfelder sind zwischen weißen Risaliten mit guirlandenbehängten Stuckrahmen geschmückt, die Decke mit Rosenranken und Lorbeerkranz geziert. Die Supraporten in Stuck zeigen ländliche Attribute, Füllhörner, ländliche Musik und Landarbeit. Das Kabinett an der Südfront des Hauses wurde zur gleichen Zeit reizend ausgemalt mit Supraporten und Feldern über den Ecknischen. Endlich die Bibliothek, die eine stattliche Sammlung von Büchern enthält, erhielt über den drei Türen Supraporten in Stuck, die das Theater, die Geometrie und die Architektur symbolisieren, zwei weitere über den Ecknischen die Astronomie und die Physik. Die Darstellung der Architektur zeigt unter anderem zwei aufgerollte Entwürfe mit Teilen des Grund- und Aufrisses von Rundhof.

Adeliges Gut Rundhof

Besitzer: Wulf-Henning v. Rumohr

Besitzer

1231	königlich
1285	Jacob Skram
1303	Peter Skram
ca. 1350	Segebod Krummendieck und Cäcilie geb. Skram
ca. 1390	Erich Krummendieck
1431	königlich
1460	Wulf v. d. Wisch
1480	Wulf d. J. und Otto v. d. Wisch
ca. 1501	Benedict Sehestedt Jasper Sehestedt
1557	Henneke Rumohr
1580	Asmus Rumohr
1593	Henneke Rumohr
1618	Hans Rumohr
1673	Henning Rumohr
1715	Christian August I Rumohr
1743	Christian August II Rumohr
1775	Christian August III Rumohr
1814	Christian August IV Rumohr
1839	Christian August V Rumohr
1846	Wulf Henning v. Rumohr
1862	August v. Rumohr
1914	Henning v. Rumohr
1920	Hans-Henning v. Rumohr
1968	Wulf-Henning v. Rumohr

Gut und Bauten

1231	In König Waldemars Erdbuch Runae Toft
1391	Vergleich mit Heinrich Split
1397	Wippendorf, Tollschlag, Griesgaard und Drült (Trölegharde) gekauft
1397	Schörderup, Stoltebüll, Vogelsang gekauft
1431	Burg Runtofft geschleift
1460	„dar dat Slot steyt"
um 1600	Bau der Wirtschaftsgebäude
1604	Bau des Pferdestalles
ca. 1610	Bau des älteren Herrenhauses
1754	Bau des neuen Herrenhauses
1761	Bau des Kavalierhauses
1785	Gestaltung von Kuppelsaal, Gartensaal und Bibliothek
1786	Bau des Kutschpferdestalles
1814	Drült abgetrennt
1846	Überführung der Scheune von Rumohrshof
1968	Brand des Wirtschaftshofes und Wiederaufbau neuer Wirtschaftsgebäude

Drült

Kirchspiel Toestrup   Kreis Schleswig-Flensburg

Der Name Drült ist alt und reicht bis in die Zeit der Besiedelung des Landes durch den Volksstamm der Angeln zurück. Es gibt aber auch manche weiteren Anzeichen für eine Besiedelung des Raumes um Drült in alter Zeit; im Drülter Walde haben sich umfangreiche Spuren alter Ackereinteilung gefunden, auf einer an die Drülter Feldmark angrenzenden Koppel in Wittkiel ist ein Urnenfriedhof freigelegt worden, erst vor wenigen Jahren wurde auf einer Drülter Koppel ein altgermanischer Prunkdolch gefunden, eines der schönsten Stücke dieser Art in ganz Schleswig-Holstein, aus jütländischem Flint, aber schon nach bronzezeitlicher Gestaltung gearbeitet, sicherlich etwa 4000 Jahre alt. Er mag dereinst den Gürtel eines Häuptlings geziert haben, der hier seinen Sitz hatte.
Es folgen viele Jahrhunderte einer geschichtslosen Zeit. Urkundlich zum ersten Male wird Drült im Jahre 1397 genannt.

Drült hat mit Rundhof in enger Verbindung gestanden, bis erst um die Wende des 19. Jahrhunderts aus Drült ein selbständiges Gut entstand.
Der alte Hof und das alte Haus Drült waren sicherlich nur bescheidene Bauten, ein kleines Wohnhaus, davor Scheune und Kuhstall, an der vierten Seite ein Torhaus.
Im Jahre 1800 brannte infolge Blitzschlages der gesamte Hof Drült ab, nur eine Scheune blieb stehen, wurde aber einige Jahrzehnte später abgebrochen. Auf Grund dieses Brandes ergab sich jetzt die Möglichkeit, in großzügiger Weise einen neuen Hof anzulegen und gleichzeitig ein wirkliches Herrenhaus zu errichten, nicht an der alten Stätte, die sich eingeengt durch Hausgraben und Teiche als zu klein erwiesen hatte, sondern etwa 200 Meter nördlich.
Louise Marianne v. Rumohr geb. v. Dehn machte sich unverzüglich ans Werk, 1801 entstand die große Scheune, mit ihren Maßen von 55×17 m ein stattliches Bauwerk, 1803/04 wurde das Kuhhaus mit ähnlichen Abmessungen erbaut, beide Gebäude parallel gestellt, so daß sich mit Herrenhaus und dem ursprünglich geplanten Torhaus eine völlig symmetrische Hofanlage ergab. 1976 wurde das Kuhhaus wieder abgebrochen, nachdem die Viehhaltung aufgegeben wurde. Die Bauherrin liebte unter ihren vielen Kindern – drei Söhne und sechs Töchter – den zweiten Sohn, Friedrich Henning Adolf, den Erben von Drült ganz besonders. So ging ihr Sinn darauf hin, ihm ein vollständiges Gut und ein würdiges Herrenhaus zu übergeben. Auf der Suche nach einem geeigneten Architekten stieß sie auf den dänischen Baumeister Axel Bundsen, der sich einige Jahre früher durch die Erbauung des Herrenhauses von Knoop einen Namen gemacht hatte. Bundsen lieferte mehrere Entwürfe, die sämtlich von seiner Hand signiert sind. Die ersten beiden, mit der Jahreszahl 1804 versehen, betreffen Vorder- und Gartenfassade und sind mit geringfügigen Änderungen ausgeführt worden. Vergleicht man die Absichten Bundsens mit dem heutigen Eindruck des Bauwerks, so kann man feststellen, daß hier ein für ein kleineres Gut vorzüglich geeignetes Herrenhaus entstanden ist. Es hat sicherlich seit den Zeiten Bundsens Änderungen erfahren, insbesondere ist das ursprünglich vorhandene Doppeldach um 1860 durch ein einheitliches, entsprechend höheres Dach ersetzt worden. Dadurch ist die Wirkung des Vordergiebels ungünstig beeinflußt worden. Aber vor allem an der Vorderfassade des Herrenhauses erkennt man auch jetzt noch die beherrschende Idee des großen Baumeisters. Die in schlichtem Weiß getünchte Front wird belebt durch das dem Traufendach links und rechts unterzogene breite, jetzt in Grau gehaltene Band. Die weißen Säulen des Vorbaues sind geschmückt mit Kapitellen in Rot, die von Bundsen vorgesehene Dekorierung der Halbbögen über den

Säulen und in den Vertiefungen unter den Giebelfenstern durch Guirlanden und Säulen aus Holz ist durch tiefe Grautöne ersetzt worden. Alles in allem haben wir hier ein Bauwerk des reifen Klassizismus vor uns.
Auch die Gestaltung des Inneren ist sowohl durch die Bauherrin wie auch durch Bundsen in den Grundzügen festgelegt worden. Erhalten hat sich ein Promemoria der Frau v. Rumohr mit der Überschrift: „meine Gedancken über den Bau zu Drüllt". Hier stellt sie klare und unmißverständliche Anweisungen für den Architekten auf, denen er sich zu fügen hatte. Die Raumfolge ist hierbei weitgehend beeinflußt von dem ein halbes Jahrhundert älteren Herrenhaus auf Rundhof, links an die Halle schließen sich die Gesellschaftsräume und Schlafzimmer an, der Halle gegenüber liegt der Gartensaal, der rechte Flügel ist den Wirtschaftsräumen und Gästezimmern gewidmet, für die Bibliothek, die gerade in Drült eine so ausschlaggebende Rolle spielen sollte, war der Raum im Giebel über den Säulen vorgesehen. Bundsen lieferte auch Entwürfe für die Dekoration der Zimmer mit zierlich ausgeführten Rankenmotiven, Alkoven, gerafften Vorhängen und Gardinen, vielleicht nur als Ausmalung gedacht, und reizenden, schon biedermeierlich anmutenden Flächenmalereien in den großen Wandfeldern. Wieweit diese Entwürfe ausgeführt sind, wissen wir nicht, einzig in dem heutigen Grauen Salon hatte sich eine Ausmalung erhalten, die sich mit Efeuranken um die vielen Türen und hölzernen Einbauten des Zimmers zog, nur hier ist die Stelle eines Alkovens, heute ein Wandschrank, erkennbar.
Ein einziger Raum erfuhr wenige Jahre nach der Erbauung des Hauses eine besondere Ausgestaltung. Im Jahre 1810 ließ Frau v. Rumohr den Gartensaal durch den Stukkateur Francesco Antonio Tadei aus Gandria bei Lugano stukkieren. Die beiden Brüder, dieser und sein älterer Bruder Michel Angelo Tadei, hatten auf vielen unserer Herrenhäuser gearbeitet, so war ihr Ruf gefestigt. Als nun Francesco Antonio Tadei mit den Arbeiten auf Drült beauftragt wurde, schuf er eine Stukkierung, die für ein schlichtes Landhaus des Nordens eine geradezu klassische Gestaltung darstellt. Der fast quadratische Raum mit den Maßen von 7 zu 8 Meter wurde von ihm durch Längs- und Quer-Lisenen aus weißen Bändern in rechteckige große untere und schmale obere Felder eingeteilt, die Felder in einem lebhaften Türkis ausgemalt und die schmalen oberen Felder mit feinem Stuck gefüllt. Norden und Süden vermählen sich hier in wahrhaft künstlerischer Idee, die Hauptfelder enthalten in leicht stilisierter Form Weizen- und Hafer-Ähren als die Erzeugnisse der Heimat, dazwischen stehen Felder mit Rosen, Orangen und Oleander, die dritte Seite ist mit Hopfen geschmückt, aber auch hier ist das Mittelfeld den Gewächsen des Südens gewidmet. Man erkennt den Erdbeerbaum, Weinlaub und Weintrauben, Orangen und Rosen.

Der Bau des Herrenhauses begann 1806, ein Jahr später schon war er fertiggestellt.
Die Herren v. Rumohr auf Drült sind stets sehr bücherfreundlich gewesen. Schon der erste Besitzer, Friedrich Henning Adolf v. Rumohr, begann gleich nach seinem Besitzantritt mit der Anlage einer Bibliothek, der Raum über den Säulen, die Giebelstube, wurde mit Regalen versehen, und fortgesetzt erfolgten Ankäufe, Werke vornehmlich historischen und geographischen Inhalts wurden fortlaufend in großen Mengen bezogen. Bei seinem Tode, nur 19 Jahre später, belief sich der Bestand auf etwa 3000 Bände. Diese Erwerbungen stießen bei seinem Schwiegervater, dem hochangesehenen Geheimen Conferenzrath Wulf Christopher v. Ahlefeldt auf Lindau auf unverhohlene Mißbilligung. Er war der Meinung, daß der Schwiegersohn

Gartensaal

bei einer ständig wachsenden Familie und beengten finanziellen Verhältnissen sich diesen Luxus einer großen Bibliothek nicht leisten könne. Als Friedrich Henning Adolf v. Rumohr 1833 gestorben war, machte der alte Ahlefeldt kurzen Prozeß, ließ die gesamte Bibliothek auf Ackerwagen aufladen, nach Schleswig bringen und dort versteigern. So hat sich aus dieser Zeit nicht ein einziges Buch erhalten, nur der Versteigerungskatalog ist noch vorhanden. Es vergingen Jahrzehnte, bis wieder die Anlage einer Bibliothek möglich war. Erst nach dem Tode von Henning v. Rumohr, † 1902, dessen Neffe Hermann v. Rumohr im Besitz nachfolgte, konnten die Pläne des Großvaters wieder aufgenommen werden. Hermann v. Rumohr, † 1926, war in den Jahren von 1902 bis 1904 Landrat des Kreises Tondern und hatte hier die Möglichkeit, von dem dänischen Apotheker H. C. Refslund eine ganze Bibliothek auf einmal zu kaufen, 900 Bände für den außerordentlich niedrigen Preis von zwei Mark je Band. Diese Bibliothek enthielt eine Fülle von heute selten gewordenen Werken der schleswig-holsteinischen Geschichte und Landeskunde. Bei dem Tode von Hermann v. Rumohr war die Bibliothek wiederum auf etwa 3000 Bände angewachsen, der Sohn und Erbe, Henning v. Rumohr, hat den Aufbau mit Nachdruck fortgesetzt, heute umfaßt die Bibliothek rund 11 000 Bände und füllt zwei große Räume des Hauses. Das Kernstück ist wie im Anfang der schleswig-holsteinische Teil. Auf diesem Spezialgebiet ist die Bibliothek heute bei weitem die größte im alten Herzogtum und enthält viele vollständige Zeitschriftenreihen und seltene Einzelwerke, insbesondere zur Geschichte des schleswig-holsteinischen Adels.

Gut Drült

Besitzer: Dr. Henning v. Rumohr

Besitzer

vor 1397	Johann v. Thienen
1397	Erich Krummendieck auf Rundhof, von dann bis
1798	die gleichen Besitzer wie Rundhof
1814	Friedrich Henning Adolf v. Rumohr
1833	Erbengemeinschaft seiner vier Kinder
1878	Henning v. Rumohr
1902	Hermann v. Rumohr
1926	Henning v. Rumohr

Gut und Bauten

1800	Brand des alten Hofes
1801/04	Bau der Wirtschaftsgebäude
1806/07	Bau des Herrenhauses
1810	Stuckierung des Gartensaales
1810	Bau des Verwalterhauses
1976	Abbruch des Kuhhauses

Drült, Gartensaal mit Blick zur Bibliothek

Roest

Kirchspiel Kappeln Kreis Schleswig-Flensburg

In geschichtlicher Zeit hören wir zum ersten Male von Roest in König Waldemars Erdbuch von 1231.
Asmus Rumohr, einer der reichsten Männer seiner Zeit entschloß sich in seinen letzten Lebensjahren zur Erbauung des heute noch fast unverändert stehenden Herrenhauses in Roest. Er hat es kaum mehr bewohnt, im gleichen Jahre, in dem es fertiggestellt war, 1590, starb er selber. Was vorher gestanden hat, wissen wir nicht, sicherlich ein höchst bescheidener Bau, vielleicht ein Wohnturm.

Das Herrenhaus Roest besteht aus zwei Flügeln, der linke ist erst vom Enkel Heinrich Rumohr 1641 erbaut worden. Der größere rechte Bauteil ist die Schöpfung Asmus Rumohrs, ein höchst charakteristischer Bau der Renaissance, außen geschmückt mit den – heute etwas veränderten – Schweifgiebeln der Zeit, der hervorragend gestalteten Treppe mit dem Sandsteinportal, links und rechts neben dem Anlauf der Treppe den großen Steinblöcken zum Besteigen der Reitpferde. Im Innern bewahrt das Haus einen altertümlichen Eindruck, beherrschend im Erd- wie im Obergeschoß ein großer Saal mit Balkendecke, am Ende des unteren Saales die Feuerstelle des offenen Kamins, die Kaminschürze in ihrer heutigen Form dürfte freilich aus dem Anfang des 18. Jahrhunderts, aus der sogenannten Régence-Zeit, stammen. Im Erdgeschoß gab es ursprünglich neben dem Rittersaal nur drei Räume, rechts von der Halle zwei, dazwischen Treppenhaus und Abtrittpfeiler, hinter der Halle ein Zimmer zum Garten. Eine Küche hat in diesem Hause kaum bestanden; wie auch auf anderen Gütern, zum Teil bis in das 20. Jahrhundert hinein üblich, bediente man sich eines eigenen Küchengebäudes. So steht auch in Roest schräg gegenüber dem Herrenhause dieser Küchenbau, – als solcher ausgewiesen durch Herd, alte Töpfe und Haken über der Feuerstelle. Im Keller gab es ein Gefängnis, außerdem den Zugang zu einem unterirdischen Gang.
Die Halle im Erdgeschoß bietet nun wieder wie zur Zeit ihrer Entstehung, einen überwältigenden Eindruck mit ihren Ausmaßen von 8×17 m, der wuchtigen Balkendecke, dem offenen Kamin am Ende des Raumes, alles in allem ein geradezu archaisch anmutendes Bild der ritterlichen Wohnkultur.
Der westliche Flügelbau entstand 1641. Im Ausgang des Mittelalters, im 16., teilweise noch im 17. Jahrhundert hatte man in ganz Schleswig-Holstein das Doppelhaus bevorzugt, wie wir es heute noch in Wahlstorf, Jersbek, Wensin sehen können. In Roest stellt das Haus sich zwar auch als Doppelhaus dar, aber doch mit einem neuen Akzent in der Formensprache der Baukunst: der linke Flügel tritt gegenüber dem Hauptbau um eine Fensterbreite vor und liegt nicht in paralleler Achse, sondern ist leicht schräg nach vorn gestellt. Vermutungen gehen dahin, daß ein ähnlicher Flügel gen Westen hin geplant war. Wäre dieser ausgeführt worden, so hätten wir einen frühen Palais-Bau vor uns.
Dieser westliche Flügel ist nicht erbaut worden, stattdessen entstand um 1770 ein einstöckiger Anbau, der aber nach 1858 wieder abgerissen wurde. Was für Räume dieser enthielt, ist unbekannt, wahrscheinlich nur Wirtschaftsräume.
Der Ostflügel von 1641 enthielt im Keller unter starken Gewölben die Küche, über ihr einen großen Saal mit schöner stuckierter Balkendecke. Die

Wände dieses Saales waren in stukko lustro gehalten, ein geglätteter polierter Farbstuck, der Pfeiler oder ganze Wandflächen als Marmor ersetzen oder gar vortäuschen soll. Der Fußboden war mit gotländischen oder øländischen Fliesen bedeckt. Auch hier soll die Restaurierung versucht werden. Küche und Saal waren durch eine in Spuren noch erkennbare Wendeltreppe miteinander verbunden.

Gleichzeitig erfuhr das gesamte Haus in dieser Zeit des Frühbarock seine Ausgestaltung im Innern, die Halle erhielt die schönen kraftvollen Türen mit reichen buntmarmorierten Rahmen, die langen Sitzbänke und mächtige Truhen. Der interessanteste Schmuck der Halle war aber ihre Ausmalung al fresco, sicherlich ursprünglich über die gesamte östliche Wand hinweg. Vor einigen Jahrzehnten ist das Mittelfeld zum größten Teile freigelegt und nicht ganz eindeutig restauriert worden. Es stellt einen Junker dar, der einen Vogel auf der Faust trägt, während in den Lüften Fasanen fortfliegen, links und rechts zwei Burgen, offenbar allegorisch gedacht, im Hintergrund eine

Halle mit Frescomalerei

Treppe mit Sandsteinportal

bergige Landschaft. Im linken oberen Bildteil stehen die Worte: velle at non posse dolendum est, – es ist schmerzlich zu wollen und nicht zu können. Die Ausmalung geht sicherlich auf das Werk Daniel Cramers zurück: Octaginta Emblemata moralia, das 1630 in Frankfurt erschienen ist. Hier findet sich die genau entsprechende Vorlage. So dürfte man in dem Wandgemälde eine Allegorie auf die Vergeblichkeit alles menschlichen Tuns zu erblicken haben. Weitere Aufschlüsse sind vielleicht zu erwarten, wenn die gesamte Ostwand freigelegt ist. Die Nordwand ist ebenfalls bemalt. Über der Tür befindet sich ein bunter Vogel, neben der Tür ist bisher ein großer Baum zu erkennen, unter dem anscheinend ein schlafender Esel liegt. Darüber ist eine Inschrift zu sehen: ignavis fortuna repugnat (= das Glück widersetzt sich den Trägen).

Und noch ein zweiter sehr beachtlicher Raum entstand in dieser Zeit, heute das sogenannte Tapetenzimmer im Obergeschoß. Wahrscheinlich sind die hier vorhandenen Malereien auf Stofftapeten ursprünglich für einen anderen Raum bestimmt gewesen, das ergibt sich aus den Überschneidungen der Motive in den Ecken des Raumes. Die Bilder gehören thematisch nicht zusammen, jedoch ist das meiste nach Versen des römischen Dichters Ovid geschaffen worden. Offenbar sind die vier Elemente dargestellt, Feuer, Wasser, Luft und Erde, alles in allegorischen Darstellungen.

In der Besitzzeit von Cai Rumohr, † 1714, des Gesandten in Dresden, hat Roest kaum nennenswerte Veränderungen erfahren. Aber als jetzt die Nachkommen des Bruders Friedrich in Roest ihren Einzug halten, wird das alte Herrenhaus im modischen Geschmack vielfach umgestaltet. Das Gartenzimmer hinter der Halle dürfte um 1770 neu hergerichtet worden sein, über der noch im 17. Jahrhundert steingerahmten Kaminöffnung ein hochrechteckiges Feld mit einem Spiegel in geschnitzter Rocaille-Umrahmung mit zwei Kerzenträgern, über der Tür ein geschnitztes Rocaille-Supraportenstück, seitlich je eine geschnitzte Schäferinnen-figurine. Im Saal im westlichen Flügel hat sich eine besonders schöne Stuck-Supraporte der Régence-Zeit erhalten, zwei sitzende Putten halten ein von Schilfwedeln gerahmtes Medaillon, in dem eine Frau mit Thyrsos-Stab sitzt. In mehreren Zimmern des Obergeschosses stehen noch gußeiserne Öfen des 18. Jahrhunderts mit Reliefdarstellungen religiösen und mythologischen Inhalts in stuckierten Ofennischen.

1797 endete nach 299 Jahren die Besitzzeit der Rumohr auf Roest. Käufer war der Landgraf Carl von Hessen, langjähriger Statthalter des Königs auf Schloß Gottorf, ihm folgte das herzogliche Haus Schleswig-Holstein.

1976 entschloß sich Herzog Peter zu Schleswig-Holstein-Sonderburg-Glücksburg, das Herrenhaus sowie die Hofstelle an Herrn Bernd Böhm aus Hamburg zu verkaufen.

Dieser hat in Zusammenarbeit mit dem Landesamt für Denkmalpflege mit starkem Engagement und Geschick begonnen, das Herrenhaus zu restaurieren. Besonders zu erwähnen ist, daß er der großen Halle wie auch dem darüber liegenden Raum wie auch dem Eß-Saal im Flügelbau von 1641 ihre ursprüngliche Gestalt wiedergegeben hat. Die Burggräben wurden neu ausgehoben und zum Teil wieder unter Wasser gesetzt.

Das barocke Sandsteinportal, das in großen Teilen zu verwittern drohte, ist schon 1966 ausgezeichnet restauriert worden, ebenso der rückwärtige Giebel des Nebenflügels. Hier wurde eine volle Wandstärke vorgemauert, um einen Zerfall der Fassade zu vermeiden, am Portal wurden vor allem die Wappen und die seitlichen Portalstützen wiederhergestellt.

Adeliges Gut Roest

Besitzer: Christoph Prinz zu Schleswig-Holstein-Sonderburg-Glücksburg

Herrenhaus

Besitzer: Bernd Böhm

Besitzer

1231	königlich (König Waldemars Erdbuch)
13. Jahrh.	Ritter Johann Laurenz
1357	Ritter Otto Lembek
1451	Ritter Otto Split, dann dessen Sohn Siegfried Split
1498	Schack Rumohr, dann dessen Nachkommen aus dem Geschlecht v. Rumohr bis 1797
1797	Landgraf Carl von Hessen-Cassel
1855	Herzog Carl zu Schleswig-Holstein-Sonderburg-Glücksburg dann dessen Nachkommen aus dem herzoglichen Hause

Gut und Bauten

1590	Bau des Herrenhauses
1641	Bau des östlichen Flügels
1770	Bau des westlichen Flügels
1858	Abbruch des westlichen Flügels
1937	Neubau der abgebrannten Hofgebäude
1976	Verkauf von Herrenhaus und Hofgebäuden an Bernd Böhm und Restaurierungsarbeiten

Schloss Gottorf

Kirchspiel Schleswig-Friedrichsberg   Stadt Schleswig

Das Schloß Gottorf ist der bedeutendste Profanbau im Herzogtum, gleich hervorragend durch die Größe des stattlichen Bauwerks, durch seine Ausstattung, seine – wenn auch nur in Resten erhalten gebliebenen – Kunstschätze, vor allem aber durch seine geschichtliche Stellung, als einstige Residenz der Herzöge von Schleswig, später der Herzöge von Holstein-Gottorp. Es sind mehr als 700 Jahre verstrichen, seit das Schloß zum ersten Male in Urkunden erwähnt wird, vieles spricht dafür, daß es um rund ein Jahrhundert älter ist.
Die ersten Jahrhunderte der Geschichte des Schlosses lassen keine zusammenhängende Folge von Ereignissen erkennen, weder zur Baugeschichte noch zur Geschichte der das Schloß innehabenden Fürsten. Schon der Sohn und Nachfolger Herzog Erichs, Herzog Waldemar IV., läßt das Schloß oder was er sonst an Befestigungswerken vorgefunden haben mag, im Jahre 1288 wieder abreißen und schenkt den Bürgern der Stadt das Bauholz. Sicher hat er selber wie auch seine Nachfolger wieder und wieder gebaut, in dem

Vierflügelbau stecken wohl in allen Teilen mittelalterliche Reste, aber doch so unklar in ihrem Zusammenhang, daß man kein eindeutiges Bild dieser Anlage gewinnt. Herzog Adolf VIII. von Schauenburg errichtet 1449 einen Turm, aber nicht den mächtigen Turm in der Nordwestecke des Schlosses.
Nach dem Aussterben der Schauenburger Herzöge 1459 kam Gottorf in den Besitz des neuen Landesherrn, des Königs Christian I. von Dänemark, der gleichzeitig seit 1460 Herzog von Schleswig und Holstein war. Aber erst bei der Landesteilung von 1490 erhielt das Schloß in der Person Herzog Friedrichs I. erstmals einen wirklichen Herrn. 1523 wurde er nach dem Sturz König Christians II. auch König von Dänemark.
In dieser Zeit ist die sogenannte Königshalle im heutigen Südflügel erbaut worden, der besterhaltene und hervorragendste profane Innenraum der Spätgotik in unserem Lande, 37 m lang und über 8 m breit, ein langgestreckter zweischiffiger Raum; die Gewölbe werden von sieben runden Pfeilern getragen, drei von ihnen auf Sandsteinschäften, die anderen vier aus Granit. Die achteckigen Kapitelle, Basen und Wandkonsolen sind aus Sandstein. Im Westen der Halle liegt das Haupt des Raumes, das westlichste Gewölbejoch ist durch einen breiten Gurtbogen vom übrigen Saal abgesetzt, das Kapitell des Rundpfeilers in die Länge gezogen. Ursprünglich stand in der Mitte der Westwand ein Kamin. Der Fußboden ist gen Westen hin leicht ansteigend angelegt, wie man an den Basen der Rundpfeiler erkennen kann; vielleicht war hier der Sitz des Königs, so dürfte die Erhöhung nach Westen bewußt geschehen sein, um dem Thronsessel die zeremonielle Steigerung zu verleihen.
Ursprünglich wird die Königshalle vermutlich als isolierter Saalbau im Süden der alten Burg gestanden haben, wurde aber wohl schon im 16. Jahrhundert in den Südflügel mit einbezogen, und so vieles auch sonst bei dieser Gelegenheit verändert, abgebrochen oder umgebaut wurde, die Königshalle blieb nahezu unberührt erhalten, nur daß später die Fensterfront leicht verändert wurde, um die Gleichmäßigkeit der Außenfassade zu gewährleisten.
1492 zerstörte ein Brand, einer der sehr vielen Brände in der Geschichte dieses Schlosses, das Haupthaus. Dieser Brand nötigte Friedrich zu umfangreichen Neubauten. Man weiß aus Urkunden und Briefen, daß im Jahre 1506 gebaut wurde, daß vor 1510 ein neuer Bau stand, daß aber noch um 1530 Bauarbeiten im Gange waren. Da Friedrich I. auch während der Bauarbeiten auf Gottorf residierte, kann das Schloß nicht im ganzen abgebrannt sein.
Sorgfältige Untersuchungen der Gesteinsarten haben ergeben, daß die Gesimse der dem Innenhof zugewandten Ostseite des Westflügels aus nor-

dischem Talkschiefer bestehen. Das macht es wahrscheinlich, daß um diese Zeit das Haupthaus im Westen entstand und nicht die Königshalle, wie man früher vermutet hat. Dieses Haupthaus war mit vier parallelen Satteldächern gedeckt, wobei zum Hof hin mindestens zwei Giebel zu sehen waren; nach außen hin aber vier. Bei der gegenwärtigen Restaurierung hat es sich gezeigt, daß diese Hoffront die reichste Fassade der Frührenaissance im Lande war. Die westliche Wand stand sicherlich sehr nahe am Ufer der Burginsel. Diese Wand war vom Absacken bedroht und wird durch mächtige Strebepfeiler gestützt. Der Boden liegt an der Westseite bedeutend tiefer als im Innenhof, daher liegen die Kellergewölbe nebst ihren Zugängen in Höhe des Erdbodens, im Innenhof liegt die Bodenoberfläche um ein volles Geschoß höher.
Die große Zeit der Herzöge von Gottorp umfaßt drei Perioden, die sich deutlich voneinander abheben. Die erste Zeitspanne reicht von dem Besitzantritt Herzog Adolfs im Jahre 1544 bis etwa gegen das Ende des Jahrhunderts. In dieser Zeit wird in erster Linie gebaut. Im darauffolgenden Jahrhundert begnügt man sich weitgehend mit dem langsam fertig gewordenen Renaissanceschloß und ist bestrebt, den Bau mit Leben und Kultur zu erfüllen. Gegen Ende des Jahrhunderts kommen dann die großen Gedanken, ein prächtiges Barockschloß zu errichten, Gedanken, die nicht weiter gedie-

Königshalle im Südflügel

hen sind als bis zum Bau des gewaltigen Südflügels, und die dann jäh unterbrochen werden durch die politischen Ereignisse, die das Herzoghaus aus Schloß und Herzogtum verdrängen.
In den Jahren von 1579 bis 1583 entstanden unter Herzog Adolf gleichzeitig die großen Schlösser von Kiel, Reinbek und Tönning und das Schloß vor Husum. Vor allem aber hat er in Gottorf gebaut. In seiner Hochzeitsnacht am 17. Dezember 1564 brach im Schloß ein Feuer aus, das östliche mit Kupfer gedeckte Haus vom großen Turm bis zur Kapelle brannte bis auf die untersten Mauern ab, auch das Dach, der Turm und die Sparren der Kapelle bis auf das Gewölbe, berichtet der Herzog seinem Schwiegervater. Dieser Brand gab dem Herzog wohl die erste Veranlassung, mit Neu- und Umbauten zu beginnen, ein Vorhaben, das sich über Jahrzehnte hinzog, noch im Jahre 1598 schenkt König Christian IV. dem Sohn, dem Herzog Johann Adolf 224500 Mauersteine.
Herzog Philipp hatte noch im Jahre 1590 mit der Einrichtung der neuen Schloßkapelle begonnen, des einzigen Raumes im ganzen Schloß, der unverändert bis zum heutigen Tage steht.
Friedrich III. war der geistig bedeutendste in der Reihe der Herzöge von Gottorp. In seiner Regierungszeit verfeinert sich die Lebensart und in Übereinstimmung damit entstehen die Schmuckelemente einer neuen Zeit.

Saal des 16. Jahrhunderts mit Stadtportal Johann Rantzau

Schloß Gottorf, Blauer Saal

Drei großartige stukkierte Säle aus seiner Zeit sind erhalten, der eine um 1625 entstandene nimmt heute die Museumsbibliothek auf und wirkt seltsam gedrückt, weil der Fußboden in neuerer Zeit um fast 1 m angehoben worden ist. Das Gewölbe in Form einer flachen Mulde ist reich belebt durch Quadrate, Rechtecke und Rundfelder, die durch Profil-Leisten abgetrennt sind, alle Rahmenfelder sind mit lebhaft bewegtem, teilweise plastischem Ornament gefüllt.

Um 1635 entsteht der Weiße Saal, um 1645 der Blaue Saal, beide im 1. Obergeschoß des Nordflügels, beide hervorragende Beispiele der Knorpelarchitektur. Der Weiße Saal trägt ein Fächergewölbe mit 5 Kappen, der Blaue Saal über quadratischem Grundriß ein Kreuzrippengewölbe. In das Knorpelwerk eingestreut sind Tiermasken und Früchtebündel, Vögel und Pflanzen. Dahinter zieht sich ein flaches Relief hin mit Städten und Burgen, mit Toren und Türmen. So ergibt sich eine phantastische Welt aus verschiedenen Motiven und Dimensionen, aus verschiedenen Vorstellungswelten und Wirklichkeiten.

Um die gleiche Zeit, schon von 1640 an, entstehen die großzügigen Anlagen des Neuwerk, einer nördlich des Schlosses gelegenen Garten- und Parkanlage im Geiste des Barock, mit Teichen und Bosketten, Fontänen und Lusthäusern.

1697 wurde mit den Bauarbeiten am Südflügel begonnen unter der Leitung des italienischen Baumeisters Domenico Pelli. Was dem jungen Herzog Adolf vorschwebte, ist auch heute noch klar erkennbar; er wollte, sicherlich durch die großartigen Bauten von Stockholm angeregt, ein großes Barockschloß erbauen, der riesige Südflügel ragt weit über das mittelalterliche Gefüge des Vierflügelbaues hinaus. Offensichtlich bestand der Plan, den alten Ostflügel abzubrechen und durch einen neuen Querbau am östlichen Ende des Südflügels zu ersetzen.

Aber bei aller Größe des Bauwerks mit seinen 27 Achsen in 3 Hauptgeschossen, dazu einem hochliegenden Keller- und einem Mezzaningeschoß wirkt der Neubau doch nüchtern, kaum gegliedert durch die Aufteilung in dreiachsige flache Felder, nur sparsam betont durch Turm und Portal. Wir stehen am Ende des Gottorper Hauses, nicht nur in seiner Kraft als fürstliches Haus, sondern auch in seinem Willen zur Gestaltung.

Nach dem letzten Weltkriege lagen zunächst englische und polnische Truppen im Schloß, erst 1948 endlich hörte der Kasernenbetrieb auf, das Schloß wurde den Staatlichen Sammlungen des Landes Schleswig-Holstein übergeben.

Aber mehr noch, das Landesmuseum als der eigentliche Hausherr des alten Schlosses hat es im Laufe der letzten dreißig Jahre vermocht, das Bauwerk

Schloßkapelle mit dem herzoglichen Betstuhl

selber so weit wie möglich zu restaurieren und mit neuem Glanze zu erfüllen. Vielleicht war dieses Beginnen noch am einfachsten und nächstliegenden im Königssaal und in der gotischen Kammer. Aber inzwischen sind auch die großen Säle wieder zu Leben erwacht, der Weiße und der Blaue Saal, der Hirschsaal, die Herzogliche Betstube, die Schloßkapelle. Die Schloßkapelle wird noch für kirchliche Zwecke benutzt, sie dient der dänischen Gemeinde der Stadt Schleswig gelegentlich als Gotteshaus, im übrigen sind die Räume für die Zwecke des Museums hergerichtet, werden aber auch für Veranstaltungen und Konzerte benutzt. Der stimmungsvolle Innenhof des Schlosses ist großartiger Schauplatz für sommerliche Theateraufführungen geworden.

Wirft man einen Blick auf die ungezählten Tausende von Besuchern, die alljährlich aus den Herzogtümern, aus Dänemark, aus Skandinavien und aus dem übrigen Europa das Schloß besuchen, so begreift man die große innere Kraft, die immer noch aus diesem alten Fürstensitz strömt, eine Kraft, die nicht von der Größe des Bauwerks abhängt, sondern von der gestaltenden Persönlichkeit der Herzöge, die hier einst residiert haben.

Schloß Gottorf

Schl.-Holst. Landesmuseum, Schl.-Holst. Landesarchiv, Schl.-Holst. Landesmuseum für Vor- und Frühgeschichte – ganzjährig geöffnet

Besitzer

1161	Bischof von Schleswig
1268–1340	Herzöge von Schleswig
1340–1459	Grafen von Schauenburg (Herzöge von Holstein)
1460	Könige v. Dänemark
1544	Herzog Adolf von Holstein-Gottorp, dann die Herzöge von Holstein-Gottorp bis 1713
1713	Krone Dänemark
1730–1836	Sitz der Statthalter
1848	Lazarett
1852–1948	Kaserne
seit 1948	Sitz der Museen des Landes Schleswig-Holstein

Bauten

1288	Abbruch von Teilen des Schlosses
1449	Erbauung eines Turmes
1492	Brand im Schloß
um 1510	Neubauten
1523	Bau der Königshalle
1530	Bau des Neuen Hauses
1564	Brand im Ostflügel
1573	Bau des Torhauses
1574	Bau des Schlachterturmes
1590	ff. Einbau der Kapelle und des Betstuhles im Nordflügel
nach 1614	Bau des Ballhauses
nach 1640	Bau des Neuwerks und der Friedrichsburg (Globushaus)
1698	Beginn des Baues des Südflügels
1842	Schleifung der Festungswälle
1897	Brand des Turmes
1917	Brand von Turm, Westseite des Südflügels und des Westflügels

Louisenlund

Kirchspiel Kosel   Kreis Rendsburg-Eckernförde

Louisenlund ist in der heutigen Form entstanden als Sommerresidenz des Landgrafen Carl von Hessen-Cassel, † 1836, des langjährigen Statthalters auf Schloß Gottorf. Ihm ist der Bau des Schlosses in seiner bezaubernden Lage unmittelbar an der Großen Breite der Schlei zu verdanken, ihm die Gestaltung von Garten und Park mit seinen vielen Denkmälern, dem Freimaurerturm, der Eremitage und weiteren Eigentümlichkeiten, die im Charakter des Landgrafen ihren Ursprung hatten.
Landgraf Carl kam an den nahe verwandten dänischen Hof in Kopenhagen. Kaum erwachsen, erst 22 Jahre alt, vermählte er sich mit der Prinzessin Louise, Tochter des Königs Friedrich V. Als Christian VII. im Jahre 1766 den Thron bestieg, flossen dem Landgrafen, der in hoher Gunst beim König stand, ungewöhnliche Ehrungen zu. 1769 wurde er zum Statthalter der Herzogtümer ernannt. Damit beginnt erst die eigentliche Geschichte von Louisenlund.
Zunächst erhielt das Gut einen neuen Namen: nach der Gemahlin des Landgrafen wurde der Ziegelhof in Louisenlund umgetauft. Dann ging es an die Errichtung des Schlosses, zweifellos mehr als Sommerresidenz des

Paares gedacht. Eine Verbindung zum Wirtschaftshof wurde nicht gesucht, wesentlicher erschien die Orientierung nach ästhetischen Gesichtspunkten, mitten zwischen Wald und Wasser sollte das neue Haus erbaut werden. In den Jahren zwischen 1772 und 1776 entstand das erste Herrenhaus, das im Kern noch im heutigen Bau enthalten ist, jedoch in seiner ursprünglichen Form kaum mehr erkennbar. Baumeister war der spätere Landbaumeister Johann Hermann v. Motz, der gleichfalls aus Kassel stammte.

Das Haus, das Motz erbaute, ist uns in seiner ursprünglichen Gestalt durch ein Aquarell von C. D. Voigts aus dem Jahre 1790 und durch die Gouachebilder aus dem gleichen Jahre bekannt. Es ist ein formschön komponierter Bau des frühen Klassizismus, mit hervortretendem zweistöckigem Mittelrisalit von 3 Achsen, beiderseits mit je 4 weiteren Achsen. Das Obergeschoß ist als voll ausgebautes Mansardgeschoß angelegt, der Mittelrisalit durch einen Dreiecksgiebel abgeschlossen. Das Dach ist zu den Seiten hin abgewalmt und ist durch 4 Dachgauben und zwei Kamine an den Firstecken belebt. Das Mittelportal im Erdgeschoß liegt verhältnismäßig hoch und wird durch eine zweiläufige Treppenrampe erreicht, das Treppengitter war eine schöne handgeschmiedete Arbeit, die im Gitterwerk das Monogramm der Erbauer trug: LC (= Louise und Carl), darüber die landgräfliche Krone. Wie dieses erste Haus im Inneren aussah, wissen wir nicht. Wahrscheinlich zog sich durch die ganze Länge des Hauses ein Mittelflur, größere Repräsentationsräume wird es kaum gegeben haben. Man muß sich vor Augen halten, daß Louisenlund nur als sommerliche Villeggiatura gedacht war.

Einen sichtbaren Ausdruck der starken Verbindung des Landgrafen zur Freimaurerei stellte die Errichtung des Freimaurerturms im Park von Louisenlund dar. In ihm fanden die Zusammenkünfte der Logenbrüder statt. Der Turm ist vermutlich in den Jahren zwischen 1778 bis 1784 erbaut worden. Auf schwerem kreisrundem Bruchsteinsockel erhob er sich in drei Geschossen und flachem Dach mit Brüstung. In jedem Stockwerk befand sich ein gewölbter Raum, im unteren Wand- und Deckenmalereien mit Emblemen, die sich auf die Freimaurerei bezogen, im mittleren Stockwerk waren Flüsterwinkel eingebaut und Fußboden und Wand mit perspektivischer Parkettierung bemalt. Das Eingangsportal war ein monumentales Bauwerk im ägyptischen Stil, von Dreiviertelsäulen mit Lotoskapitellen flankiert, der Türsturz mit Skarabäusornament und Schlangenstäben geschmückt. Der Turm ist nach dem 2. Weltkriege zerstört worden, heute sind nur die Fundamente noch erhalten, das Portal ist in einem Stallgebäude eingemauert. Die gesamte Anlage hat die Form eines Skarabäus.

Der Park von Louisenlund gehört zu den frühesten und am sorgfältigsten durchgeführten Anlagen der beginnenden romantischen Epoche im ganzen

Norden. Sicherlich geht der Entwurf der Anlage zurück auf den berühmten Schöpfer des Parks von Wilhelmshöhe bei Kassel, Christoph Jussow. In neuerer Zeit sind viele der interessantesten Einzelheiten innerhalb des Parks zerstört und entfernt worden, Freimaurerturm mit Flüstergalerie und die Eremitage. Aber die Grundanlage des Parks mit seinen schönen Lindenalleen und den vielen Durchblicken zur Schlei ist immer noch zu erkennen.
Eine Wunderlichkeit enthielt der Park mit der Eremitage oder Einsiedelei. In einer kleinen mit Borke verkleideten Kapelle lag auf einer Pritsche die holzgeschnitzte Figur eines Einsiedlers mit Bart und altertümlicher Kleidung. Beim Betreten der Kapelle wurde durch eine mechanische Vorrichtung im Fußboden der Oberkörper des Einsiedlers senkrecht aufgerichtet, und mit großen dunklen Augen starrte die Figur den Eindringling an. Nach dem 2. Weltkrieg haben übermütige Soldaten der britischen Besatzungstruppen die Gestalt herausgebrochen und in die Schlei geworfen.
1790 wurde eins der größten Feste gefeiert, die das kleine Schloß je erlebt hat, die Vermählung der Tochter, der Prinzessin Marie Sophie Friederike

Landgraf Carl von Hessen

Gartenfront

von Hessen mit dem damaligen Kronprinzen, dem späteren König Friedrich VI. von Dänemark. Die Serie von Gouachen, die aus diesem Anlaß geschaffen worden sind, und die heute noch in mehreren Exemplaren teils in Louisenlund, teils auf Schloß Gottorf erhalten sind, geben einen Eindruck von dem großen Zauber dieses höfischen Festes im späten Rokoko.
Wohl schon bald nach dem Tode des Landgrafen im Jahre 1836 dürfte das Schloß zu seiner heutigen Anlage erweitert worden sein. Das Mansardgeschoß wurde als zweites Geschoß ausgebaut, das Haus an den Schmalseiten um je zwei Fensterachsen erweitert, die mit ihren vorspringenden Risaliten den Bau seitlich zusammenfassen, so daß die lange Flucht von fünfzehn Achsen jetzt durch drei Risalite, abwechselnd mit Dreiecks- und Segmentbogengiebeln gegliedert wird. Nach Westen hin ist ein langgestreckter eingeschossiger Flügel mit Eckpavillon angebaut, ursprünglich Orangerie, heute Festraum der Schule, Herzog Carl erbaute noch den Pferdestall und das Cavalierhaus.
Nach dem Zweiten Weltkriege sah sich Herzog Friedrich vor völlig neue Verhältnisse gestellt. Die Bodenreform drohte, ihm einen großen Teil seines

Besitzes zu nehmen, die Besatzungsmacht hatte das Haus Louisenlund fast des gesamten Inventars beraubt, hinzu kam die Sorge um die Erhaltung der vielen Schlösser und Herrenhäuser, die dem herzoglichen Hause verblieben waren; endlich trat als entscheidender Faktor der aufgeschlossene Geist des Herzogs in Erscheinung, der nach zeitgemäßen Formen der Jugenderziehung suchte. So wandelte er im Jahre 1948 seinen Lieblingssitz Louisenlund in ein Landerziehungsheim um, das als Stiftung begründet worden ist. Dem Herzog verblieben nurmehr Schloß und Park, ein kleiner Teil des Grundbesitzes ging an die benachbarten Gemeinden, der größte Teil von Acker- und Waldbesitz wurde der Stiftung Louisenlund übereignet.
In Louisenlund wurde ein Landerziehungsheim moderner Prägung eingerichtet. Als schon nach wenigen Jahren sich Raumschwierigkeiten einstellten, ließ der Herzog auch das Schloß Carlsburg bei Kappeln für die jüngeren Jahrgänge herrichten. In Louisenlund sind jetzt 210, in Carlsburg 85 Schüler und Schülerinnen.

Adeliges Gut Louisenlund

Besitzer: Stiftung Louisenlund (Landerziehungsheim)

Schloß Louisenlund

Besitzer: Christoph Prinz zu Schleswig-Holstein-Sonderburg-Glücksburg

Besitzer

1517	(v.) Sehestedt
1563	Herzog v. Holstein-Gottorp
1630	Carl Gutthäter
1647	v. Günteroth
1721	König v. Dänemark
1769	Landgraf Carl v. Hessen und Landgräfin Louise, Prinzessin v. Dänemark
1831	Herzöge von Schleswig-Holstein-Sonderburg-Glücksburg

Gut und Bauten

16. Jahrh.	Steinhaus und Torhaus
1772 ff.	Bau des ersten Herrenhauses durch J. H. v. Motz
1778 ff.	Bau des Freimaurerturmes
1. Hälfte 19. Jahrh.	Umbau des Herrenhauses
ca. 1860	Bau des Cavalierhauses

Damp

Kirchspiel Karby und Sieseby   Kreis Rendsburg-Eckernförde

Das adelige Gut Damp ist erst in nachmittelalterlicher Zeit entstanden, hat sich aber zu einem der schönsten Herrensitze im ganzen Herzogtum entwickelt. Die Lage des Hofes unweit der Ostsee, inmitten einer anmutig bewegten, von vielen Wäldern durchzogenen Landschaft, der Hof selber mit den beiden Inseln, die das Herrenhaus und den Bauhof tragen, mit den alten reetgedeckten Scheunen, dem stattlichen und im Inneren großartig ausgestalteten Schlosse, den schönen alten Alleen im Park, dies alles umgibt Damp mit einem besonderen Zauber, dem sich keiner entziehen kann, der dieses Gut besucht.

Mit Melchior v. d. Wisch zieht der erste wahre Herr auf Damp ein. Während seiner Besitzzeit, die von 1566 bis 1598, also 32 Jahre dauerte, dürften die

Damp, Halle

Grundlagen der heutigen Hofanlage gelegt sein, der rechteckig gestaltete Bauhof, von breiten Gräben umflossen, durch ein Torhaus mit fester Pforte nach außen geschützt, davon durch Graben und Zugbrücke getrennt der Herrenhof, der in alter Zeit sicherlich nur das Herrenhaus selber und die Pferdeställe aufnahm. In den Jahren von 1595 bis 1597 errichtete Melchior das Herrenhaus, das im Laufe der Zeit viele Veränderungen erfahren hat, mit Verputz von außen, neuen Fensteröffnungen, Anbauten an der Ostseite, Zubauten im Nord- und Südtrakt, und das trotz aller dieser Veränderungen noch heute eindeutig den Bauwillen seines Erbauers erkennen läßt.

Das Haus, das Melchior v. d. Wisch erbaute, ist in dieser Form in ganz Schleswig-Holstein einzigartig, es gibt nur ein vergleichbares Muster in einem Stuckrelief in der Kirche von Krusendorf im Dänischen Wohld, aber ob das dort dargestellte Haus überhaupt gebaut ist, wissen wir nicht. Melchior schuf eine geradezu geniale Verbindung von mittelalterlicher Bauweise mit zeitgemäßer Fortentwicklung; von vorn und von hinten bietet sich der Bau als moderne Dreiflügelanlage dar, im Innern bleibt beherrschend der zentrale Raum des mittelalterlichen Rittersaales. Um diesen Saal mit den imponierenden Ausmaßen von 15×9 m gruppieren sich in allen vier Ecken symmetrisch verteilt die Räume des Erdgeschosses, sämtlich durch Kamine in den Außenwänden zu beheizen, der Rittersaal vermutlich ursprünglich eingeschossig mit Balkendecke überdeckt. Von hinten bewahrt das Herrenhaus heute noch am besten den anfänglichen Charakter mit den beiden hochgezogenen schlichten Giebeln der Renaissance.

Aus der Besitzzeit Hinrich v. Ahlefeldts a. d. H. Grönwold dürfte der erste Umbau der Halle zu einem zweigeschossigen Raume stammen.

In das 18. Jahrhundert fällt die großartige Gestaltung von Halle und Wohnräumen im festlichen Stil des Hochbarock. Im einzelnen sind die Bauepochen nicht zu datieren, man darf aber davon ausgehen, daß hier nach einem einheitlichen und großzügig angelegten Plan gearbeitet worden ist. Wahrscheinlich erst in diesen Jahren wurden die Flügelbauten östlich und westlich durch Zwischenräume miteinander verbunden, so entstand an der Westseite der Rote Salon, dessen heutige Ausgestaltung freilich erst in das 19. Jahrhundert fällt. Aber der nach Süden anschließende Raum, die Kaminstube, dürfte wohl zu den am ersten hergerichteten Räumen gehören, wahrscheinlich um 1700 entstanden. Der Hauptschmuck des in Weiß und Gold gehaltenen Raumes ist die reiche Stuckdecke, mit großem Mittelfeld und acht Nebenfeldern.

Der imponierendste Teil des Hauses ist jedoch die Halle selber, die in dieser Zeit in ihrer heutigen Gestaltung entstanden ist, und die sich seitdem nicht wesentlich verändert hat. Man hat nicht zu Unrecht gesagt, daß dieser Raum

gleichzeitig Eingangshalle, Treppenhaus, Flur, Hauskapelle, Musiksaal und Wohnraum in sich vereinigt, ein nach Größe und Ausstattung auf den schleswig-holsteinischen Gütern nahezu einzig dastehender Raum. Der Akzent liegt zweifellos auf der Musik, fast freischwebend sind stuckierte Figuren mit den Emblemen der Musik des Barock in der Decke angebracht, nicht Engel, wie früher fälschlich behauptet wurde, sondern fröhliche, leicht bekleidete musizierende Gestalten in flatternden Gewändern. Sie präsentieren die Instrumente der Zeit, in der einen Ecke Harfe und Viola, in der zweiten Oboe und Flöte, in der dritten Pauke und Langspiel, ein heute verschollenes Saiten-Instrument, in der vierten endlich Trompete und Sängerin mit Notenblatt in der Hand und dem Text: Non plus ultra, höher gehts nicht. Die reichen Stuckarbeiten werden dem Italiener Carlo Enrico Brenno zugeschrieben, der um 1680 in Lugano geboren ist.
Der Gestaltung der Decke entsprechend, ist die westliche Schmalseite behandelt. Sie wird von einem mächtigen Orgelprospekt eingenommen, der bis in eine hohe Ausbuchtung der Decke vorstößt, das Rückpositiv mit höherem Mittelturm und zwei kleineren Seitentürmen, seitlich in der Brüstung zwei weitere vorkragende hohe Türme mit dicken Pfeifen, hinter dem Rückpositiv der in die Decke vorstoßende dreitürmige Mittelprospekt. Die Pfeifen, die mit Akanthus-Schleiern verhängt sind, sind größtenteils erhalten, seitlich von ihnen sind beiderseits die geschnitzten Wappen v. Ahlefeldt angebracht. Unterhalb der Orgel befindet sich ein gewaltiger Kamin, der in der heutigen Form dem 19. Jahrhundert zuzuweisen ist.
Der Raumeindruck dieser Halle ist wie vom ersten Tage ihrer Entstehung an ein überwältigender. Die großartige Lösung der zweigeschossigen Halle, die praktisch sämtliche Räume des weit gestreckten Herrenhauses miteinander verbindet, ist von wahrhaft künstlerischem Geist. Die Proportionen sind so glücklich gewählt, daß die Halle trotz ihrer Größe von 9×15 m und ihrer Höhe von über 9 m nicht den Charakter des Wohnlichen einbüßt. Alle Türen, die von der Halle in die Seitenzimmer führen, sowohl im Erd- wie im Obergeschoß, stammen noch aus der gleichen Zeit. Sie weisen schwere rechteckige Profilrahmen mit vorstehenden Gebälkstücken über seitlichen Pilastern auf; die korinthischen Kapitelle sind mit allegorischen Köpfen und Brustbildern in Schnitzwerk geziert. Der Fußboden besteht aus quadratischen Granitplatten in Blau und Rot, im Schachverband verlegt.
Der nordöstlich an die Halle anstoßende Raum ist das Eßzimmer. Reizend ist die Supraporte über der Tür zur Halle, eine Ölmalerei auf Holz. Der Gott der Hochzeit, Hymen, dessen Lämpchen an der Wand glüht, zieht die Braut an sich; der Brautkranz liegt zerpflückt auf dem Tisch, die Braut schreibt noch mit zitternder Hand auf eine Tafel, Amor führt ihr die Hand.

Halle

Endlich der nordwestliche der vier an die Halle anstoßenden Räume enthält die sogenannte „Getäfelte Stube", offensichtlich aus Teilen einer reicheren Vertäfelung und späteren Ergänzungen zusammengesetzt. Die Büchernischen, die in die Wände eingelassen sind, werden von Pilastern gerahmt, die

geflügelte Drachen mit spitzen Schwänzen tragen, am unteren Teil der Pilaster befindet sich geschnitztes Rocaillewerk, über den Nischen Giebelabschlüsse in Form von Voluten mit Hängeglöckchen. Der Kamin steht an der Außenwand, der Schornsteinkopf krönt den Giebelabschluß, – ein Motiv, das aus der Baukultur der venezianischen Paläste übernommen ist.
Das Mobiliar der Räume ist nicht so einheitlich wie die Ausstattung der Räume selber. Aber vor allem in der Halle sind bedeutende Stücke an Truhen und Schränken der Eckernförder Bildschnitzkunst vorhanden, vielleicht von Hans Gudewerth d. Ä., ein Schrank wird einem Schüler von Hans Brüggemann zugeschrieben. Die Kaminstube besitzt eine einheitliche Ausstattung mit Tischen und Sesseln, Spiegeln und Appliquen des nordischen Rokoko.

Torhaus

In den letzten Jahren sind umfangreiche Restaurierungsarbeiten vor allem an der Vorder- und an der Rückfront vorgenommen worden. Der Architekt Carsten Rønnow aus Kopenhagen hat mit kundiger Hand viele Fenster im alten Stil mit kleinflächigen Scheiben neu eingesetzt, dem Hause einen neuen hellen Anstrich gegeben und bemüht sich weiter um die Wiederherstellung von Fassaden und Fenstern.
Die Rückfront hat bedeutend besser den Renaissance-Charakter des Bauwerkes bewahrt. Nach Osten hin wurde das Haus um 1720 durch einen Flügelanbau erweitert, vor dem Tore entstanden neue Wirtschaftsgebäude, das Kuhhaus wurde im Jahre 1908 stark erweitert. Im übrigen sind bis zur Gegenwart fast alle alten Hofgebäude aus den Jahren 1640 und um 1722 voll erhalten.
Unter Ludwig Graf zu Reventlow erfuhr der Besitz eine Wendung zum modernen Leben, am Strande bei Dorotheenthal wurden umfangreiche Campingplätze angelegt, die jetzt alljährlich vielen Tausenden von Großstädtern Erholung und Entspannung bieten. Hier ist auch das Bad Damp 2000 entstanden.

Adeliges Gut Damp mit Dorotheenthal

Besitzer: Christian-Detlev Graf zu Reventlow
Besichtigung des Herrenhauses nach Anmeldung

Besitzer

15. Jahrh.	Bischof v. Schleswig
1470–1517	(v.) Pogwisch
1523–1656	v. d. Wisch und ihre Nachkommen (v.) Pogwisch und (v.) Rantzau
1656–1797	v. Ahlefeldt
1797–1803	Graf Méan de Beaurieux
1803–1887	(1927) v. Qualen
1887 (1927)	Graf zu Reventlow

Gut und Bauten

1595/7	Herrenhaus erbaut
1640	Bau der älteren Wirtschaftsgebäude
ca. 1700	Umbau der Halle
1742	Bau des St. Johannisstifts
1786	Dorotheenthal verkauft
1914	Dorotheenthal zurückgekauft

Grünholz

Kirchspiel Sieseby   Kreis Rendsburg-Eckernförde

Seit über einem Jahrhundert befindet sich Grünholz im Besitz des herzoglichen Hauses Schleswig-Holstein-Sonderburg-Glücksburg. Es hat sich in dieser Zeit zu dem Hauptsitz des Hauses entwickelt und ist neben Glücksburg zum Mittelpunkt des herzoglichen Besitzes überhaupt geworden. Wenn heute dem Hause durchweg die Bezeichnung eines Schlosses zuerkannt wird, so beruht das vor allem auf der Tatsache, daß dieses Haus heute eine fürstliche Familie beherbergt und gleichzeitig der Mittelpunkt einer bedeutenden herzoglichen Vermögensverwaltung ist.
Das Mittelalter machte den strengen Unterschied zwischen castrum und curia. Castrum ist die Burg des Ritters, sicherlich ursprünglich nicht mehr

als ein Wohnturm, aber stets in gesicherter Lage, meist auf kleinem kreisrundem Hügel umgeben von breitem Graben und Wall. Viele Beispiele dieser Art sind im ganzen Land erhalten, freilich kein einziges Bauwerk, nur hier und da Andeutungen von Fundamenten. Auch im Walde von Grünholz lag eine solche Turmburg, die wohl der Wohnsitz der ersten Ritter und auch von vornherein ihr Eigentum gewesen sein mag. Die curia, der Wirtschaftshof, war im Falle von Grünholz ursprünglich bischöflich und ging erst allmählich in das Eigentum der Ritter über. Diese curia wird vermutlich an der gleichen Stelle gelegen haben wie der heutige Gutshof. Auch die curia bedurfte des Schutzes und war daher allseitig von breiten Wassergräben umzogen. Das Wohnhaus an der Stelle des späteren Herrenhauses ursprünglich auf einer gesonderten kleinen, der sogenannten Herreninsel, mit dem eigentlichen Wirtschaftshof, dem Bauhof, nur durch einen einzigen Zugang über eine Zugbrücke verbunden, der Bauhof seinerseits zur Außenwelt hin durch ein Torhaus, das nachts verschlossen wurde, abgeschirmt. Trotz aller Veränderungen, die Grünholz durch Brände und Umbauten, durch Entfernen von Brücken und Zuschütten von Hausgräben erfahren hat, ist dieser spätmittelalterliche Zustand des Hofes für das kundige Auge auch heute noch leicht zu rekonstruieren. Immer noch steigt das Herren-

Gartensaal

haus unmittelbar aus dem Wasser auf, und auch heute noch gibt es keinen Zugang vom Gartensaal in den Park, und wie seit eh und je schließt das Torhaus den Gutshof wehrhaft ab.
Ida Lucia v. Thienen, geb. v. Brockdorff, †1752, kaufte Grünholz ihrem Sohn für den billigen Preis von 50000 Rthlr. ab und begann alsbald nach dem Erwerbe, sich mit Bauplänen für das Herrenhaus zu tragen. 1749 stand der Bau, wie aus einem Guß außen und innen gleich vollkommen gestaltet. Heute, nach über 200 Jahren, ist das Haus fast unverändert, ein kleiner Anbau an der Südfront ist hinzugekommen, eine Terrasse mit darunterliegenden Wirtschaftsräumen, im Jahre 1910 erbaut, aber im übrigen präsentiert sich das Haus fast genau so wie zur Zeit seiner Entstehung.
Ein Architekt großen Formats muß ihr zur Seite gestanden haben, möglich, daß es eines Tages gelingt, seine Spur zu entdecken.
Grünholz ist nicht wie viele andere Herrenhäuser der Zeit ein Flügelbau, sondern ein einfacher Querbau von 9 Achsen, die Hinterfront fast schmucklos, dafür dreigeschossig unmittelbar aus dem Wasser aufsteigend, die Vorderfront zweigeschossig und durch das kräftige Mittelrisalit nachdrücklich betont. In schönem Schwung führt die breite, aus neun Stufen bestehende Treppe zum Portal, korinthische Pilaster tragen ein reich profiliertes Gebälk, das in der Mitte zum segmentbogigen Giebelstück ausbuchtet und seitlich zierliche plastische Rocaillevasen trägt. Im Giebelfeld darüber ist in zwei üppigen Rocaillekartuschen unter der Krone das Doppelwappen Thienen und Brockdorff angebracht, darüber steht die Jahreszahl 1749.
Im Inneren ist die Raumaufteilung klar und übersichtlich, ohne Flure reiht sich Raum an Raum, ohne doch dadurch beengt zu wirken. Von der verhältnismäßig schmalen Eingangsdiele geht der Weg zu dem dahinterliegenden fast quadratischen Gartensaal mit den Maßen von 8 zu 9 m. Links und rechts an Halle und Gartensaal anstoßend befinden sich je 2 große Räume, von denen der südlich der Halle gelegene das Treppenhaus aufnimmt, das in großartigen Schwüngen vom Keller bis zum Dachgeschoß läuft und beiderseits mit einem geschnitzten Geländer aus Eichenholz versehen ist. An den Enden im Erd- und Kellergeschoß läuft das Geländer in zierlichen Schnecken aus. Das durchbrochene Geländer ist einheitlich aus großen Bretterbohlen herausgearbeitet mit Schnitzfüllungen, deren Ornament die Wirkung von aneinandergereihten Balustraden anstrebt. Die Ornamente zeigen zierliche Rocailleschwünge mit kleinen Blüten. Auch die Decken über den Treppenläufen und -absätzen sind kunstvoll gestaltet. Sie haben Stuckgesimse, die dem Anstieg der Treppe folgen und an den Absätzen jedesmal wieder mit einem Schwung in die Schräge hineinführen. Das Treppenhaus ist sicherlich ebenso wie die Eingangshalle ursprünglich in

Grünholz

Torhaus

hellen festlichen Farben gestrichen gewesen, 1977 wieder restauriert und in gelben grau-blauen Tönen gestrichen worden.
Am Ost- und am Westende des Hauses bilden jeweils drei kleine Kabinette den Abschluß, an der Ostseite ist das eine wiederum unterteilt durch eine Wendeltreppe für die Dienerschaft.
Die Ausstattung der Räume ist fast unverändert die gleiche wie zur Zeit der Erbauung des Hauses, vor allem in der Eingangshalle, im Gartensaal und im anstoßenden Gelben Zimmer. Der Gartensaal hat noch am eindrucksvollsten die Farben des 18. Jahrhunderts, wenn auch nach neueren Restaurierungen, bewahrt, die drei Innenwände sind in schmale, rechteckig gerahmte Felder aufgeteilt, die elfenbeinweiße Ornamente auf reseda- und smaragdgrünen Farbtönen zeigen. Rahmen, Paneele und Türfelder sind in silbergrau und weiß abgesetzt. Die Ornamente in den Feldern sind üppig gestaltete Rocaille-Boiserien und sind von Feld zu Feld verschieden. Federwerk und Fittiche, zerfetztes Blattwerk, Akanthus und Bärlapp, Ohrmuscheln mit Knorpelwerk, die ganze Fülle des Rokoko breitet sich aus, bald schaumig

spritzend, bald flammend züngelnd. Selbst die Supraporten über den Eingängen und die Gewände der Fensternischen sind mit feinem Schnitzwerk gefüllt: Barock und Rokoko duldeten keine leeren Flächen. Alles in allem stellt dieser Saal ein großartiges Beispiel eines vollkommenen Kunstwerkes dar.

Ähnlich, wenn auch einfacher ist das nördlich anstoßende Gelbe Zimmer gestaltet, während der westlich anschließende Speisesaal mit Gobelins ausgestattet ist, die in den einzelnen Stücken beschnitten sind und daher nicht ursprünglich hier gehangen haben können. Sie stellen Szenen aus den Metamorphosen von Ovid dar. Die Gobelins stammen nach neueren Feststellungen aus dem Schlosse Glücksburg und sind vermutlich Brüsseler Arbeiten aus der Zeit um 1700.

Die zwei Gobelins im Billardzimmer bedeuten nach dem Gutachten von Prof. Heinrich Göbel: „Die Pflichten des Herrschers", der eine stellt die „Pflege der Baukunst", der andere die „Pflege des Theaters" dar. Sie werden als Brüsseler Arbeiten um 1650 klassifiziert, sie stammen ursprünglich aus

Treppe

dem Schlosse Gottorf und gehören zu einer Serie, von der Teile heute in Grünholz und im Schlosse Glücksburg hängen.
Auch die übrigen Räume des Obergeschosses sind einheitlich ausgestaltet, überall befinden sich Paneele, Türfüllungen, Supraporten aus der Mitte des 18. Jahrhunderts, Täfelungen und Boiserien mit feinen Rocailleschwüngen, Fayence-Öfen und eiserne Öfen, kurzum die baufreudige Herrin ließ es an nichts fehlen. Während man so oft in unseren Herrenhäusern darauf stößt, daß Nebenräume und Obergeschosse lieblos und dürftig ausgestattet sind, oft, weil die Kasse erschöpft war, ist hier das Haus bis in den letzten Winkel sorgfältig mit künstlerischer Hand geschmückt worden. So blieb nur wenig Raum für spätere Ergänzungen, außer den Gobelins ein kleiner klassizistischer Kachelofen, ein sogenannter Tischbein-Ofen in einem Zimmer des Obergeschosses.
Am 28. Mai 1888 brannte der Hof Grünholz in einer gewaltigen Brandkatastrophe ab, selbst das Herrenhaus war schon bedroht. Von den Hofgebäuden aus alter Zeit ist infolgedessen nichts mehr erhalten, außer zwei kleinen Pferdeställen in der Nähe des Torhauses. Torhaus, Scheunen und Ställe wurden anschließend im Geschmack der Zeit wieder aufgebaut.

Adeliges Gut Grünholz

Besitzer: Christoph Prinz zu Schleswig-Holstein-Sonderburg-Glücksburg

Besitzer

1463	Hartwig Sehestedt
1475–1617	(v.) Pogwisch
1517	Herzog von Holstein
1519–1723	v. d. Wisch und deren Erben (v.) Pogwisch und v. Ahlefeldt
1723–1834	v. Thienen und deren Erben v. Scheel-Plessen dazwischen von 1807 bis 1816 v. Buchwaldt
1834–1855	Graf Moltke
1855	Herzöge zu Schleswig-Holstein-Sonderburg-Glücksburg

Gut und Bauten

15. Jahrh.	Turmburg im Wald
1463	curia grönholt
1471	Börentwedt verkauft
1475	Börentwedt zurückgekauft
1749	Herrenhaus erbaut
1888	Brand des Hofes und Neubau der Wirtschaftsgebäude
1910	Anbau am Herrenhaus
1949	Bodenreform

Hemmelmark

Kirchspiel Borby   Kreis Rendsburg-Eckernförde

Der Ortsname dürfte nordischen Ursprungs sein, im ersten Teil des Wortes steckt das altdänische Wort hæmil = Klippe, steiniger Hang, der zweite Bestandteil -mark bedeutet gerodetes Feld. In einer Urkunde vom 11. November 1462 wird Hemmelmark zum ersten Male erwähnt.

In der Zeitspanne von 1550 bis 1700 erlebte Hemmelmark nicht weniger als 15 Besitzer und 10 Verkäufe, eine Folge, die der Entwicklung des Gutes sicherlich nicht förderlich gewesen ist.

Erst jetzt trat eine größere Stetigkeit in der Folge der Besitzer ein. Zwar hat Hemmelmark auch noch im 18. und 19. Jahrhundert mehrfach den Besitzer gewechselt, aber doch unter ganz anderen Umständen als in den Jahrhunderten vorher. Jetzt endlich wurde Hemmelmark ein eigenständiges Gut, fester Wohnsitz einer Familie und mit seinen zahlreichen Meierhöfen und Neben-

Scheune auf der Westseite

betrieben ein bedeutender wirtschaftlicher Komplex. Der Oberstleutnant Christian von Leuenburg begann tatkräftig mit dem Aufbau des Hofes. Sicherlich auf Leuenburg dürfte der Bau des Herrenhauses zurückgehen, das bis zur Wende des 20. Jahrhunderts gestanden hat, bis es dem jetzt stehenden Herrenhause weichen mußte.

Mit dem Verkauf 1896 beginnt eine neue, wohl die für die Geschichte Hemmelmarks wesentlichste Epoche. Käufer war der Bruder des deutschen Kaisers, Prinz Heinrich v. Preußen, † 1929. Dieser war seitens des preußischen Königshauses zum Dienst in der eben entstandenen kaiserlichen Marine bestimmt worden, hatte 1888 seinen Wohnsitz auf dem Kieler Schloß genommen und war innerhalb der kaiserlichen Marine zum Großadmiral und Generalinspekteur der Marine aufgestiegen. Während des Ersten Weltkrieges war er Oberbefehlshaber Ostsee. Durch seine Vermählung mit der Prinzessin Irene von Hessen und bei Rhein war er in nahe Beziehungen zu vielen europäischen Fürstenhäusern, insbesondere auch zum russischen Kaiserhaus getreten.

Als der Prinz Hemmelmark kaufte, war zunächst der Gedanke für ihn bestimmend gewesen, in der Nähe von Kiel einen angemessenen Landsitz zu erwerben, auf dem er im Sommer leben und seine zahlreichen Verwandten empfangen konnte. So sind der letzte deutsche Kaiser Wilhelm II. und der letzte russische Zar Nikolaus II. häufig in Hemmelmark gewesen.
Aber schon bald nach seinem Besitzantritt 1896 begann er eine umfangreiche Bautätigkeit zu entfalten. Er berief den preußischen Hofbaurat Ernst v. Ihne und ließ den Hof von Grund auf erneuern. Praktisch blieben nur die schönen alten Scheunen aus den Zeiten Leuenburgs und Heespens stehen. Zunächst entstanden einige moderne Arbeiterwohnhäuser an der Landstraße nach Kappeln, dann wurde 1909 ein Pächterhaus draußen vor dem Tore erbaut. Das alte Torhaus wurde durch ein modernes Torhaus mit Marstall ersetzt, endlich das Herrenhaus, das in Nord-Süd-Achse gestanden hatte, gänzlich abgebrochen und an seiner Stelle, aber jetzt mit der Hauptfront zum See hin, in den Jahren von 1903 bis 1904 ein neues Herrenhaus erbaut. Über seinen Stil ist viel gestritten worden, und sicherlich wirkt es auch heute noch wie ein Fremdkörper innerhalb der schleswigschen Gutslandschaft. Bei gerechter Beurteilung muß man sich aber vor Augen halten, daß der Architekt seine Aufgabe unter drei verschiedenen Gesichtspunkten zu bewältigen hatte. Einmal sollte die geschlossene Form des alten Gutshofes nicht gesprengt werden, zweitens war nicht ein einfaches Herrenhaus zu errichten, sondern ein großes Haus, das einer fürstlichen Hofhaltung genügen konnte, und endlich war Rücksicht zu nehmen auf die besonderen Wünsche des Prinzen. Seine Mutter war eine englische Prinzessin, er selber dem British way of life sehr zugeneigt. So entschied sich Ihne für den ins Übergroße gesteigerten cottage-Stil, der dem Prinzen aus seinen häufigen Aufenthalten in England lieb und vertraut war. Die Verbindung zwischen Herrenhaus und Hof muß als gelungen bezeichnet werden, ein Querbau vor dem Hof auf der Stelle des alten Herrenhauses hätte die Dimensionen verzerrt. Ihne erbaute daher am Ende des Hofes, nicht einmal symmetrisch in die Mitte gerückt, den Querflügel und legte die Hauptfront dem See vorgelagert an. Neben dem Herrenhaus entstand als Kavalierhaus das Victoria-Haus, nach der Mutter des Prinzen benannt, das jetzt die Wohnung der Besitzer darstellt, der Prinzessin Barbara von Preußen und ihres Gemahls, des Herzogs Christian Ludwig zu Mecklenburg.
Das Haus füllte sich mit Kunstschätzen aller Art, die der Prinz von seinen Reisen durch die ganze Welt mitgebracht hatte. Geschenke vieler Fürstlichkeiten kamen hinzu, kostbare Kunstwerke aus China und Japan, aus Südamerika und Indien. Auf Grund seiner engen Verbindung zur kaiserlichen Marine, zur Stadt Kiel und zum preußischen Königshaus wurden bedeu-

tende Sehenswürdigkeiten im Park aufgestellt, eine Gallionsfigur vom Kommandoschiff des Prinzen, der „Deutschland“, die Figur der Kilia, ein Geschenk der Stadt Kiel, das Reiterdenkmal beim Gewächshaus, das Modell eines Denkmals des Kaisers Friedrich III. in der Gestalt eines römischen Reiters. Und auch an Bildern ist kein Mangel, die Gemälde des Kaisers Friedrich III., des Kaisers der 99 Tage, des Prinzen selber und der Prinzessin Irene, beide von F. A. v. Kaulbach gemalt, das großartige Portrait des Prinzen von D. A. Lászlo, endlich das Gemälde vom Treffen der „Hohenzollern“ mit der Jacht des Zaren Nikolaus II. vor Reval 1905, gemalt von Mich. F. Katschenko, geben dem Haus einen ungewöhnlichen Glanz.
Das große Herrenhaus erfuhr ein wechselvolles Schicksal. 1945 wurde es durch die British Air Force als Heim für Urlauber beschlagnahmt. Seit 1946

Torhaus mit Garagengebäude

wurde es Erholungs- und Feierabendheim für Schwestern des Deutschen Roten Kreuzes. 1959 übernahm der Johanniterorden das Haus und errichtete hier ein Internat für Jungen und Mädchen, die dann die Schulen in Eckernförde besuchen sollten. Diese Institution wird getragen von der Hamburger und der Pommerschen Genossenschaft des Ordens, zunächst als Dokumentation des Willens, für die aus Ostdeutschland Vertriebenen zu sorgen, später für Jungen und Mädchen aus aller Welt zugänglich. Das Internat besteht heute nicht mehr, das Herrenhaus steht leer.

Adeliges Gut Hemmelmark

Besitzer: Barbara Herzogin zu Mecklenburg, Prinzessin von Preußen

Besitzer

1462	Claus Smalstede
1519–1616	(v.) Sehestedt und deren Nachkommen (v.) Rantzau
1616–1661	(v.) Brockdorff
1661–1704	verschiedene Besitzer
1704	v. Leuenburg
1728–1796	v. Heespen, dann v. Hedemann
1817	J. C. Breuls, dann dessen Nachkommen v. Wasmer
1896	Prinz Heinrich v. Preußen, dann dessen Nachkommen, jetzt dessen Enkelin Barbara Herzogin zu Mecklenburg, Prinzessin von Preußen

Gut und Bauten

1462	Hof, Mühle und Dorf Kl. Hemmelmark
1582	Bau der östlichen Scheune
1711	Bau der westlichen Scheune
1717	Hohenstein verkauft
um 1720	Bau des Herrenhauses
1740	östliche Scheune erweitert
1744	Hohenstein zurückgekauft
1806	bzw. 1826 Meierhöfe Mohrberg, Hohenstein und Neu-Barkelsby verkauft
1898	Pächterhaus, Meierei, Arbeiterhäuser erbaut
1903	Torhaus mit Marstall und Pferdestall erbaut
1903/04	Bau des jetzigen Herrenhauses
1905	Bau des Mausoleums
1977	Abbruch der Scheune auf der Ostseite.

Ludwigsburg

Kirchspiel Waabs   Kreis Rendsburg-Eckernförde

Die Gesamtanlage von Ludwigsburg ist eine der großartigsten barocken Schöpfungen des Herzogtums. Auf der Grundlage einer mittelalterlichen Wasserburg erhebt sich mitten in doppeltem Hausgraben das stattliche dreigeschossige Herrenhaus, eher ein Schloß zu nennen, von gewaltigem Walmdach überspannt, bis zum heutigen Tage nur durch zwei schmale Brücken mit dem Hof und mit dem Park verbunden. Der Ehrenhof wurde gegen den Wirtschaftshof, den Bauhof, durch das sogenannte Krummhaus geschieden, einen in sanftem Halbrund geschweiften Bau, der Marstall und Wirtschaftsräume enthielt. Die Bedürfnisse der Gegenwart gehen andere Wege, so ist 1967 dieses Krummhaus zum größten Teil abgebrochen worden, ein schwerer Verlust für die Herrenhausarchitektur unseres Landes. Die gesamte Hofanlage ist von einem Hausgraben umgeben, der sich nördlich des Hofes zu einer größeren Wasserfläche weitet, durchflossen von der Kobek, daher auch der ursprüngliche Name des Gutes Kohöved. Die Hofanlage wird gegen die Außenwelt durch das geradezu festungsartig wirkende Tor abgeschirmt, ursprünglich mit zwei Treppentürmen zu beiden Seiten des langgestreckten Baues, heute steht nurmehr der westliche. Die

Torfahrt ist gekrönt von einem kleinen Türmchen mit Laterne und welscher Haube, beides erst 1904 entstanden, aber in glücklicher Ergänzung des imposanten Bauwerks. Die Torfahrt selber ist in einer für das Herzogtum einmaligen Art und Weise angelegt, sie gabelt sich hinter dem Torhaus in zwei Wege, der westliche führte bisher in einem zweiten Tor durch den Marstall hindurch in den Ehrenhof und zum Schloß, die östliche Ausfahrt geht auf den Bauhof. Für große landwirtschaftliche Maschinen der Neuzeit hat sich die Durchfahrt als zu schmal erwiesen, so ist vor wenigen Jahren quer durch den Hausgraben hindurch eine neue Zufahrt zum Wirtschaftshof aufgeschüttet worden. Aber trotz aller dieser Veränderungen, die die Neu-

Bunte Kammer

Ludwigsburg

zeit mit sich gebracht hat, bleibt Ludwigsburg immer noch eines der bedeutendsten Beispiele barocker Baukunst; immer auch noch mit vorzüglichen Beispielen von künstlerischer Ausstattung im Inneren des Schlosses, vor allem mit der Bunten Kammer.

1729 oder 1730 erwarb der Baron Friedrich Ludwig v. Dehn, genannt v. Pott, † 1771, Kohöved für 112 000 Rthlr. Seine Familie stammte aus Holland. Der ursprüngliche Name Pott ist wappengebend, im Wappenfeld steht ein schwarzer Topf. Dieser Baron Dehn ist der wahre Schöpfer des Gutes geworden, er hat dem Herrenhause die Gestalt gegeben, die es heute noch besitzt, er hat das Haus mit Kunstschätzen gefüllt, den französischen Garten angelegt, das Krummhaus erbaut und endlich dem Gut seinen jetzigen Namen verliehen: Ludwigsburg.

Der Statthalter Graf Dehn hat Herrenhaus und Krummhaus bald nach seinem Besitzantritt 1730 erbaut, vom alten Herrenhaus blieben praktisch nur die Keller und die Außenmauern stehen. Von der Ausstattung aus seiner Zeit ist nicht mehr allzuviel übriggeblieben. Ein Brand des Dachstuhls im Jahre 1955 hatte zur Folge, daß das oberste Geschoß völlig geräumt werden mußte und heute leer dasteht. Aber auch das Obergeschoß hat starke Einbußen erlitten. Erhalten geblieben sind eine Reihe schöner Supraporten sowie die Ausmalung eines Zimmers mit drei großen gemalten Tableaus aus der Zeit um 1800, eine Mischung von galantem Rokoko, heroischen Landschaften römischer Schule und empfindsamem Biedermeier. Sie stellen ein Blindekuhspiel im Park vor gebirgiger italienischer Landschaft dar; dann eine Szene am Fluß in einer Campagnalandschaft mit Turmruine, Kühen und Schafen in der Schwemme, einen reitenden Eseltreiber mit einem Landmädchen; endlich eine Schäferszene im Park in der Abendlandschaft, vor einer blumenbekränzten Schönen kniet ein Kavalier, eine junge Dame liest auf einer Gartenbank im Park in einem Buch.

Ein äußerst wesentlicher Bestandteil der Ausstattung, der voll erhalten ist, ist die sogenannte Bunte Kammer, die schon im zweiten Herrenhause vorhanden gewesen ist und in das neue Haus übernommen wurde. Die Bunte Kammer hat ihren Standort im Hause mehrfach gewechselt, heute ziert sie den Speisesaal im Erdgeschoß. Sie besteht aus Getäfel, das im Rahmenwerk bis zur Decke reicht und in fünf Reihen übereinander 145 kleinere Bilder allegorischen Inhalts zeigt. Weitere 25 kleinere Bilder sind als Decke in dem jetzt so bezeichneten Lesezimmer eingebaut worden. Über den Bildtafeln sind Sprichwörter in den Weltsprachen der damaligen Zeit angebracht: deutsch, holländisch, spanisch, italienisch, französisch, englisch, lateinisch. Die Malerei ist sorgfältig und künstlerisch ausgeführt und dürfte holländisch-flämischen Ursprungs sein, die Trachten sind die des

Festsaal

ersten Drittels des 17. Jahrhunderts. Die Schöpfung der Bunten Kammer geht wahrscheinlich zurück auf Friedrich Christian Frhr. v. Kielmansegg, der seit 1672 Besitzer des Gutes war. Es gibt auf den schleswig-holsteinischen Herrenhäusern nichts Vergleichbares, wohl hie und da Ausmalungen von Kabinetten wie in Roest, Gaarz und Wulfshagen oder auch Bilderfolgen wie in Buckhagen, aber Ludwigsburg steht mit diesem Raum einzig da.

Adeliges Gut Ludwigsburg

Ludwigsburg Nord

Besitzer: Wolfgang Carl

Ludwigsburg Süd

Besitzer: Paul Werner Carl

Besitzer

ca. 1396–1670	(v.) Sehestedt,
seit ca. 1570	deren Nachkommen (v.) Rantzau
1670	v. Ahlefeldt
1672	Frhr. v. Kielmansegg
1690–1723	v. Temming
1729	Baron, seit 1768 Graf v. Dehn
1776	v. Ahlefeldt Baron v. Dehn
1806	Graf v. Ahlefeldt-Laurvig
1823–1950	v. Ahlefeldt
1950	Erbengemeinschaft Carl, dann deren Nachfolger

Gut und Bauten

um 1400	curia Kohöved
16. Jahrh.	erstes Herrenhaus
1565	Bau des alten Armenhauses in Waabs
ca. 1580	Bau des Torhauses
ca. 1630	Bau des zweiten Herrenhauses, Einbau der Bunten Kammer
ca. 1730	Bau des dritten Herrenhauses und des Krummhauses
1768	Name Ludwigsburg
1822	Konkurs, Verkauf der Meierhöfe
1904	Brand des Hofes
1967	Abbruch des Krummhauses

Altenhof

Kirchspiel Eckernförde   Kreis Rendsburg-Eckernförde

Altenhof gehört seit Jahrhunderten zu den bedeutendsten Besitzungen des Herzogtums. Das umfangreiche Gut mit seiner landschaftlich schönen Lage dicht am Ufer der Eckernförder Bucht, mit seinen großen Hofkoppeln und den langgestreckten Buchenwäldern am Strande der Ostsee lockt Jahr um Jahr große Mengen von Besuchern an. Unter den Wäldern von Altenhof ragt besonders das Schnellmarker Gehölz hervor, das sich der Küste entlang von der kleinen Gastwirtschaft Kiekut bis zum Landgasthaus Grüner Jäger hinzieht.

Den Mittelpunkt des Gutes bildet der Hof mit seinen weitläufigen Stallungen und Scheunen, in der Mitte davor der große Komplex des stattlichen schloßartigen Herrenhauses. Die Ausstattung im Inneren ist ein großartiges Spiegelbild der Adelskultur des 18. Jahrhunderts und ist so vorzüglich erhalten und so eindrucksvoll angeordnet, daß seit Jahren das Schloß unter voller Aufrechterhaltung der Wohnlichkeit und Bewohnbarkeit dem Besucher als Museum zugänglich gemacht worden ist. Die Geschichte von

Altenhof ist untrennbar verbunden mit der des Geschlechtes Reventlow, und schon bei einem flüchtigen Durchgang spürt selbst der eilige Tourist die inneren Zusammenhänge zwischen Gesamtstaat und Emkendorfer Kreis auf der einen Seite und den vielen hervorragenden Persönlichkeiten aus dem Geschlecht Reventlow auf der anderen.
Über die Geschichte des Gutes im Mittelalter liegen so gut wie keine Nachrichten vor, 1410 wird es erstmalig unter dem Namen Oldenhave genannt. Die Hofanlage war früher von breiten Hausgräben umgeben, die heute noch als tiefe Mulden erkennbar sind. Auf der Südseite des Hofes beschreibt diese Mulde einen Halbkreis, in dessen Mitte jetzt das eine der beiden mächtigen Hofgebäude, eigentümlich quergestellt, steht. Möglich, daß wir an dieser Stelle den Platz der ältesten Burg zu suchen haben, aber welches Geschlecht hier gesessen hat, wissen wir nicht.
Mette Brockdorff, geb. v. Rumohr, verkaufte im Jahre 1691 Altenhof an die Reventlow. Damit beginnt die große Zeit Altenhofs, die bis zur Gegenwart andauern sollte.
Cay Friedrich Reventlow, † 1762, ist der einzige in der Folge der Generationen, der nicht im öffentlichen Leben hervorgetreten ist. Dafür ist er für Altenhof von besonderer Bedeutung geworden, er hat in den Jahren von 1722 bis 1728 das Herrenhaus erbaut, das den Kern des jetzigen Hauses bildet, ein Haus von elf Achsen mit zwei Geschossen und hohem Kellergeschoß. Das Dach ist belebt durch vier kleine Dachgauben, der Mittelrisalit, der auf vier Halbsäulen ruht, ist durch eine starke Dreiecksbekrönung hervorgehoben. Ferner geht auf Cay Friedrich Reventlow der Bau der mächtigen Hofgebäude zurück, an dem nordöstlich vom Herrenhaus stehenden Kuhhaus befinden sich die Giebelanker: Anno 1711 HCFR – FHIR = Herr Cay Friedrich Reventlow und Frau Hedwig Ida Reventlow. Die östliche Giebelseite des Gebäudes ist formschön durch zwei größere und kleinere rundbogige Tore im Erdgeschoß, durch kleine rundbogige Luken in den Obergeschossen gegliedert.
Unter Cay Friedrich oder Detlev Reventlow wurde Altenhof mit der großartigen Ausstattung versehen, die bis zur Gegenwart hin das Auge des Kundigen entzückt. Die Haupträume des Hauses sind fast unverändert seit dieser Zeit erhalten, der Speisesaal mit seiner Stuckdecke von etwa 1750/55 und vier großen Gobelins mit Parkszenen am Wasser und vor allem der Gartensaal. Hier sind die Wände über einer Holzsockelzone mit vier großen gerahmten Gobelins verkleidet, die Flächen durch vertikale laubumwundene Stäbe in schmale Felder unterteilt. In ihnen hängen auf dunkelbraunschwarzem Grund breite Blumengewinde aus Laub, Farn, Pfingstrosen und Tulpen, zwischen denen Vögel und Papageien in Ringen schweben, sowie

Eichhörnchen herumklettern. Die Mitte der Längswand nimmt ein Kamin aus rotem Marmor mit Rocaille-Stuck ein. Auch die Stuckdecke dieses Raumes gehört der gleichen Epoche an.

Eine besondere Zierde des Hauses sind die Supraporten, die sich in fast allen Räumen finden. Sie enthalten durchweg die Doppelportraits der jeweiligen Besitzer, vielleicht erst von späteren Generationen in dieser Weise eingerichtet, in jedem Falle ein eindrucksvoller Beweis für die Stetigkeit des Geschlechts auf diesem Herrensitz.

Eugen Graf Reventlow, † 1885, nahm in den Jahren von 1860 bis 1863 große Umbauten des Herrenhauses vor, das Haus wurde beiderseits durch Anbauten erweitert und die Fassade im Geschmack der Zeit durch einen Turm belebt, der damals für ein Herrenhaus unerläßlich schien.

Mit Theodor Reventlow und seiner Frau Elly, geb. Stein, † 1960, erfuhr das Herrenhaus in den Jahren 1904 bis 1910 einen großzügigen Umbau. Kein geringerer als der weltberühmte Architekt Paul Schultze-Naumburg leitete die Arbeiten. Die wenig gelungenen Zutaten von 1863 wurden entfernt, der Turm wieder abgerissen, dafür das Herrenhaus um drei Achsen verlängert und beiderseits mit Flügelbauten versehen, gen Süden hin für eine Orange-

Musikzimmer

rie, nach Norden zur Aufnahme von Wirtschaftsräumen bestimmt. In neuerer Zeit haben diese Flügelbauten wiederum Veränderungen erfahren, der südliche Flügel enthält jetzt die privaten Wohnräume des Besitzers, in dem nördlichen Flügel sind Wohnungen für die nächste Generation eingebaut. Insbesondere im südlichen Teil des Mitteltrakts wurden größere Veränderungen vorgenommen. Anschließend an die Eingangshalle mit dem Treppenhaus entstand eine quer durch den ganzen Bau laufende Halle, daneben in zwei aneinanderstoßenden Räumen die Bibliothek, die mit 10000 Bänden zu einer der bedeutendsten Privatbibliotheken des Landes zählt. Der Architekt Stobwasser aus Berlin hat maßgeblich bei diesen Veränderungen mitgewirkt. Die Bibliothek verdankt ihre Entstehung Cay Friedrich Reventlow, †1834, in ihr sind nur geringe Bestände älteren Datums enthalten, insbesondere juristische Schriften, die der Oberkammerherr Detlev Reventlow gesammelt hat. Aus späterer Zeit finden sich nur wenige Ergänzungen. Der Hauptteil der Bibliothek ist der großen geistigen Kapazität Cay Friedrich Reventlows zuzuschreiben, der durch seine vielfachen Reisen im In- und Ausland, durch seine diplomatischen Missionen in Spanien und Schweden, vor allem durch die Universalität seines Geistes eine

Blick von der Halle in die Bibliothek

Büchersammlung wahrhaft europäischen Formats entstehen ließ. Schon äußerlich ist das Auge des Kundigen bezaubert durch den großartigen Zustand der Erhaltung der Werke, durch die künstlerischen Einbände, durch die Vielfalt der mit Illustrationen und Kupferstichen geschmückten Bücher. Die Sprache stellt kein Problem dar, man findet Werke auf Deutsch und Dänisch, auf Französisch und Englisch, auf Lateinisch und Spanisch. Und ebensowenig ist der Themenkreis begrenzt, es sind nicht nur Werke der Belletristik vorhanden, sondern ebensosehr Bücher des Reisens, der Philosophie, der Religion, der Geschichte, der Volkskunde, der Naturwissenschaft, kurzum, ein Spiegelbild eines wahrhaft gebildeten Mannes jener Zeit, eines wirklichen homme des lettres.

Adeliges Gut Altenhof

Besitzer: Christoph von Bethmann Hollweg

Besitzer		*Gut und Bauten*	
ca. 1550–1691	(v.) Brockdorff	16. Jahrh.	(?) Bau eines ersten Herrenhauses
1691–1938	(v.) Reventlow, seit 1767 Graf Reventlow	1711	Bau der Wirtschaftsgebäude
1938	Frau v. Bethmann Hollweg geb. Gräfin Reventlow	1722/28	Bau des jetzigen Herrenhauses
		1861/3	erster Umbau des Herrenhauses
1972	Christoph v. Bethmann Hollweg	1904/10	zweiter Umbau durch Paul Schultze-Naumburg

Altenhof, Gobelinzimmer

Wulfshagen

Kirchspiel Gettorf   Kreis Rendsburg-Eckernförde

Nach 1654 kommt erstmalig neben dem einfachen Namen Hütten das Wort Wulfshagener Hütten vor.
1694 kaufte der Geheime Rath und Ministerresident in Wien, Andreas Pauli Reichsfreiherr v. Liliencron, † 1700, die Güter Wulfshagen und Wulfshagener Hütten.
Zwei Dinge lagen Liliencron offensichtlich am Herzen, das eine war die Aufnahme in die schleswig-holsteinische Ritterschaft, das andere der Erwerb eines adeligen Gutes und die Begründung eines Herrenhauses. Das erste hat er nicht mehr erreicht, erst 1711 wurde seine Witwe, aber wie es ausdrücklich heißt, auf Grund der ihrem Gemahl erteilten Zusicherung recipiert. Aber das andere gelang, bald nachdem er Wulfshagen mit Wulfshagener Hütten erworben hatte, ging er an den Bau des heute noch fast unverändert stehenden Herrenhauses, 1699 war es vollendet, wie die über dem Portal angebrachte Jahreszahl bekundet. Grundriß und Gestaltung sind außerordentlich schlicht gehalten, jedoch in den Proportionen sehr geschickt

Wulfshagen, Gartensaal

und eindrucksvoll. Das Haus ist ein einflügeliger zweigeschossiger Bau von rechteckigem Grundriß mit 9 Fensterachsen an den Längsseiten, Vorder- und Rückfront sind fast völlig gleich gestaltet, die einzige Gliederung sind die rustizierten Eckpilaster. An den Schmalseiten zur Linken ein Abtrittpfeiler, zur Rechten ein Pfeiler, der die Wendeltreppe aufnimmt. Die Raumaufteilung im Inneren ist klar und übersichtlich, in der Mitte des Hauses die große Eingangshalle, ihr gegenüber der Gartensaal, zur Rechten je zwei Zimmer, jeweils ein größeres und ein dahinterliegendes schmales, zur Linken ein Korridor, auf den die Zimmer dieses Teiles münden und der sich auch in das Treppenhaus öffnet, das noch nicht wie im Hochbarock einen hervorstechenden Teil des Hauses einnimmt, sondern bescheiden an der Stelle eines Zimmers untergebracht ist. Das Portal enthält über einem schlichten rechteckigen Rahmen das Wappen der späteren Besitzer, der Herren v. Qualen, in einem Steinrelief. Das Kellergeschoß ist sehr niedrig und war ursprünglich gewölbt, ist aber später flach eingedeckt worden, um Raum zu gewinnen, nur hier und da sind noch die Gewölbeansätze zu erkennen. Das große Satteldach ist abgewalmt in holländischer Pfannendekkung.

Von der Ausstattung des Hauses aus der Zeit seiner Erbauung haben sich manche Einzelheiten erhalten, in der Eingangshalle ein eiserner Beileger mit der Jahreszahl 1697, der aus der Schule in Blickstedt stammen soll, auf vier gedrehten Eisenständern, an der Breitseite zwei breite Reliefstreifen übereinander mit biblischen Szenen: Judith mit dem Haupt des Holofernes und Belagerung der Stadt Bethulia, an der Schmalseite über dem Feuerungsloch Jesus und die Samariterin am Brunnen. Im unteren Reliefstreifen der Breitseite vier Helden des Altertums, Carolus Magnus, David, Julius Caesar und Alexander Magnus. Das Treppenhaus ist ebenfalls noch der Erbauungszeit zuzuschreiben, es führt über drei Treppenläufe mit geschnitztem schwerem Balustergitter zum Obergeschoß.

Vor allem aber im Obergeschoß das Blaue Kabinett, auch Liliencron-Zimmer genannt, gehört in diese Epoche. Es dürfte um 1730 entstanden sein und ist mit Tapetengemälden in Öl auf Leinwand dekoriert. Über einem hölzernen Sockelpaneel ist jede der drei Wände in drei rechteckige Felder aufgeteilt, die durch gemalte, gedrehte und mit bunten Blumen umwundene Säulen getrennt sind. Der Gesamteindruck des Raumes ist in blauen Porzellantönen gehalten. Die gemalten Rahmen der einzelnen Bilder mischen Régence- und Rocaille-Elemente mit Muscheln, Akanthus, Gitterwerk und Draperien, doch ist alles noch in symmetrischen Maßen gehalten. Unter jedem szenischen Bilde befindet sich in muschelförmiger Kartusche noch eine „paysage intime" in Karmoisintönen.

Salon

Unter dem Besitzer Bernhard v. Qualen, †1831, erfuhr das Herrenhaus in Wulfshagen in seinen wesentlichen Teilen die Ausstattung, die es bis heute bewahrt hat und die es zu einem der schönsten und anziehendsten Herrenhäuser des ganzen Herzogtums macht.
Die Eingangshalle dürfte in dieser Zeit neu gestaltet worden sein, ein schlichter Raum mit einem Kamin, in dessen ziegelgemauerte Gewände drei ältere eiserne Ofenplatten eingemauert sind mit biblischen Szenen, die mit altertümlichen Buchstaben erklärt sind: Taufe Christi, Christus am Brunnen, kriegerische Figuren, darüber die zweite Hälfte der zweiten Platte mit Christus am Brunnen. Über dem Kamin die schon erwähnten geschnitzten Wappenreliefs, neben dem Kamin der Beilegerofen aus Blickstedt.
Der bedeutendste Raum aus der Qualenschen Zeit ist zweifellos der der Eingangshalle gegenüber liegende Festsaal, der 1790 einheitlich von Francesco Antonio Tadei mit feiner Stukkatur ausgestattet wurde und der in Weiß und Gold gehalten ist. Die Wandflächen sind in breitere und schmälere Felder aufgeteilt. In der Ostwand neben einer Mitteltür zum Garten befindet sich nur je eine Fensterachse zu beiden Seiten. Die dazwischen verbleibenden Wandstreifen sind durch hohe Trumeaux mit vorgestellten Tischen im Stil der Saaldekoration gefüllt.

Die an den Saalecken befindlichen schmalen Streifen zeigen gerahmte Felder mit Stuckdekor, hängendes Schleifenband verflochten mit Lorbeerzweigen. Von den drei übrigen Wänden sind die beiden im Norden und im Süden unter Einbeziehung der Türen reizvoll aufgeteilt. Über je einer echten und einer Scheintüre mit aufstuckiertem, gerafftem Vorhang sitzen vier Supraportenfelder mit sehr fein stuckierten Blütenkörben verschiedenster Erfindung, wohl auf die vier Jahreszeiten hinweisend. Zwischen den Türen verbleibt je ein hochrechteckiges Feld mit hängenden Schleifenbändern, worin Zweige von Rosen, Kamelien und anderen mehr verflochten sind. Die in den Ecken verbleibenden breiteren, ebenfalls hochrechteckigen Felder enthalten virtuos modellierte Stuckdarstellungen, Allegorien des Fischfangs mit einem aus Draht à jour aufgelegten Netz und der Jagd, diese beide an der Südwand, sowie der Liebesmusik und der Schäfermusik, diese beide im Norden. Die große Westwand enthält vier weitere stuckierte Felder, darin die Allegorien der Landwirtschaft und des Gartenbaues südlich der Tür, der Theatermusik und der Kammermusik mit den entsprechenden Instrumenten auf der Nordseite. Zwischen je zwei dieser Felder ist die breitere Wandfläche durch eine vorgeblendete, von Pilastern gerahmte Scheintür ausgefüllt. Über den Pilastern spannt sich ein Bogengesims, auf dessen Scheitel als Bekrönung eine niedrige, trommelförmige Empire-Vase aufgestellt ist, die ihrerseits durch dicke Lorbeerguirlanden mit den Eckknöpfen desselben verbunden wird. So entsteht die Illusion des Hängens an Wandknöpfen, die bei der ganzen Dekoration des Saales, wie überhaupt im Rokoko, eine Hauptrolle spielt.
Über der an der Westwand befindlichen Mitteltür sitzt als Supraporte ein Feld mit feiner Rankenfüllung und einer Frauenmaske; darunter, zwischen dem Stuckrahmen und dem hölzernen Türrahmen eingefügt, die Signatur des Künstlers: anno 1790 Tadey junior fecit, eines der seltenen Beispiele, bei denen Tadei seine Arbeit signiert hat.
An der Saaldecke ist mit großer Zurückhaltung ebenfalls Stuck angebracht: zwei kreisförmige Felder, von einer dünnen Lorbeerranke umrahmt, mit einer mittleren Akanthus-Rosette, an der die schönen Empire-Ampeln aufgehängt sind. Das unter der Decke umlaufende Randgesims setzt sich aus kleinen Akanthus-Konsolen und -Rosetten in quadratischen Kassetten zusammen. Die Gesamtausstattung des Raumes einschließlich des Mobiliars ist stilistisch einheitlich und gehört der Entstehungszeit des Stucks an. Nach Süden anschließend an diesen Saal folgt ein etwa quadratischer Empire-Salon, der mit Holzvertäfelung und zartem Deckenstuck ausgestattet ist. Die Wände sind, abgesehen von der stuckierten Ofennische, durch schlichte kannelierte Pilaster in breite hochrechteckige Getäfelfelder aufge-

teilt. Die Schmalwand zwischen den zwei Fenstern ist durch einen zur Originalausstattung gehörigen schönen Empire-Spiegel nebst zwei zugehörigen holzgeschnitzten Wandleuchtern ausgefüllt. An Spiegel und Leuchtern ist die alte grau-goldene Farbigkeit des Raumes erhalten. Die Stuckdecke zeigt ein langovales großes Mittelfeld, von einem locker mit Rosen umrankten Bündelprofil umzogen, darum herum noch eine Profilleiste, die achteckig gebrochen ist und in den Raumecken dreieckige Deckenzwickel stehen läßt, in denen sich schön stuckierte Embleme der Musik und der Liebe befinden. Zwischen der Täfelung und der Decke läuft ein schmaler stuckierter Fries um, in welchem eine Lorbeerguirlande zwischen Spiralband und Triglyphenleiste aufgehängt erscheint. Über der mit einem starken Profil umzogenen rundbogigen Ofennische sitzt ein rundes Portraitmedaillon, von Eichenguirlande umkränzt. Der hübsche weiß und goldene Empire-Ofen ist über gußeisernem Heizsockel aus großen Keramikstücken aufgesetzt. Seine in der Vorderansicht über quadratischem Sockel zylindrische Form mit kannelierten Seiten und umgehängten Lorbeerguirlanden ist insofern täuschend, als der Ofenkörper nicht voll rund, sondern hinten abgeplattet ist.

Von der Terrasse aus schweift der Blick auf die Parkwiese, auf der etwa einhundert alte Eichen in Gruppen stehen. Auf einer kleinen Fläche stehen hier 14 Eichen, die in Brusthöhe einen Umfang von fünf Metern und mehr haben. In ganz Schleswig-Holstein dürfte es keine ähnliche Anlage geben.

Adeliges Gut Wulfshagen

Besitzer: Friedrich Graf zu Reventlow

Besitzer		*Gut und Bauten*	
vor 1500	bis 1654 v. Ahlefeldt	um 1500	Dorf Habichhorst
1654	v. Thienen	16. Jahrh.	Habichhorster Hütten
1681	Graf v. Königsmarck	1673	Meierhof Hütten nach dem heutigen Wulfshagen verlegt
1694–1787	Frhr. v. Liliencron	1699	Herrenhaus erbaut
1787–1903	v. Qualen	um 1730	Das Blaue Kabinett entstanden
1903	Graf zu Reventlow, dann dessen Erben	1790	Wulfshagener Hütten verkauft
		1790	Gartensaal von F. A. Tadei gestaltet

Noer

Kirchspiel Krusendorf   Kreis Rendsburg-Eckernförde

Der erste uns bekannte Besitzer von Noer, Wulf v. Ahlefeldt und seine Frau Hille, geb. v. d. Wisch, sind in der Kirche in Gettorf beigesetzt, ihre Grabsteine liegen noch heute dort, wenn auch fast ganz unkenntlich und abgetreten.
Die erste Burg Noer lag sicherlich nicht an der Stelle des heutigen Schlosses, sondern eher in der Mitte zwischen Grönwohld und Noer. Das spätere Herrenhaus hat vermutlich an der Stelle des heutigen Verwalterhauses gelegen, dieser Platz war ursprünglich auf allen Seiten von Wassergräben umgeben, ist aber durch spätere Umbauten entscheidend verändert.
Mit der Heirat Ida v. Rumohrs mit dem reichen Wulff Brockdorff auf Wensien, 1678, hebt um 1680 die große Epoche von Noer an, sie umfaßt nur zwei Generationen, Vater und Sohn Brockdorff und dauert bis 1763. Aber in dieser Zeit entstehen die beiden großen Bauwerke von Herrenhaus und

Kirche, die bis zur Gegenwart hin für das Erscheinungsbild von Noer bestimmend gewesen sind.
In die Besitzerzeit des Sohnes, Joachim Brockdorff, fällt die Erbauung des großen schloßartigen Herrenhauses, das 1933 zum größten Teil abbrannte, aber weitgehend in den alten Formen wieder aufgebaut worden ist. Das Haus ist ein schlichter Querbau von 9 Achsen mit beiderseitigen etwas zurücktretenden Anbauten, die je zwei Fenster haben. Die Anbauten waren mit Doppeldach versehen, was vielleicht darauf hindeutet, daß ein älterer Bau an gleicher Stelle ein Doppelhaus war, wie wir es so oft in Holstein finden. Der Mittelbau ist von hohem kräftig profiliertem Dach mit zwei Gauben mit Dreiecksgiebeldach überdeckt. Ähnliche Gauben befanden sich an den seitlichen Anbauten. Der Mittelbau war von den Anbauten durch rustizierte Pilaster getrennt, die Fenster an der gesamten Front rechteckig durch eine Vorblendung gerahmt, das Portal stark hervortretend durch Pilaster eingefaßt und mit sehr großer Kartusche in Akanthusrahmen geschmückt, sicherlich Wappen und Initialen des Erbauers enthaltend. Nach dem Brande ist das Äußere etwas verändert, statt des Portals ist ein von quadratischen Säulen getragener Vorbau getreten, der eine große Terrasse im Obergeschoß trägt, die Dachgauben und das Doppeldach der Anbauten sind verschwunden, an ihrer Stelle ist das Haus von einem gewaltigen, bei den

Gartensaal

Neues Herrenhaus

Anbauten etwas zurückspringenden einheitlichen Dach überdeckt, die Mitte betont durch einen segmentbogigen halbkreisförmigen Giebel, links und rechts ist das Haus erweitert durch kräftige viereckige Turmbauten. Im Inneren sind die Rokokostukkaturen aus der Zeit der Erbauung sorgfältig nach erhaltenen Zeichnungen und Fotos wieder hergestellt.
Das Schloß Noer, das im 19. Jahrhundert zeitweise den Herzögen v. Schleswig-Holstein gehörte, erfuhr ein wechselvolles Schicksal. Im Jahre 1933 brannte es bis auf die Grundmauern ab, wurde aber mit den eingangs gekennzeichneten Änderungen wieder aufgebaut. Als nun in den 1950er Jahren der Besitz entscheidend verändert wurde, ging das Schloß 1957 an die Schleswig-Holsteinische Gesellschaft für Einrichtungen der Jugendpflege über. Nach Aufteilung des Besitzes zwischen der Gräfin Rantzau und den Humbertschen Erben und nach Vornahme von Umbauten finden dort jetzt Familien-Erholungsaufenthalte, Kinderverschickungen, Tagungen und Jugendtreffen auf internationaler Ebene statt. Die großartige Lage des Schlosses unweit der kilometerweiten Sandstrände der Ostsee gibt naturgemäß dieser Entwicklung ihren besonderen Reiz.
Gräfin Ehrengard Rantzau, geb. Gräfin v. d. Schulenburg, gelang es, den Restbesitz zu einem Domizil moderner Häuslichkeit zu gestalten. Der

Architekt Otto Schnittger aus Kiel erbaute im Jahre 1960 das neue Herrenhaus inmitten der Waldungen und dicht am Steilufer der See gelegen, von außen her in eigenwilligen Formen, im Inneren erfüllt mit der alten Kultur eines großen Herrensitzes. Vieles von den Kunstwerken aus dem fürstlichen Besitz, vieles auch aus Rantzauschem Erbe hat hier seinen Platz gefunden, kostbare Gläser und Porzellane, wertvolle Möbel und großartige Portraits. Noer ist fast das einzige neuentstandene Haus auf allen schleswig-holsteinischen Gütern, das als wirkliches Herrenhaus zu bezeichnen ist.

Adeliges Gut Noer

Besitzerin: Gräfin Ehrengard zu Rantzau

Besitzer

ca. 1417–1610	v. Ahlefeldt
1610–1675	(v.) Rantzau
1675	(v.) Rumohr
1680–1763	(v.) Brockdorff
1763	Graf v. Moltke
1801	v. Qualen
1832	Herzogin Louise von Schleswig-Holstein-Sonderburg-Augustenburg, dann ihre Nachkommen:
1838	Friedrich Prinz v. Noer
1865	Friedrich Prinz, seit 1870 Graf v. Noer
1912	die Töchter Gräfinnen v. Noer
1948	Ehrengard Gräfin zu Rantzau

Gut und Bauten

1317	Dorf Noer
1632	Niederlegung des Dorfes Noer
ca. 1730	Herrenhaus erbaut
1733/37	Kirche in Krusendorf erbaut
1790	Aufhebung der Leibeigenschaft
1847	Behrensbrook und Rothenstein angekauft
1929	Versteigerung von Noer und Grönwohld
1933	Brand und Wiederaufbau des Herrenhauses
1938	Grönwohld der Deutschen Jägerschaft übergeben
1953/57	Aufsiedlung von Noer
1960	Bau des neuen Herrenhauses

Knoop

Kirchspiel Kiel-Holtenau Kreis Rendsburg-Eckernförde

Das Wort Knoop dürfte niederdeutschen Ursprungs sein und so viel wie Knauf, Buckel bedeuten. In der Rantzauschen Zeit, wohl in der ersten Hälfte des 16. Jahrhunderts ist die stattliche Burg erbaut worden, die wir aus dem Werk von Hieronymus Henninges, Genealogia aliquot nobilium familiarum von 1590 her kennen. Ringsum von Wasser umflossen, mit dem festen Land durch eine schmale Brücke ohne Geländer verbunden, steht das Haus da, im Untergeschoß ohne Fenster, darüber zwei voll ausgebaute Geschosse, die Fenster jeweils paarweise angeordnet, über der Längsseite drei Dachgauben, der Seitengiebel dreifenstrig.

Nach dem Verkauf von Knoop 1613 tritt eine Zeitspanne von fast eineinhalb Jahrhunderten ein, die man nur als eine Zeit der Wirren bezeichnen kann, so oft wechseln die Besitzer, häufig ohne ersichtlichen Grund.

Über Dorothea v. Buchwaldt und deren Ehemann Wolf Heinrich Graf v. Baudissin, † 1748, gelangte Knoop an die Baudissin, hiermit beginnt die belle époque von Knoop, die sich auszeichnet einmal durch den Bau des Herrenhauses im letzten Jahrzehnt des 18. Jahrhunderts, sodann durch den von Geist und Kultur geprägten Kreis, den vor allem Caroline Baudissin, geb. Schimmelmann, um sich zu versammeln wußte.

Der Verkauf von Knoop an die Lehnsgrafen Schimmelmann erfolgt 1776, als Friedrich Graf Baudissin, †1818, die schöne Caroline Schimmelmann heiratet.

Wenige Jahre später, 1779 heiratet ihre Schwester Julia den Grafen Fritz Reventlow auf Emkendorf, und mit diesen beiden Heiraten beginnt eine der interessantesten Epochen der schleswig-holsteinischen Geistesgeschichte.

Beide Schwestern, Caroline und Julia, hatten von ihrem Vater eines geerbt, die Freude am Bauen. Mit wenigen Jahren Abstand entstanden die beiden großen und großartigen Herrenhäuser von Emkendorf und von Knoop. Julia hatte Carl Gottlob Horn für Emkendorf gewonnen, so lag es nahe, daß er auch für Knoop tätig wurde. Und in der Tat lieferte er 1783 Bauprojekte für eine Erweiterung und Umgestaltung der alten Wasserburg. Die beiden Kavalierhäuser sind sicherlich sein Werk, sie entstanden noch im gleichen Jahre. Das nördliche wurde im Jahre 1944 durch eine Sprengbombe zur Hälfte zerstört, ist aber 1950 in der alten Form wiederhergestellt worden.

Beide Kavalierhäuser verraten Horns Handschrift, die rustika-artige Gliederung der Wand, das Ornament mit dem laufenden Hund über der Tür, die ruhig abgewogene Form des ganzen Bauwerks.

Caroline Baudissin jedoch suchte sich für das Herrenhaus auf Knoop einen anderen Architekten und fand ihn in dem jungen Dänen Axel Bundsen. Er und sein Bruder Jes Bundsen sollten nun für viele Jahre in den Umkreis der

Musiksalon

Knoop

Knooper Familie treten. 1791 begannen die Pläne für den Neubau des Herrenhauses auf Knoop, 1796 war es im wesentlichen fertig.
In einem grundsätzlichen Punkt wich Bundsen von Horns Umbauplänen ab: die alte Wasserburg sollte jetzt abgebrochen, das neue Haus in zentraler Stelle den Hofgebäuden gegenüber errichtet werden. Die ganze Anlage wurde großzügig in die Landschaft hineinkomponiert, die wenige Jahre zuvor durch die Erbauung des Eiderkanals eine völlige Neugestaltung erfahren hatte. Nun erhielt das neue Herrenhaus seinen beherrschenden Platz hoch über dem Ufer des Kanals, auf der anderen Seite genau gegenüber den Wirtschaftsgebäuden, nach Westen hin von den bereits erbauten Kavalierhäusern flankiert, gen Osten waren zwei weitere projektiert, die weiträumige Anlage wurde umgeben von Wassergräben und Lindenalleen.
Selbst heute, nach der Erbauung des Nordostseekanals, ist Knoop vieles von dieser ursprünglichen Konzeption erhalten geblieben, immer noch schimmert der weiße Bau zwischen grünen Bäumen hoch über dem Kanalufer hervor, immer noch in großartiger Verbindung von Bauwerk und Landschaft.
Früher hat man angenommen, daß das heutige Herrenhaus auf den Kellern des alten stehe, und in der Tat verraten diese Räume eine wesentlich ältere Baustufe, als das jetzige Haus. In Wahrheit ließ Bundsen die Keller mit neuen Klosterformatsteinen mauern, aber vielleicht bewußt altertümlich und jetzt an der neuen Stelle. Das Haus erscheint uns Heutigen wie aus einem Guß entstanden, ein hervorragendes Beispiel der Epoche des Klassizismus. Und doch hatte auch Bundsen anfangs mit Schwierigkeiten zu kämpfen. Ursprünglich war an der Stelle des jetzigen Mittelrisalits ein wenig hervortretender Risalit „mit doppelter Colonnade von überkleisterten Ziegelsteinen" erbaut worden. Der Hofrat Karl August Böttiger machte im August 1797 eine Reise nach Hamburg und Kiel und sah bei dieser Gelegenheit auch Knoop. Seine Bemerkungen über Bundsen waren nicht gerade schmeichelhaft.

> „Aber mit seinem Baumeister muß der Graf übel beraten sein, da ein ganz neu aufgeführtes Haus im italienischen Geschmack ... so sehr verunglückt war, daß man sich eben damit beschäftigte, es wieder einzureißen."

So dürfte Knoop erst nach 1797 die endgültige Form erhalten haben, ein langgestreckter Bau von 13 Achsen, mit einem jetzt sehr kräftig betonten und weit vorspringenden dreiachsigen Mittelrisalit auf der Nordseite zum Hofe hin, der von vier ionischen Säulen getragen wird. Der Risalit an der südlichen, dem Kanal zugewandten Seite ist mit vier kannelierten Pilastern geschmückt. Die äußeren Achsen der Langseite werden durch flache Risalite und durch eine kräftige Giebelbekrönung des äußeren Fensters im Erdgeschoß belebt. An den Schmalseiten hat das Haus jeweils drei Achsen, die Halbkreisfenster verbergen ein Zwischengeschoß über den Eckzimmern. Alles in allem gelang Axel Bundsen, der noch nicht 30 Jahre alt war, als das Haus fertig war, ein großer Wurf. Knoop ist sicherlich der bedeutendste Bau des Klassizismus überhaupt, den das Herzogtum Schleswig aufzuweisen hat, gleichzeitig auch das bedeutendste Werk, das Bundsen geschaffen hat. Die Ausstattung, die das Haus im Inneren erhielt, war des Baumeisters ebenbürtig. Durch die Reventlow auf Emkendorf kamen zwei hochbedeutende Künstler nach Knoop, der Stukkateur Francesco Antonio Tadei und der Maler G. A. Pellicia. Tadei hat seit 1796 Stuckarbeiten in Knoop gemacht, vor allem im Eßsaal und im Gartensaal, hier eine reiche Stuckdecke mit Rosetten und Akanthusfeldern, die strahlenförmig in ovaler Umrahmung angeordnet sind. Im Eßzimmer wurden die Wände in rechteckige Felder aufgeteilt, die Türen mit Stucksupraporten geschmückt, die Mittelnische in drei Feldern mit Stuckgehängen verziert.

Pellicia hatte 1797, erst 23jährig, Fritz und Julia Reventlow von Rom nach Emkendorf begleitet. Dort konnte er noch nicht mit der Ausmalung beginnen, weil der Bau unvollendet war. So ging er zunächst nach Knoop und dürfte hier von 1798 an gearbeitet haben. Er malte zunächst den Eßsaal aus. Das eben erst von Tadei stuckierte Gehänge im mittleren Feld der Mittelnische ließ er abschlagen und füllte das ganze Feld mit einer illusionistisch gemalten rundbogigen Nische aus, in die er die gemalte Plastik eines mit gekreuzten Beinen auf einem runden Postament stehenden Hirten stellte, die Linke auf einen Baumstumpf gestützt. Ein Kranz von Weinlaub im Haar gibt die rechte Deutung der Figur: er gehört zum Gefolge des Bacchus und gibt so den Hintergrund für die vielen frohen Feste, die in diesem Raum gefeiert worden sind. Eine spätere Zeit hat lieblos diese anmutige Figur übertüncht, erst bei den Restaurierungsarbeiten der Jahre 1954/55 trat die Malerei in voller Schönheit wieder zu Tage, sie ist al fresco gemalt in grauen, ins Rötliche spielenden Kalkfarben, die Körperteile leicht überlasiert.

Die Seitenfelder der Mittelnische schmückte Pellicia mit leicht hingeworfenen Streumustern aus großen schwarzen und weißen Tupfen auf grünem Grund, die Ranken an der Decke und die in zarten Farben gehaltene Tönung der Gliederung verleihen dem Raum eine bezaubernde Wärme.

In dem Musiksalon zur Linken des Gartensaales malte Pellicia die Sockeltäfelungen und Türen in roten, blauen und violetten Farben aus. Die Wände selber sind hier geschmückt mit Tapeten aus bedrucktem Papier auf leinener Wandbespannung nach Zeichnungen von Jean Baptiste Fay aus der Manufaktur von Jean Baptiste Réveillon in Paris. Sie zeigen Pfauen und Hühner, Ranken und Vasen auf blau-grauem Grunde.

Der Gartensaal in der Mitte des Hauses ist beiderseits durch je drei Bogennischen gegliedert. An den Längswänden hängen zwischen den Bogen vier Kolossalgemälde von Ludwig Philipp Strack, Landschaften von Tivoli bei Rom und von Neapel darstellend.

Vielleicht der interessanteste Raum ist das Schlafzimmer der Baudissinschen Zeit im Ostteil des Hauses. Das Zimmer wurde schon durch Bundsen mit einer halbrunden Wand versehen, die in der Mitte Platz zur Aufstellung der Betten gewährte und zur Linken und Rechten kleine Nebengelasse entstehen ließ. Der Mittelplafond der Decke und zwar in dem Deckenteil über der Bettnische erhielt durch Pellicia eine großartige Ausmalung. Spätere Generationen haben verständnislos diese hervorragende Arbeit übermalt, erhalten hatte sich nur die Überlieferung, daß hier die Königin der Nacht dargestellt sei, sicherlich in Anlehnung an die Oper „Die Zauberflöte"

Gartensaal

von W. A. Mozart. Erst die Restaurierung von 1954/55 hat den ursprünglichen Zustand einwandfrei wiederhergestellt, das Deckengemälde stellt die Nacht mit ihren Kindern dar, ein Thema, das in der italienischen Malerei seit der Renaissance ständig wiederkehrt.
Das Schloß hat schwere Verluste erlitten, als die britischen Besatzungstruppen nach dem Kriege sich das gesamte wertvolle alte Inventar aneigneten. In einer Reihe von Jahren hat das schleswig-holsteinische Landesamt für Denkmalpflege seine Büros auf Knoop gehabt, bis sie wieder nach Kiel verlegt werden konnten. Bei einer gründlichen Restaurierung in den Jahren 1954 bis 1955 wurde die vornehme, dem Bau entsprechende äußere Erscheinung des Schlosses in ausgezeichneter Weise wiederhergestellt, aber als ständige Erinnerung an die schweren Verluste in den ersten Nachkriegsjahren sind die großen schönen Säle leer geblieben.

Adeliges Gut Knoop

Besitzer: Gerhard Richard Hirschfeld

Besitzer

1322	Wulf v. Knoop
1356	Albern v. d. Wisch
ca. 1400–1613	(v.) Rantzau
1613	v. Buchwaldt
1630	v. Ahlefeldt
1632	König v. Dänemark
1648	v. Buchwaldt
1684	(v.) Rantzau
1723	Wolf Heinrich Graf v. Baudissin, dann dessen Nachkommen bis 1869
1869	I. M. Clausen
1903	G. F. Hirschfeld, dann dessen Nachkommen

Gut und Bauten

16. Jahrh.	Wasserburg erbaut
1783	westliches Kavalierhaus erbaut
1791/96	Herrenhaus erbaut
1796/98	Stuckarbeiten von F. A. Tadei, Ausmalung von G. A. Pellicia
1900	Brand der Scheunen
1950	Wiederaufbau des Kavalierhauses
1954/55	Restaurierung des Herrenhauses

Schloss vor Husum

Kirchspiel Husum Kreis Nordfriesland

Das Schloß vor Husum, so wie es sich heute dem flüchtigen Wanderer darstellt, ist nur mehr ein Schatten seiner selbst. Seit dem Umbau von 1752 ist es fast alles dessen beraubt, was einst seine Zierde gewesen war, fast die gesamte prächtige Ausstattung der Renaissancezeit, die vielen Türme mit ihren schön geschwungenen Dächern und den reich verzierten hochaufragenden geschwungenen Giebeln sind verschwunden. Die den inneren Hofplatz umsäumenden Nebengebäude sind damals fast völlig abgetragen worden. Verschwunden sind die zierlichen französischen Gärten, die das Schloß nach Süden und Osten umrahmten, zerstört die großartige Anlage

Grünes Zimmer, Sandsteinkamin um 1615

des äußeren Schloßplatzes, nur noch schwach erkennbar an dem einen Kavalierhaus und dem Torgebäude. Und im Inneren ist das Schloß von fast allem entblößt, was einst seinen Glanz ausgemacht hatte, in alle Welt zerstreut die kostbaren Möbel, zerstört die Stuckdecken, verbaut die Wendeltreppen und Säle. Nur einige wenige, wenn auch hochbedeutende Gemälde und vor allem die großartigen Kamine geben einen letzten Eindruck der einstigen Größe.

Und doch schwebt über der ganzen Anlage immer noch ein eigentümlicher romantischer Zauber. Kommt man im zeitigen Frühling in den Schloßpark, so wird der Blick überwältigt von der unvergleichlichen Pracht von hunderttausenden von Krokusblüten, die sich dicht an dicht über die weiten Rasenflächen des Schloßparks drängen und die die Erinnerung wach halten an die Minoriten-Mönche, die nun vor fast einem halben Jahrtausend die ersten dieser Frühlingsboten pflanzten. Und strebt man vielleicht an einem nebligen Herbsttag dem Schlosse zu, und eilt durch die weiten Wege des äußeren Schloßhofes über die schmale Brücke in den inneren Hof, so umfängt einen immer noch der Eindruck, an historischer Stätte zu stehen. Längst ist der Schloßbezirk in die Stadt Husum aufgenommen, ringsum ist er umgeben von lauten Geschäftsstraßen und bebauten und bewohnten Wohnvierteln. Aber immer noch hat selbst der nüchterne Mann des Tages, der bis vor kurzem in amtlichen Angelegenheiten seinen Weg zum Landratsamt suchte, das Gefühl, daß der stattliche Bau nicht in Husum, sondern vor Husum liegt, in einer Welt für sich.

Der Bau geht auf den baulustigen Herzog Adolf von Gottorp, † 1586, zurück, der seit 1571 mit der Verwirklichung seiner Pläne begann. An der Stelle des heutigen Schlosses hatte seit 1494 ein Minoritenkloster gestanden, das bereits 1527 im Zuge der Reformation wieder aufgehoben wurde.

Kurz vor dem Umbau von 1752 war im Jahre 1749 durch Lauritz de Thurah „Den danske Vitruvius" veröffentlicht worden. In dieser großartigen Übersicht über die Baukunst des Nordens sind dem Schloß vor Husum 3 Tafeln gewidmet worden, aus denen wir den ursprünglichen Zustand des Schlosses erkennen können. Es wurde in den Jahren von 1577 bis 1582 erbaut, der Baumeister ist nicht bekannt, man kennt nur den Namen des Bildhauers Nickels, der für die „Auszierung in bunten und ausländischen Hölzern" gearbeitet hat.

Die umfassendste Umgestaltung erfuhr das Schloß 1752, als alle verfallenen Teile abgebrochen wurden und das Schloß zur Wohnung des Amtmanns von Husum eingerichtet wurde.

Der Baumeister Cai Dose, der sich durch viele bedeutende Bauten, vor allem in Altona, einen großen Namen gemacht hatte, leitete den Umbau, der

Bildhauer Cai Hinrichsen fertigte Stukkaturen an. Bei diesem Umbau wurde das Schloß außen und innen weitgehend verändert und vernüchtert. Es besteht aus einem zweigeschossigen Mittelteil mit vorgesetztem, sehr großem quadratischem Treppenturm in der Mitte, daneben einem kleinen Korbbogenportal als Eingang. Über dem Portal ist das Wappen des Herzogs Johann Adolf angebracht mit Helmzieren und Initialen und der Jahreszahl 1613. Die Treppe im Turm verläuft zunächst als Wendeltreppe, in den Obergeschossen vierläufig um einen quadratischen Mittelkern, eine sehr interessante Gestaltung, wie sie sich u. a. im Schlosse Egeskov auf Fünen findet. Zu beiden Seiten stehen Sandsteinlöwen als Wappenhalter, der eine hält das schleswig-holsteinische Herzogswappen, der andere das dänische Königswappen, beide Löwen standen ursprünglich an der Brücke.
Bei Gelegenheit dieses Umbaus wurde auch im Inneren des Schlosses ein Korridor eingebaut, um dessen Breite die Zimmer verkleinert wurden. Bis dahin hatten sechs große Gemächer ohne Verbindung durch einen Flur nebeneinander gelegen. Ferner wurde bei dieser Gelegenheit das jetzige

Torhaus

große Treppenhaus eingebaut, sowie Dachstuhl und Balkendecke zwischen den beiden Stockwerken tiefer gelegt. Die alten Balkendecken wurden hierbei wieder verwendet, bei den Restaurierungsarbeiten von 1978 kamen sie wieder zum Vorschein.
Von der alten Ausstattung hat sich eine Reihe von recht guten Gemälden erhalten, mehrere Landschaften und Genreszenen vor allem von holländischen und flämischen Meistern. Sehr bedeutend sind einige Fürstenbildnisse, darunter das Bildnis der Königin Sophie von Dänemark, †1568, Gemahlin König Friedrichs I. von Dänemark und Tochter des Herzogs Bogislav X. von Pommern. Ein weiteres Portrait aus der Mitte des 16. Jahrhunderts stellt vielleicht den Erbauer des Schlosses, den Herzog Adolf von Gottorp, dar, in spanischer Tracht, mit gekräuseltem Spitzenkragen, in helle Atlasjacke mit bunter Seidenstickerei gekleidet und mit dem Hosenbandorden dekoriert. So steht der Herzog da, die Rechte in die Hüfte gestemmt, die linke Hand am Degen, vor ihm auf einem Tisch sein Helm mit Federbusch. Zwei weitere Bildnisse des 17. Jahrhunderts stellen Herzog Johann Friedrich von Gottorp, †1634, und den jungen Prinzen Johann Georg, †1655, oder den jungen Carl XI. von Schweden, dar. Nur bei dem letztgenannten ist der Maler ermittelt, es ist David Klöcker genannt von Ehrenstrahl. Alle vier Portraits sind vorzügliche Arbeiten und schon durch die sorgfältige Behandlung aller Details von Kleidung, Waffen, Orden und Schmuck von größtem Interesse.
Noch weit über diese Sammlung von Gemälden hinaus geht der Wert der Kamine, die das Schloß vor Husum an eine erste Stelle unter den Bauten des Herzogtums rücken. In den letzten Jahren ist vieles getan worden, um die einzigartige Schönheit dieser Kamine wiederherzustellen. Vier Kamine werden dem Kieler Bildhauer Henni (Henning) Heidtrider zugeschrieben.
Bis 1919 war der Staat Preußen Eigentümer des Schlosses. Nun kam im Jahre 1920 ein Vertrag zwischen dem Staat und dem damaligen Kreis Husum zustande, durch den das Eigentum auf den Kreis überging. Daher ist heute dessen Rechtsnachfolger, der Kreis Nordfriesland, Eigentümer des Schlosses.
Von 1978 an ist das Schloß vor Husum von dem dänischen Architekten Karsten Rønnow einer umfassenden Restaurierung unterzogen worden. Karsten Rønnow hat hierbei den Standpunkt eingenommen, daß es praktisch unmöglich ist, den Renaissancebau des 16. Jahrhunderts wiederherzustellen, daß man sich vielmehr damit begnügen müsse, den Barockbau des 18. Jahrhunderts wieder lebendig zu machen. An der Außenfassade wurden die unschönen Fenster des 19. Jahrhunderts wieder durch kleinflächige Fenster im Stil des 18. Jahrhunderts ersetzt. Im Inneren wurden die Räume

gemäß der barocken Einteilung restauriert, auch der Rittersaal erhielt wieder seine alte Form. Umfangreiche Konservierungsarbeiten an den Kaminen wurden erforderlich, auch um die alte Bemalung wieder freizulegen.

Die spärliche Innenausstattung hat eine wertvolle Bereicherung erfahren durch das russische Mobiliar, ursprünglich ein Geschenk des Zaren Nikolaus I. an den Grafen Otto Blome, † 1849, dän. Gesandter in St. Petersburg, Besitzer des adel. Gutes Heiligenstedten bei Itzehoe. Bei der Auflösung von Heiligenstedten kaufte der damalige Landrat des Kreises Eiderstedt das Mobiliar an, das aus einer reichen Zimmergarnitur besteht, schwarzes Ebenholz mit eingelegten Plättchen aus kaukasischem Marmor.

An Nebengebäuden sind vor allem zwei Bauten zu nennen, das Kavalierhaus, ein Bau aus rotem Backstein mit Treppengiebeln, Treppenturm und Nebengebäude mit Staffelgiebel, langjähriger Besitz der Familie Tönnies, heute für Wohnungen benutzt. Dann das sogenannte Cornilssche Haus, das ursprüngliche Torhaus im Südwesten der Schloßanlage. Es ist ein zweigeschossiger Bau mit schönen Renaissancegiebeln an den Schmalseiten und in der Mitte der Breitseiten; der Ostgiebel ist mit Maueranker versehen: A 612 (= im Jahre 1612). Das Südportal ist reich geziert in Sandstein, mit Sockel, Gebälk und Pilastern, mit Rollwerk, Statuen und allegorischen Emblemen. Die Torfahrt war durch lange Zeiten vermauert, ist aber neuerdings wieder geöffnet worden. Das Haus hatte seit 1752 Wohnungen aufgenommen, später sogar Läden. Heute dient es dem Jugendherbergswerk als Dienststätte und Aufenthalt für durchreisende Jugendliche.

Schloß vor Husum

Besitzer: Der Kreis Nordfriesland

Besitzer

1494	Minoritenkloster
1571–1721	Herzöge von Holstein-Gottorp
1721	Sitz des Amtmanns von Husum
1867	Sitz des Landrats von Husum

Bauten

1527	Kloster aufgehoben
1577/82	Bau des Schlosses
1627	Ankauf von Arlewatt
1721	erster Umbau des Schlosses
1735	Abbruch der Burg Arlewatt
1752	zweiter Umbau des Schlosses
1919	Abgabe eines Kamins an das Deutsche Museum in Berlin
1978	Restaurierung

HOYERSWORT

Kirchspiel Oldenswort Kreis Nordfriesland

Unter den Gutshäusern der Westküste sticht von allen ab das einzige adelige Gut, das die Landschaft Eiderstedt aufweist, Hoyerswort. Dieses Gut ist im Gegensatz zu allen den anderen eine Gründung aus nachmittelalterlicher Zeit, und das auf ihm stehende schloßartige Herrenhaus ist ein Bau der Renaissance, eines der schönsten in ganz Schleswig-Holstein erhaltenen Bauwerke dieser Epoche. Der Name des Gutes, die Erbauung des Hauses, ja

Hoyerswort

überhaupt die ganze Geschichte dieses Adelssitzes ist untrennbar verbunden mit der Persönlichkeit des ersten Besitzers, mit Caspar Hoyer, wohl dem bedeutendsten Manne der kleinen Landschaft.
Der Hof, den der Herzog ihm geschenkt hatte, erhielt 1587 den Charakter eines adeligen Gutes. Hier erbaute Caspar Hoyer in den Jahren von 1591 bis 1594 das Herrenhaus, das fast unverändert noch heute dasteht und Zeugnis ablegt von der Tatkraft seines Erbauers. Fast mittelalterlich muten Haus und Hof an, über doppeltem Hausgraben gelangt man zur Warft, dem erhöhten Platz, auf dem Herrenhaus und Hofgebäude stehen. Noch bis vor wenigen Jahren war die Zugbrücke erhalten, die den Weg zum Hof schützte, aber heute noch stehen an der Einfahrt 2 barocke Löwen aus Sandstein mit den Worten: „Ara" und „Ora" (pflüge und bete) in ihren Pranken. Das Herrenhaus besteht aus einem verhältnismäßig kleinen Querhaus von 6 Achsen und Treppenturm, den ein eiserner Bügel als Zeichen der Stallerwürde krönt. Seitlich am Treppenturm hängt noch das Halseisen des ehemaligen Kaaks, des Prangers, unter ihm der Trittstein, auf dem der Sünder zu stehen hatte. Nach Süden schließt sich ein langgestreckter Flügel an, der einen komplizierten Grundriß aufweist, im Inneren verschiedene Höhen besitzt und vielleicht schon früher erbaut worden ist. Die in das Vorderhaus einmündende Quermauer ist nicht, wie zu vermuten, eine Innenwand, auch Dachkonstruktion und umlaufende Friese sprechen gegen die Annahme einer gleichzeitigen Entstehung. Die Kellergewölbe unter diesem Flügel sind spätmittelalterliche Kreuzgratgewölbe. Bemerkenswert ist in der Mitte des Südflügels ein großer zweigeschossiger Saal, zur Mitte hin durch eine Säule gestützt, mit Empore, die heute durch Bretter abgekleidet ist. Der Zugang von der Ostseite geht durch ein in Sandstein gehauenes Portal, das unmittelbar in den Saal führt. Es ist ein zierliches von zwei ionischen kannelierten Halbsäulen flankiertes Renaissanceportal, das im Gebälk die erhabene Inschrift trägt:

Caspar Hoyer 1594 Anna Hoyers

Ob dieses Portal stets hier gestanden hat oder nicht vielmehr ursprünglich das Eingangsportal des Vorderhauses gewesen ist, muß dahingestellt bleiben. Auf der Nordseite führt ein großer halbkreisförmig gemauerter Torbogen in den Saal hinein. Im Volksmund wird der Raum als Tanzsaal oder auch als Kirche bezeichnet, beide Zuschreibungen können stimmen, sicherlich nicht die dritte am meisten verbreitete: hier sei der Rittersaal des Herrenhauses zu suchen. Dieser Saal lag eindeutig im Obergeschoß des Vorderhauses. Möglich, daß der große Saal im Südflügel der Rittersaal dieses Bauteils war, wenn er früher errichtet worden ist, möglich, daß er später bei

Saal im Südflügel

festlichen Veranstaltungen benutzt worden ist, wahrscheinlich sogar, daß hier Gottesdienste abgehalten worden sind, als Anna Ovena Hoyers sich von der Landeskirche getrennt hatte und auf Hoyerswort Gottesdienste der von ihr gestützten Sekte der David-Joriten abhalten ließ.

Der Querbau, das eigentliche Herrenhaus, enthält auch seinerseits verschiedene Geschoßhöhen, was auf den Baugrund der Warft und die dadurch bedingte nur teilweise mögliche Unterkellerung zurückzuführen ist. Von der Eingangshalle führen einige Stufen zu den Wohnräumen, in ihnen ist ein Zimmer durch die feine Stuckdecke bemerkenswert, die noch dem 17. Jahrhundert zuzuschreiben ist. Das Obergeschoß enthält außer dem Saal, der in neuerer Zeit völlig umgebaut worden ist, im Vorsaal eine Bibliothek mit recht ansehnlichen alten Beständen.

Im Jahre 1885 erhielt der Treppenturm anstatt der welschen Haube einen romantischen Söller mit zinnenartiger Bekrönung, doch ist 1960 der alte Zustand wiederhergestellt worden. Als Wirtschaftsgebäude dient ein Hauberg, diese für Eiderstedt so typische Form des Bauernhauses, aus dem Jahre 1704, durch A. F. v. Cramer zunächst auf Außenländereien des Gutes erbaut und erst 1779 nach Hoyerswort versetzt. Im Jahre 1914 wurde das Gebäude von Grund auf instandgesetzt.

Portal

Adeliges Gut Hoyerswort

Besitzer: Peter Gonne Hamkens

Besitzer

1564	Caspar Hoyer, dann dessen Sohn Harmen Hoyer und die Schwiegertochter Anna Ovena Hoyers
1631	Herzogin Augusta von Gottorp
1647	Joachim Danckwerth, dann dessen Erben (v.) Cramer
1732–1771	verschiedene Besitzer
1771	Boy Hamkens, dann dessen Nachkommen

Gut und Bauten

1564	das Gut Hoyerswort entsteht
1587	adeliges Gut
1591/94	Herrenhaus erbaut
1704	Hauberg erbaut
1779	Hauberg nach Hoyerswort versetzt
1885	Turm mit Söller versehen
1914	Hauberg restauriert
1960	Turmhaube wieder mit welscher Haube versehen

Salzau

Kirchspiel Selent   Kreis Plön

Salzau gehört zu den Rittersitzen, die im ältesten Kieler Stadtbuch von 1264–1289 erwähnt werden: Königin Mechthild, Witwe des Königs Abel von Dänemark, hinterläßt dem Ritter Otto von Salzau (Ottoni de Salsov) 30 Mark. Zu welchem Geschlecht der Ritter gehört hat, ist unbekannt.
1758 kaufte der Geheime Rath und Kammerherr Wulf Blome das Gut für 160000 Rthl. Der Kaufvertrag wurde freilich erst im Umschlag 1760 in Kiel ausgefertigt. Damit beginnt die große Zeit Salzaus, die fast zwei Jahrhunderte andauert und dem ganzen Gut Bedeutung und Ansehen durch die überragenden Persönlichkeiten seiner Besitzer aus dem Geschlecht Blome verlieh. Er hat sich eifrig als Bauherr betätigt, während seiner Besitzzeit wurden in allen Dörfern des Gutes Schulen gebaut, von ihnen sind heute noch erhalten die Schulgebäude in Fargau, Schlesen und Stoltenberg, die Schule in Pratjau ist um 1900 abgebrannt. Außerdem wurden die Mühle in Salzau und viele Wohnhäuser in Stoltenberg neu erbaut. Aller Wahrscheinlichkeit nach ist er auch der Erbauer des großen schloßartigen Herrenhauses,

das 1881 niederbrannte. Es nahm sich höchst stattlich aus, das corps de logis mit 11 Achsen, davon die mittleren drei in einem etwas vorspringenden Mittelrisalit, das von einem flachen Dreiecksgiebel gekrönt war, zu beiden Seiten je vierachsige Flügelbauten, die vielleicht erst einer späteren Epoche angehören, flankiert von zwei Ecktürmen, alle Dächer verhältnismäßig flach. Hinter dem Herrenhaus legte Wulf Blome einen großen Landschaftspark im englischen Stil an, bis dicht an das Haus heran erstreckte sich ein großer Teich, der von anmutigen Wegen umgeben war.
Wulf Blome ist auch der Begründer der großen Bibliothek auf Salzau. Durch seine umfassende Bildung und seine großen finanziellen Mittel gelang es ihm, eine der bedeutendsten Bibliotheken zusammenzutragen, die wir je in Holstein gehabt haben. Sie umfaßte etwa 20000 Bände.
Im Jahre 1881 brannte das Schloß, angeblich infolge eines überheizten Kamins, ab, mit ihm ein großer Teil des wertvollen Inventars. Eine Spieluhr aus Paris, die Graf Blome von seinen Reisen mitgebracht hatte, fing infolge der Hitze an zu spielen und wurde auf diese Weise gerettet. Nach dem Brande fragte Otto Blome seinen Sohn Gustav, ob er für ihn ein kleines oder ein großes Schloß bauen solle. Der Sohn, der wohl ein großer Herr, persönlich aber bedürfnislos war, äußerte den Wunsch nach einem kleinen, handlichen Hause. Nun, erwiderte der Vater, dann baue ich eben ein großes Schloß.
Otto Blome war zu diesem Zeitpunkt bereits 86 Jahre alt. Er berief den Architekten J. E. Mose aus Schlesien, der auch sonst in jener Zeit viel in Holstein gebaut hat, und ließ durch ihn in nur einjähriger Bauzeit und mit einem Aufwand von einer halben Million Mark das riesige Schloß errichten, das mit seinen angeblich 90 Zimmern zu den größten Profanbauten in Schleswig-Holstein in der zweiten Hälfte des 19. Jahrhunderts zu rechnen ist. Ein stark zurücktretender Mittelbau, gekrönt mit einem überdimensionalen Blomeschen Wappen, wird flankiert von zwei mächtigen vierachsigen Flügelbauten, an die sich niedrigere Seitenflügel anschließen; der Bau wird beiderseits abgeschlossen durch zwei runde mit Laternen gekrönte Türme. Im Inneren erfuhren die Räume eine entsprechende Ausgestaltung, die säulengeschmückte Halle, die große Bibliothek, die stuckverzierten Räume des Gartensaales und der Salons, alles ins Übergroße gesteigert mit Raumhöhen bis zu 6 m. Der Bau ist nie fertig geworden.
Über dem Schlosse hat vom Tage seiner Erbauung an ein Unstern gehangen. Als die üblichen drei Hammerschläge bei der Grundsteinlegung erklangen, sprach Graf Otto Blome die Hoffnung aus, daß noch viele Generationen von Männern seines Geschlechts dies Haus bewohnen würden. Aber schon der Sohn Gustav, der österreichischer Staatsmann wurde, hat sich in dem neuen

Treppenhaus

Schlosse nur vorübergehend aufgehalten, er bewohnte drei einfach eingerichtete Zimmer im Erdgeschoß. Sein Hauptwohnsitz war Wien und die Villa Giulia am Comer See.

Das Schloß wurde im Jahre 1964 an den Bauunternehmer Wolfgang Mäser aus Wuppertal-Barmen verkauft, der aber bald darauf in Vermögensverfall geriet. Im Oktober 1971 wurde das Schloß zwangsversteigert. Den Zuschlag für den Preis von 778000,– DM erhielt die Frankfurter Hypothekenbank. Nachdem der erste Käufer des Schlosses in Konkurs ging, hat es verschiedentlich seine Besitzer gewechselt. Im Jahre 1973 hat der Hamburger Kaufmann Ottmar Schrayvogel das Schloß gekauft und mit großem Kapitalaufwand und Energie die Instandsetzung Salzaus betrieben. Nach einem neuen Außenanstrich spiegelt sich die repräsentative Gartenseite des Schlosses in dem alten Glanze in dem Teich, der Salzau, wider. Die

Wiederherstellung der Räume im Erdgeschoß unter weitgehender Anlehnung an die ursprüngliche Gestaltung erforderte eine hohe Leistung seitens der beteiligten Handwerker; galt es doch, auch die plastischen Verzierungen in den Räumen in vergoldetem Stuck zu bewahren. Daher bietet sich heute großartig der Eingang wieder dar von dem Vestibül mit anschließendem Gartensaal und dem Durchblick in den Park, der ebenfalls, wie der Innenhof, eine ansprechende Gestaltung mit neuer Bepflanzung erhalten hat.
Um die finanzielle Basis zum Unterhalt des großen Baues zu schaffen, verlegte Ottmar Schrayvogel seine Pferdezucht mit Trakehnern, Arabern und Holsteinern nach Salzau, so daß das Gestüt Römerhof hier eine schöne Heimstatt erhielt. Das Obergeschoß des Herrenhauses, das bis dahin nicht einmal völlig ausgebaut war, steht heute zahlenden Gästen zur Verfügung. Hier gibt es Appartements, die den Komplex des Schloßhotels, wie Salzau nunmehr geführt werden soll, abrunden.
Nachdem noch vor einigen Jahren die alte Schönheit in ihrer landschaftlich reizvollen Lage zum Leidwesen nicht nur der Kunsthistoriker, sondern auch aller jener Menschen dahinschwand, die ein offenes Herz für solche Plätze haben, vollzieht sich seit dem Übergang des Baues auf Herrn Ottmar Schrayvogel ein Wandel. Aus einer Privatinitiative mit dem Mut zur Vergangenheit wird hier eine Achtung gebietende, umfassende denkmalpflegerische Arbeit geleistet. Der großartige Charakter dieses stolzen, prachtvollen Adelssitzes in seiner glanzvollen Schönheit zeigt sich wieder.

Adeliges Gut Salzau

Besitzer: Romedius Graf v. Thun und Hohenstein

Schloß Salzau

Besitzer: Ottmar Schrayvogel

Besitzer

1281	Ritter Otto de Salsov
14. Jahrh.	(v.) Rathlow
1420/21	(v.) Brockdorff
1422	Margarethe v. Siggen
1439–1733	(v.) Rantzau
1733–1758	v. Plessen
seit 1758	Blome, seit 1819 Grafen Blome, dann deren Erben die Grafen v. Thun und Hohenstein

Bauten

16. Jahrh.	Wasserburg nach der Rantzauischen Tafel
2. Hälfte des 18. Jahrh.	Bau des Schlosses durch Wulf Blome
Anfang des 19. Jahrh.	Erweiterungsbauten
1881	Brand des Schlosses
1882	Neubau

RASTORF

Kirchspiel Preetz   Kreis Plön

Zum ersten Male wird Rastorf im Anfang des 13. Jahrhunderts genannt, hier unter der Form Radesthorpe (= Rodungsdorf). Aber schon im Kieler Stadtbuch von 1264 bis 1289 kommt es unter der Form Rastorpe vor, gleichzeitig erscheinen in Urkunden des Klosters Preetz die Ritter von Rastorp. Seit die Rastorp fortgezogen sind, erscheinen die Herren v. Rantzau als Besitzer, ob durch Kauf oder Erbschaft wissen wir nicht. Die Rantzau sind seitdem bis zur Gegenwart im Besitz von Rastorf geblieben, 600 Jahre lang, gewiß eine stolze Zeit, wenn man von einigen Jahrzehnten im 17. Jahrhundert absieht, als Rastorf mehrere Male den Besitzer unter den alten Adelsgeschlechtern wechselt.

Rastorf, Speisesaal

Das älteste Wohnhaus, also das Haus des Mittelalters, dürfte nur ein Turm gewesen sein, sicher leicht zu schützen durch das Wasser der am Hof vorbeifließenden Schwentine.

Während der Lebenszeit des Generals, Christian Graf Rantzau, † 1729, um 1720, brannte der ganze Hof bis auf das alte Herrenhaus ab. Nach dem Brande begann er 1723 mit dem Wiederaufbau. Er berief mit sicherem Blick einen hochgradig befähigten Architekten, Rudolph Matthias Dallin, der damals Bauinspektor und Ingenieurcapitain am fürstbischöflichen Hofe in Eutin war.

Eindeutig belegt ist Dallins Mitarbeit nur für das Torhaus, hierüber gibt es einen Brief von Dallin aus dem Jahre 1726. Aber mit Sicherheit hat er sämtliche Gebäude geschaffen, man kann sich kaum eine größere Einheitlichkeit einer Hofanlage vorstellen. Das Herrenhaus, das ja stehengeblieben war, wurde als Mittelpunkt der gesamten Anlage aufgefaßt. Von hier aus errichtete Dallin in den Jahren 1723 und 1724 zunächst links und rechts zwei kleinere Gebäude, die als Reitstall und Bedientenhaus gedacht waren. Dann kam 1724 die große Scheune auf der rechten Seite, 1726 zur linken das Kuhhaus, daran, endlich als Abschluß im Jahre 1729, das 130 m lange Torhaus mit dem Stall für die Baupferde an der Straße. Die Gebäude links und rechts des Hofes legte Dallin nicht in lotrechter Linie an, sondern er drehte sie etwas in Richtung auf das Herrenhaus ein, so daß der aus dem Herrenhause Heraustretende die am reichsten ausgestatteten Giebelseiten unmittelbar vor sich hatte. Der barocke Drang nach Steigerung der Wirkung und nach Zusammenfassung der Eindrücke auf einen einzigen Blickpunkt kommt hier zu einer großartigen Synthese.

Carl Emil Graf zu Rantzau, † 1857, ist der Erbauer des jetzigen Herrenhauses. Das alte Haus, das nicht mehr zeitgemäß erschien, wurde abgebrochen, aber der Turm erwies sich als so massiv, daß er mit Pulver gesprengt werden mußte. Kein Geringerer als Christian Friedrich Hansen wurde als leitender Baumeister berufen. Der ursprüngliche Plan sah die Errichtung eines zweistöckigen langgestreckten Hauses vor, später ging man anscheinend aus Ersparnisgründen, zu dem tatsächlich gebauten fast würfelförmigen dreistöckigen Bau über. Während des Zweiten Weltkrieges wurde das Haus von einer Sprengbombe getroffen, seitdem ist die linke Hälfte des Baues etwas verkürzt wiederhergestellt. Das jetzige Haus hat drei Geschosse, von denen das oberste nur die halbe Höhe der beiden anderen erreicht. Es ist ein Haus von sieben Achsen in der Front, von denen die seitlichen zum Zwecke der Achsenbetonung entsprechend hervorgehoben sind. Auf der Hofseite hat das Haus einen dreiteiligen Portalvorbau, die Gartenseite zeigt einen halbrunden durch alle Geschosse gehenden Erkervorbau, mit einer Ballustrade

als Abschluß. Gerade diese Ballustrade erzeugt eine großartige Wirkung für den gesamten Bau, insbesondere von dem freien Durchblick über das Wiesental von Spolsau her.
Das Haus selber befindet sich in vorzüglichem Zustand, nicht nur was das Äußere des Bauwerks angeht, sondern auch die Innenausstattung an wertvollen Möbeln, Porzellanen und vor allem an Bildern.
Haus und Hof hatten während des Krieges schwere Bombenschäden erlitten, die in den schwierigen Jahren danach zunächst zu beheben waren. Hinzu kam das hohe Alter der dort noch lebenden Witwe des Grafen Christian Rantzau – das gesamte Gut mit allen seinen Gebäuden verfiel in einen langen Dornröschenschlaf. Als der jetzige Besitzer, Graf Kuno zu Rantzau im Jahre 1966 den Besitz übernahm, unterzog er sich in den folgenden Jahren der großen Arbeit, alles Verfallende mit Geduld und Verständnis zu restaurieren. Die Dächer und die Giebelseiten der alten Ställe und Scheunen wurden in hervorragender Weise erneuert und bilden nun wieder eine so stattliche und schöne Hofanlage wie zur Zeit ihres Schöpfers Rudolph Matthias Dallin. Als besondere Leistung des jetzigen Besitzers und seiner

Eingangshalle

Frau muß man die völlige Erneuerung des im Verfalle begriffenen Herrenhauses würdigen. Es galt, vom Dachboden bis zum Keller einschließlich des Treppenhauses Zimmer für Zimmer, Raum für Raum instandzusetzen und in neue Farben zu kleiden.
Mit viel Geschmack und Sinn für Farbe und Helligkeit ist das Werk wohl gelungen. Besonders großartig präsentiert sich der Gartensaal, strahlend in einem warmen Gelb gehalten, mit Weiß abgesetzt, mit vorzüglichen Familienbildern und Möbeln aus allen Jahrhunderten. Beim Betreten dieses Hauses, das wie ein Phoenix aus der Asche nunmehr wiedererstanden ist, wird der Besucher beglückt von der leuchtenden, heiteren Atmosphäre, die einen dort empfängt.
Die Innenausstattung ist weitgehend durch den Baumeister bestimmt. Die Halle enthält Marmorfußboden sowie Rankenfriesfelder zwischen Säulen und Pilastern, der Gartensaal, der einen ovalen Grundriß besitzt, ist gleichfalls durch Säulen flankierte Türnischen mit dem Eßzimmer zur Rechten, dem Herrenzimmer zur Linken verbunden.

Adeliges Gut Rastorf

Besitzer: Kuno Graf zu Rantzau

Besitzer

13. Jahrh.	Ritter de Rastorp
15. Jahrh. bis 1610	(v.) Rantzau
1610–1620	v. Ahlefeldt
1620–1651	v. Buchwaldt
von 1651 bis jetzt	(v.) Rantzau
seit 1727	Grafen zu Rantzau
seit 1961	Grafen zu Rantzau a. d. Hause Breitenburg

Gut und Bauten

13. Jahrh.	Wasserburg
16. Jahrh.	ältestes Herrenhaus
17. bis 18. Jahrh.	Erweiterungsbauten
1723–29	Bau der Hofgebäude
1802	Abbruch des alten Herrenhauses
1803	Bau des dritten Herrenhauses
1966–67	Wiederaufbau und Restaurierung des Herrenhauses und der Hofgebäude

Bredeneek

Kirchspiel Preetz   Kreis Plön

Bredeneek (= Breiteneiche) liegt in einer anmutigen Gegend nahe Preetz am Ufer der Spolsau. Am jenseitigen Ufer befindet sich die alte Gastwirtschaft und ehemalige Schmiede Spolsau. Bredeneek ist im Mittelalter als Dorf bezeugt, es gehörte im 15. Jahrhundert der Preetzer Gilde.
Zahlreiche Besitzer wechseln sich durch die Jahrhunderte ab, bis es nach 1830 an die Familie Donner geht, und erst damit beginnt die große Zeit von Bredeneek.
Aus der Familie Donner, die ursprünglich aus dem Fürstentum Lübeck stammt, ragt der sogenannte Neumühlener Ast hervor, nach dem einstmals ländlichen Vorort Neumühlen bei Altona so benannt. Conrad Hinrich Donner, † 1854, war anfangs Inhaber einer Tabakfabrik in Altona, die 150 Arbeiter beschäftigte, dann Begründer der Firma Conrad Hinrich Donner, die zunächst den An- und Verkauf von Waren und die Reederei von Segelschiffen betrieb. Später trat das Bankgeschäft immer mehr in den Vordergrund, die Bank besteht noch heute als eine der angesehensten Privatbanken Hamburgs.

Ihm folgten im Besitz Sohn, Enkel und Urenkel, erst Bernhard Donner, †1865, dann Conrad Hinrich II, †1911, der 1873 in den preußischen Adelsstand erhoben wurde, 1902 zum Freiherrn, geknüpft an den Besitz der Fideikommißgüter Bredeneek und Rethwisch; endlich Conrad Hinrich III Freiherr v. Donner, †1937.

Diese vier Generationen haben Bredeneek entscheidend geprägt. Der erste Conrad Hinrich Donner ließ alsbald nach seinem Besitzantritt ein kleines Herrenhaus in klassizistischem Stil errichten. Baumeister war Johann Matthias Hansen, ein Bruderssohn des berühmten Christian Friedrich Hansen. Dieses erste Herrenhaus bildet jetzt den rechten Flügel des schloßartigen großen Herrenhauses, das durch A. Petersen von 1898 bis 1902 erbaut worden ist.

Das ursprüngliche Haus ist ein verhältnismäßig einfaches Gebäude mit einer hervorspringenden Eingangspartie in der Mitte und besteht aus einem einzigen Stockwerk mit hoher Decke über hohen Kellern und recht flachem Schieferdach. Im Inneren enthält dieses erste Haus sehr schöne aus der Ursprungszeit erhaltene Innenräume, insbesondere das Vestibül, das quer durch das Gebäude geht, und dessen Kassettendecke getragen wird von zwei runden Säulen mit ionischen Kapitellen. An den Wänden befinden sich vier ovale Nischen, die jetzt als Schaukästen benutzt werden, über ihnen sitzen Medaillons mit Reliefdarstellungen in der Wand, die vielleicht von Thorvaldsen geschaffen sind. Die Kassettendecke ist in grau gehalten mit weißen Verzierungen, während die Kassetten selbst in zartem Gelb gehalten sind, ebenso wie die Wände. Bei dem Umbau von 1898 wurde dieses erste Herrenhaus als der westliche Flügel in den neuen Bau einbezogen und ihm gegenüber am Ostflügel ein Bauwerk in vollkommen gleichen Maßen errichtet. Der mittlere oder Hauptflügel beherrscht die ganze Anlage mit der stark vorspringenden Säulenvorhalle, die wie ein klassischer Tempelgiebel ausgebildet ist. Vier große runde Säulen mit korinthischen Kapitellen tragen einen niedrigen Dreikantgiebel mit dem Doppelwappen Donner und Holstein (die Gemahlin von Conrad Hinrich II war eine geborene Gräfin Holstein-Holsteinborg). Hinter diesen Säulen befindet sich der Haupteingang in das Gebäude zwischen zwei weiteren runden Säulen. Nach dem Garten zu endigt der Hauptflügel an beiden Seiten in pavillonartigen Endpartien und weist eine sehr große Tiefe auf, so daß Platz entsteht für eine Reihe größerer Säle, die um die innere Halle herum gruppiert sind. Am nördlichen Ende dieses Mittelbaues befindet sich der Speisesaal mit den Kolossalgemälden von Wilhelm von Kaulbach.

Diese Gemälde waren ursprünglich entstanden für das sogenannte Donner-Schloß in Neumühlen bei Altona, das Bernhard Donner 1853–1855 dort im normannischen Stile hatte erbauen lassen. Als Bredeneek um das Jahr 1900 erweitert wurde, wurde der Speisesaal in Bredeneek in genau den gleichen Abmessungen und auch mit den gleichen Eingliederungen von Türen und Kamin gebaut, um die nahtlose Verbringung der großen Gemälde nach Bredeneek zu ermöglichen. Gegenwärtig hängen im Speisesaal in Bredeneek die vier sogenannten Historiengemälde aus der Geschichte Kaiser Karls des Großen, im Salon daneben die vier etwas schmäleren Gemälde aus dem Sagenkreise.

Die gesamte Ausstattung ist durch das ganze Gebäude hindurch mit einer unwahrscheinlichen Gediegenheit ausgeführt worden, alle Fenster sind paneeliert, sämtlich mit Mahagoni, die Türen sind aus massivem Pidgepine oder Teak. Alle Fußböden, sogar die Fußböden in den Kellerräumen, sind mit Parkett ausgestattet. Alle Wirtschaftsräume sind voll gekachelt. Der sogenannte Blaue Salon ist mit Delfter Kacheln voll ausgekachelt und enthält an der einen Wand ein auf Delfter Kacheln aufgetragenes Riesenbild des Schlosses Holsteinborg.

Vestibül

Das ganze Schloß wurde mit einer um 1900 einzigartigen Überlegtheit im Hinblick auf Modernisierung geschaffen. Es wurde am Ufer der Schwentine ein eigenes Wasserwerk angelegt, das den benötigten elektrischen Strom lieferte, das Haus wurde mit Fernheizung ausgestattet und enthielt schon damals eine größere Anzahl von Badezimmern. Als nach dem letzten Kriege Gedanken aufkamen, das Haus abzubrechen, erwies sich dieses wegen der wahrhaft unglaublichen Verarbeitung von bestem und schwerstem Material als undurchführbar, man hätte das Haus sprengen müssen. Glücklicherweise ist das vermieden worden.
1967 wurde das Schloß an Frau Ingrid Jansen verkauft. Sie richtete ein Reiterpensionat ein, das ganzjährig geöffnet ist und unzähligen Pferdefreunden Gelegenheit zu Erholung und Reitsport bietet. Die Reitschule hat ein Areal von ca. 100 ha gepachtet, hier werden 250 Pferde, größtenteils Halbblut, gehalten. Frau Ingrid Jansen geb. Bröckelschen hat das Schloß einer vorzüglichen Restaurierung unterzogen, mit großer Liebe ist jeder Saal, jede Halle wiederhergerichtet und farblich in ausgezeichneter Komposition aufeinander abgestimmt erneuert worden. Es gibt wenige Landschlösser in Holstein, in denen es in so hervorragender Weise gelungen ist, die überkommenen Traditionen mit den Erfordernissen der modernen Zeit zu vereinen.

Adeliges Gut Bredeneek

Besitzer: Eckhard v. Paepcke

Schloß Bredeneek

Besitzer: Fritz und Ingrid Jansen

Besitzer des Gutes

16. und 17. Jahrh.	die gleichen Besitzer wie Lehmkuhlen
1707–1797	verschiedene Besitzer
1797–1830	Graf Rantzau-Rastorf
1830 bis jetzt	Familie Donner
seit 1902	Frhr. v. Donner, dann die Erben v. Paepcke

Gut und Bauten

15. Jahrh.	Dorf Bredeneek
16.–17. Jahrh.	Meierhof von Lehmkuhlen
nach 1830	Bau des ersten Herrenhauses durch Johann Matthias Hansen
1898–1902	Erweiterungsbau zu dem großen Schloß durch A. Petersen
nach 1967	Restaurierung des Schlosses

WAHLSTORF

Kirchspiel Preetz   Kreis Plön

Der Ort Wahlstorf wird erstmalig im Jahre 1224 erwähnt, als seine Zehnten dem Kloster Preetz beigelegt werden. Etwas später treten auch die Ritter von Walstorp in die Erscheinung.
Seit der Mitte des 15. Jahrhunderts besitzen die Rumohr Wahlstorf, die im Jahre 1469 Wahlstorf an Detlev v. Thienen verkauften. Damit hatten die Thienen einen Stammsitz erworben, der ihnen durch drei Jahrhunderte erhalten bleiben sollte.
Alsbald nach diesem Erwerb dürfte er oder sein Sohn Claus, † nach 1550, das Herrenhaus auf Wahlstorf erbaut haben. Dieses Haus ist nicht nur von bemerkenswerter Schönheit durch seine Lage auf einer kleinen, von zwei Armen der Schwentine umflossenen Burginsel, durch das Gleichmaß seiner Proportionen, durch das altertümliche bestens erhaltene Mauerwerk. Darüber hinaus ist es für das ganze Land von besonderem Wert durch die Möglichkeit der lebendigen Anschauung eines spätmittelalterlichen Bauwerks. Auf der Rantzauischen Tafel von 1586 finden sich eine große Zahl

von Darstellungen ähnlicher Doppelhäuser. Aber einmal sind diese Bildchen technisch sehr unvollkommen wiedergegeben, geradezu Zerrbilder der Wirklichkeit. Zum anderen ist von allen diesen vielen Bauten nicht ein einziger unverändert auf unsere Zeit gekommen, die meisten sind später abgebrochen und durch neuere stattlichere Herrenhäuser ersetzt worden. Einige wenige sind noch im Kern erhalten, aber auch durch Umbauten stark verändert. In Wahlstorf haben wir ein geradezu klassisches Beispiel vor Augen, wie diese ersten wirklichen Herrenhäuser sowohl im Äußeren als auch von innen ausgesehen haben.
Sicherlich, auch Wahlstorf ist von Veränderungen nicht völlig frei geblieben. Quer über der Vorderfront standen in großen Eisenbuchstaben die Jahreszahlen von 1613, die viele Chronisten zu der Meinung verführten, das Haus sei erst in diesem Jahre erbaut worden. In Wahrheit bezog sich diese Zahl nur auf den links vom Treppenturm angebauten Vorbau. Im Jahre 1924 wurde ein entsprechender Vorbau auf der rechten Seite hinzugefügt, um die Symmetrie herzustellen. Der Turm enthielt ursprünglich eine Wendeltreppe, rechtsläufig angelegt, um dem Angreifer, wenn er schon bis hierher hätte kommen können, den Aufstieg zu erschweren, – er hätte ja nur den linken Arm gebrauchen können. An der Spindel waren eiserne Haken angebracht, um das Auflegen von Musqueten zu ermöglichen. Der ursprüngliche Eingang lag etwa 2 m über dem Erdboden, mit anderen Worten gab es einen Zugang nur über eine hölzerne Leiter, die man des Nachts einziehen konnte. Man sieht, das Haus war in erster Linie noch eine feste Burg, eine Stätte der Verteidigung. Später ist der Turm im Inneren weitgehend umgebaut worden.
Das Haus selber besteht aus zwei nebeneinanderstehenden Querhäusern, das erste ist vielleicht früher entstanden, das wird durch ähnliche Entwicklungen, wie z. B. auf Roest in Angeln, wahrscheinlich. Dort wird 1590 der Hauptbau errichtet, 1641 folgt das Nebenhaus. Ähnlich, wenn auch schon ein Jahrhundert früher, mag die Entwicklung in Wahlstorf vor sich gegangen sein.
Auch im Inneren haben vor allem in der Barockzeit wesentliche Um- und Einbauten stattgefunden. Es ist aber durch eingehende Untersuchungen des Baukörpers möglich geworden, den ursprünglichen Zustand weitgehend zu rekonstruieren. Danach enthielt das Vorderhaus ursprünglich im Erdgeschoß einen einzigen großen Raum, den Rittersaal, mit schwerer Eichenbalkendecke und einem Kamin an der einen Schmalseite. Der Saal hatte die gewaltigen Ausmaße von fast 10×19 m. Im Obergeschoß, das man durch die Wendeltreppe im Turm erreichte, befand sich ein entsprechender weiterer Saal.

Wahlstorf

Der zweite Teil des Hauses dürfte spätestens in der ersten Hälfte des 16. Jahrhunderts erbaut worden sein. Man beschränkte sich in alter Zeit sowohl aus Gründen der Sparsamkeit wie auch aus Erwägungen der besseren Stabilität auf eine gemeinsame starke Mittelmauer. Das Doppeldach wurde mit Rücksicht auf den Winddruck gewählt, in unserem von heftigen Stürmen häufig betroffenen Land ein nicht zu unterschätzender Vorteil. Ein einziges Dach über dem gesamten Baukörper hätte schwere Probleme der Standfestigkeit aufgeworfen. Daß auf der anderen Seite ein Doppeldach bei schneereichen Wintern andere Sorgen mit sich bringt, steht auf besonderem Blatt.
Das Nebenhaus in Wahlstorf ist etwas schmäler als das Haupthaus, es mißt nur 6 m an den Schmalseiten bei gleicher Länge und enthält von altersher im Erdgeschoß drei etwa gleich große Zimmer. Als baulicher Schmuck, gleichzeitig als hygienische Notwendigkeit wurden an der Rückfront zwei Abtrittpfeiler angebaut. Wir finden sie stets paarweise angeordnet. Sie reichen bis zur Höhe des Obergeschosses und sind durch Pultdächer abgeschlossen.
Wulf Heinrich v. Thienen gehört zu der Gruppe der zu großem Reichtum gelangten Mitglieder des Geschlechts. Er selber hat Wahlstorf im Inneren

Halle

weitgehend umgestaltet. In die Halle wird unter der Balkendecke im Jahre 1704 eine Stuckdecke eingezogen, mit Akanthusmotiven, Kartuschen und Mittelgemälde. Ein Teil mag später erneuert sein, aber in der rechten Hälfte ist noch der ursprüngliche Zustand von 1704 erhalten. Zur gleichen Zeit werden im hinteren Flügel zwei Stuckdecken mit reichem Dekor eingezogen, der Turm erhält ein pilastergerahmtes Hauptportal, die Treppengiebel als Abschluß dieser beiden Flügel des Doppelhauses werden durch Walmdächer ersetzt.

Ein besonderes wirtschaftliches Problem stellen in unserer Zeit die großen reetgedeckten Scheunen dar. Im Rahmen der notwendig gewordenen Rationalisierung der Landwirtschaft sind die Kornspeicher und Ställe für den heutigen modernen Betrieb von keinem Nutzen mehr. Sie stehen leer und sind den Unbilden des holsteinischen Wetters ausgesetzt. Durch große Löcher in den riesigen Reetdächern regnet es hindurch, und das Gebälk beginnt zu verrotten. Die Unterhaltung dieser nicht mehr zu nutzenden Gebäude ist für den Betrieb eine unzumutbare Belastung. Zwei Scheunen, außerhalb des Burggrabens, sind bereits im Begriff, abgerissen zu werden. Wenn nicht erhebliche finanzielle Hilfe aus öffentlicher Hand zur Verfügung gestellt wird, muß auch für die unter Denkmalschutz stehenden vier Scheunen, die die innere Hofanlage bilden, der Antrag auf Abbruch gestellt werden. Der Kostenvoranschlag für die Instandsetzung beläuft sich auf ca. 1 Mio. DM, die ein landwirtschaftlicher Betrieb von 450 ha LN unmöglich erwirtschaften kann.

Adeliges Gut Wahlstorf

Besitzerin: Victoria Baronin v. Plessen-Deraniyagala

Besitzer

13. Jahrh.	Ritter de Walstorp
1442–1469	(v.) Rumohr
1469–1788	v. Thienen
seit 1788	v. Plessen dann Grafen v. Scheel-Plessen jetzt Barone v. Plessen

Gut und Bauten

Mittelalter	Burg Lanke und Burg Walstorp
nach 1469	Bau des Herrenhauses
1581–1584	Bau des Wirtschaftshofes
1613	Umbau des Herrenhauses
1704	Ausgestaltung im Inneren
1924	weiterer Umbau

Nehmten

Kirchspiel Bosau   Kreis Plön

Das große adelige Gut Nehmten liegt in bevorzugter Lage am Südende des Großen Plöner Sees. Die Entfernung von hier nach Plön quer über den See beträgt 7 km, auf dem Landwege rund um den See ist es fast das Doppelte. Der Blick vom Herrenhaus zum Plöner Schloß ist seit langem ein besonderer Blickpunkt geworden, quer durch eine Schneise im Park hindurch. Ursprünglich verwehrte ein kleiner Hügel hinter dem Herrenhaus hemmend den Blick. Ein früherer Besitzer hat mit großer Mühe und viel Arbeit diesen Hügel abtragen lassen – der Überlieferung nach mußten 20 Ochsen viele Jahre lang diese eintönige Arbeit verrichten.
Die Wasserburg aus dem 16. Jahrhundert lag nicht an der Stelle des heutigen Hofes, sondern südlich von ihm in einer Niederung, die sicherlich gute Gelegenheit zur Anlage von Gräben bot. Man erkennt noch heute den Grundriß, der aus einem abgerundeten Dreieck besteht und bei Seitenlängen von reichlich 20 m sehr klein ist, außerdem an zwei Seiten Reste der alten Hausgräben.

Im Jahre 1606 wurde Hans v. Thienen auf Wahlstorf Besitzer auf Nehmten. Es ist wahrscheinlich, daß in der Thienenschen Zeit der Hof auf die heutige Stelle verlegt worden ist, die alte Burgstelle bot sicherlich nicht genügend Platz zur Anlegung eines modernen Wirtschaftshofes. Ähnlich hatten die Thienen reichlich ein Jahrhundert früher in Wahlstorf einen neuen Hofplatz angelegt. Die Keller in Nehmten sind alt, aber nicht mittelalterlich. Von besonderer Schönheit ist der große Mittelraum, ein zweischiffiger von flachen Kreuzgratgewölben überspannter saalartiger Raum, dessen Bögen in der Mitte von zwei Monolithen aus Kalksandstein getragen werden. Vielleicht hat er als Küche, wahrscheinlicher wohl als Speiseraum für die Dienerschaft gedient. Den Wandstärken nach zu urteilen, ist dieser erste Bau an der heutigen Stelle wesentlich kleiner gewesen als die späteren Erweiterungsbauten.
Bis 1668 waren die Thienen Besitzer, darauf ging das Gut nach den Grafen v. Königsmarck von einer Hand in die andere, bis es 1710 der Eutinische Amtsverwalter Johann Adolf Vogeler erwirbt. Nach ihm wechseln die Besitzer erneut bis Gabriel Schreiber von Cronstern 1768 seinen Einzug in Nehmten hält.
Aller Wahrscheinlichkeit nach hat Vogeler oder seine unmittelbaren Besitznachfolger das Herrenhaus auf den noch vorhandenen Kellern aufgebaut. Es bestand zunächst aus einem zweistöckigen stattlichen Mittelbau als corps de logis, zur Linken und zur Rechten zwei kleinere einstöckige Kavalierhäuser. Erst die großzügigen Erweiterungsbauten aus der ersten Hälfte des 19. Jahrhunderts haben Nehmten die gegenwärtige schloßartige Gesamtanlage verliehen.
Der Hofjägermeister Gabriel Schreiber von Cronstern, † 1869 (der dritte in der Reihe) ist es gewesen, der die umfangreichen Umbauten in der ersten Hälfte des 19. Jahrhunderts durchführte. Der Hauptbau erhielt ein drittes Geschoß, das Kavalierhaus zur Linken wurde abgerissen, der Hauptbau um einen in gleicher Front liegenden Anbau erweitert, der den großen Saal aufnimmt. Das rechte Kavalierhaus wurde um ein Stockwerk erhöht und durch einen Verbindungsbau mit dem Haupthause zu einem gemeinsamen Baukörper verschmolzen. Die Absicht bestand, zur Linken entsprechende Flügelbauten aufzuführen, doch ist dieser Plan nicht Wirklichkeit geworden. Anstelle des Torhauses entstanden beiderseits der Einfahrt in den Hof zweigeschossige fast quadratische Baukörper mit rustizierten Kanten und Walmdach im spätklassizistischen Stil. Das Herrenhaus erhielt im Inneren in den gleichen Stilformen eine vorzügliche Ausstattung mit sparsamem Stuck in vielen Räumen und zarten Supraporten, insbesondere die in der Halle befindliche Gartenansicht, die vielleicht als Entwurfsskizze für die

Anlage des Parkes zu verstehen ist. Auch das Treppenhaus mit seinem in Zinkguß ausgeführten Geländer ist von bemerkenswerter Schönheit. Der Anbau zur Linken enthält im Erdgeschoß den Saal, ein imposanter spätklassizistischer Baukörper mit weißem Stuck und sparsamer Vergoldung. Erhalten sind auch noch die ursprünglichen Draperien über den Fenstern. Der Hauptschmuck des Saales sind die lebensgroßen Gemälde der sog. Medici-Galerie. Die Originale dieser Galerie umfassen 21 Kolossalgemälde, die für die Residenz der Königin Maria de'Medici von Frankreich bestimmt waren und die Peter Paul Rubens und dessen Schülern zugeschrieben werden. Sie hängen heute in Paris im Louvre. In Nehmten befinden sich 8 Kopien in erheblich kleinerem Maßstabe, aber immerhin noch in der stattlichen Größe von 196 cm × 131 cm, die Originale sind 394 cm × 295 cm groß. Die Nehmtener Kopien werden Charles Lebrun 1619–1690 zugeschrieben und sind von ausgezeichneter Qualität, im Grunde wohl besser als die Originale.
Nach dem Zweiten Weltkrieg wurde innerhalb des Gutes ein Wildgehege in einer Größe von rund 600 ha eingerichtet, in dem Damwild und Schwarzwild förmlich als Wildreservat gehegt werden. Der Bestand an Damwild beläuft sich auf etwa 500 bis 600 Stück, an Schwarzwild auf 100 bis 200. Von den öffentlichen Straßen aus, die am Wildgehege entlangführen, ist es jedem Wildliebhaber möglich, Wild ohne Schwierigkeiten zu beobachten und starke Schaufler und Keiler in freier Wildbahn zu sehen.
Die Wirtschaftsgebäude des Hofes selber, die für eine moderne Großlandwirtschaft praktisch kaum mehr benötigt werden, nehmen jetzt ein Gestüt von rund 120 Pferden, alles Warmblüter auf. Zusätzlich sind dem Gestüt die benötigten Weideflächen verpachtet worden.
Das Herrenhaus selber hatte seine eigenen Schicksale. Der gegenwärtige Besitzer begnügt sich mit einer einfachen Wohnung in dem alten Inspektorhaus am Rande des Hofes. Im Herrenhaus wurde der vorhandene Bestand an Mobiliar, Bildern und Büchern in einigen wenigen Räumen zusammengetragen, der Hauptteil des Hauses öffentlichen Zwecken nutzbar gemacht.
Inzwischen ist die gesamte Hofanlage unter Denkmalschutz gestellt worden.
Seit 1972 war Dr. Schnapka Pächter der Hofanlage und Weiden in Größe von 42 ha. Er hatte auf dem Hof ein Gestüt eingerichtet. Das Schloß wurde renoviert und neu hergerichtet, alle Stallgebäude und Scheunen zu Pferdeställen umgebaut sowie eine Reithalle, eine Longierhalle (reetgedeckter Holzrundbau), ein Hengststall sowie ein Maschinenschuppen mit Schmiede und Garage neu errichtet.

Großer Saal mit Gemälden aus der Medici-Galerie

Adeliges Gut Nehmten

Besitzer: Ludwig Karl Graf v. Plessen-Cronstern

Besitzer

13./14. Jahrh.	Ritter von Godow, dann von Nehmten
15./16. Jahrh.	(v.) Sehestedt, dann v. Ahlefeldt, (v.) Rantzau, v. d. Wisch, (v.) Blome
1606–1668	v. Thienen
1668–1710	Graf Königsmarck
1710–1752	Vogeler, dann v. Breyer
1752–1768	verschiedene Besitzer
seit 1768	Schreiber von Cronstern, dann Baron v. Scheel-Plessen
seit 1888	Graf v. Plessen-Cronstern

Gut und Bauten

	Wasserburg des Mittelalters
nach 1600	Verlegung auf die heutige Hofstelle
1659	Zerstörung des Hofes
1712	Neuaufbau
um 1850	Erweiterungsbauten
nach 1974	Bau von Pferdeställen, Reithalle, Longierhalle, Hengststall usw.

Schloss Plön

Kirchspiel Plön Kreis Plön

Das Plöner Schloß liegt hoch über der Stadt. Es ist mit seiner imposanten Fassade von weit her zu sehen und wurde so immer wieder Objekt für Zeichner und Maler.
Im 17. Jahrhundert erbaute Herzog Joachim Ernst von Plön-Holstein (1623 bis 1671) das Schloß, nachdem er die mittelalterliche Burg hatte abreißen lassen. Das mächtige Renaissanceschloß wurde in den Jahren von 1633 bis 1636 errichtet. Obwohl Herzog Joachim Ernst mit einer Prinzessin aus der regierenden Linie des Holsteiner Herzogshauses verheiratet war und er die Voraussetzungen für eine große fürstliche Residenz schaffen wollte, reichten weder die wirtschaftlichen noch die politischen Mittel dafür aus. Die wenigen Ämter, die ihm unterstellt wurden, genügten nicht, um einen fürstlichen Haushalt zu führen. Die politischen Stände verweigerten die Huldigung, der Kaiser die Anerkennung der Souveränität, und dennoch versuchte dieser Herzog den souveränen Anspruch aufrechtzuerhalten. Vor diesem Hintergrund sind der Schloßbau und auch das Leben der Nachfolger zu sehen. Hans Adolf Herzog v. Plön, eine sagenumwitterte Gestalt, lebt in

Anekdoten der Lokalgeschichte fort. Ihm wurde die Heimat zu eng, er lebte lange Zeit in Wien am Kaiserhof und focht als Feldmarschall auf zahllosen Schlachtfeldern Europas im Dienst verschiedener Könige. In Plön gründete er eine kleine Neustadt und holte neue Siedler ins Land. An das Schloß selber baute er nach französischem Vorbild, im Geschmack der Zeit nach dem Muster von Versailles, einen Schloßgarten und ein reizvolles, barockes Lustschlößchen. Am See entlang ziehen sich die Alleen des Gartens hin, die Wasserallee und die Nübelallee, zwischen ihnen das herzogliche Lustschlößchen, das Prinzenpalais, so benannt, weil dort die sechs Söhne des letzten deutschen Kaisers als Kadetten lebten. Dieses kleine Lustschlößchen ist ein kunsthistorisches Juwel aus der Mitte des 18. Jahrhunderts, mit Festsaal und anstoßenden, reizend dekorierten Räumen von der Hand Georg Tschierkes, ausgeschmückt mit Stukkaturen von Bartolomeo Bossi.
Der letzte Herzog von Holstein-Plön, Friedrich Karl (1729-1761), war ein kunstliebender Rokokofürst. Er ließ das Schloß innen ausbauen und neu im Zeitgeschmack einrichten. Zu seiner Zeit entwickelte sich in der Stadt Plön und im Schloß ein reges Hofleben. Künstler zogen an seinen Hof, Bildhauer, Maler und Baumeister. Ein großes Orchester wurde im Schloß Plön untergebracht. Porzellanöfen, kostbare Seidentapeten, wertvolle Gemälde schmückten in dieser Zeit das Schloß. Als dieser letzte Herzog aus der Plöner Linie der Holsteiner 1761 starb, hatte die ganze Pracht ein Ende.
Dänemark als Erbfolger vereinigte sofort die „holsteinisch-plönischen Lande" mit dem Königreich und fügte sie in den sogenannten Gesamtstaat ein. Der dänische König beließ der Witwe des letzten Herzogs von Plön noch das Wohnrecht im Schloß. Sie hat bis zu ihrem Tod, im Jahre 1789, dort gelebt. Das Interieur des Schlosses wurde verteilt, gelangte zum Teil nach Dänemark bereits während dieser Zeit. Nach 1789 wurde ein neuer Herr für das verwaiste Schloß in dem Herzog Peter Friedrich Wilhelm von Oldenburg gefunden, dem wegen seines wunderlichen Wesens und wegen seiner skurrilen Einfälle die Regierungsfähigkeit aberkannt war. Aber wie von einem Zauberstab angerührt, entwickelte sich gerade während seiner Lebenszeit die kleine Stadt Plön zur Residenz.
Der Herzog umgab sich mit einem umfangreichen Hofstaat, mit Hofchef, Hofkavalieren, Kanzlisten, Küchenmeistern, Lakaien, Kutschern, Vorreitern und Läufern, so viele, daß nicht alle in dem doch gewiß sehr großen Schlosse untergebracht werden konnten, sondern sich ihr Quartier in der Stadt suchen mußten. Das wiederum veranlaßte manche der führenden Familien im Lande, auch wenn sie keinerlei Beziehungen zum Hof hatten, nach Plön zu ziehen. Und als dann die Emigranten aus Frankreich nach den revolutionären Ereignissen zahlreich ins Land strömten, an ihrer Spitze der

weltberühmte General de Lafayette, und Plön mit französischem Geist und mit französischem Charme erfüllten, war die Stadt plötzlich zu dem geworden, was die alten Herzöge aus ihr hatten machen wollen. Selbst nach dem Tode dieses Herzogs, im Jahre 1823, blieb Plön noch einige Jahre dieser Zauber erhalten.

Das Schloß Plön verödete mit der Zeit. Eine letzte Blütezeit erlebte es in den 40er Jahren des 19. Jahrhunderts, als der dänische König, Christian VIII., das Schloß Plön zu seiner Sommerresidenz machte. 1842 wurde das Schloß gründlich ausgebessert. Aus dem einst französischen, in der Zwischenzeit verwilderten Garten, wurde nach englischem Vorbild ein Garten freien Landschaftsstiles angelegt. Aber bald danach verlor das Plöner Schloß seine Bedeutung gänzlich. Viele Kunstschätze wanderten nach Eutin, manches in dunkle Kanäle. Als Schleswig-Holstein 1867 preußische Provinz geworden

Innenhof

Saal im Prinzenpalais

war, war das Schloß weitgehend leer, die letzten noch vorhandenen Möbel kamen in das Schloß in Kiel. Der König von Preußen bestimmte Plön zur Kadettenanstalt; ungezählte Jahrgänge von Jungen wurden hier bis zur Beendigung der Monarchie 1918 erzogen. Daraufhin wurde das Schloß in ein Internatsgymnasium umgewandelt, das es bis heute geblieben ist. Die Mädchen sind heute im Prinzenhaus untergebracht, die Jungen im Schloß. Während der Jahre des Dritten Reiches wurde in Plön eine Napola, eine Nationalpolitische Lehranstalt, eingerichtet, die den Nachwuchs von Führungskräften der Partei und ihrer Gliederungen ausbilden sollte.
Das Schloß Plön ist ein Dreiflügelbau mit breitem Mitteltrakt und besteht aus drei Geschossen. Walmdächer von zwei Türmen gekrönt, die die Gestalt offener Laternen haben, ragen ins Land. Im 19. Jahrhundert kamen Dachausbauten, Ecktürme, Treppentürme hinzu, aber die ursprüngliche, wuchtige Renaissancegestalt ist voll erhalten.
Am Beginn der 1980er Jahre hat das Land Schlewig-Holstein am Schloß Plön mit umfangreichen Renovierungsarbeiten begonnen, um die sogenannten

drei „Kaiserzimmer" mit ihren Rokokotäfelungen und den Stuckarbeiten aus der Mitte des 18. Jahrhunderts wieder herzustellen. Mit Ausbesserungen am Dach, an den Fenstern, mit dem Einbau einer neuen Heizung soll der Erhalt des Schlosses sichergestellt werden.
Der Reiz des Plöner Schlosses liegt nicht so sehr in seiner baulichen Gestalt, wohl aber in der einzigartigen Ausnutzung der natürlichen Lage: auf hohem Berg über der kleinen Stadt, eingebettet in einen Kranz von Seen und Wäldern, übt es immer noch einen großen Zauber aus. Von dem alten Schloßinventar ist so gut wie nichts erhalten, nur die Gruft mit ihren vielen Särgen erinnert an die herzogliche Pracht vergangener Zeiten.

Schloß Plön

Besitzer: Land Schleswig-Holstein

Besitzer

Bis 1139	wendischer Fürstenbesitz der Burg Plune
1156	sächsische Burg der Grafen v. Schauenburg
1460	König v. Dänemark als Herzog von Schleswig und Holstein
17. Jahrh.	Herzöge v. Holstein-Plön
1761	König v. Dänemark
1867	König v. Preußen
1919	Preußischer Staat
1945	Land Schleswig-Holstein

Schloß und Bauten

	Frühes Mittelalter Burg Plune erwähnt, wahrscheinlich auf einer Insel im Plöner See gelegen
1173	Verlegung der Burg auf den heute sogenannten Schloßberg, Neuaufbau mit Palisaden. Zahlreiche Zerstörungen an der Burg
1633	endgültig abgerissen und Bau des jetzt stehenden Schlosses
1636	ist der Bau des mächtigen Renaissanceschlosses fertig
Ende des 17. Jahrhunderts	Prinzenpalais gebaut, Rokokotäfelungen und Stuckarbeiten
1842	Renovierungsarbeiten. Anlage eines englischen Gartens
1980er Jahre	Renovierungsarbeiten der Stuckarbeiten der drei „Kaiserzimmer". Ausbesserungen am Dach und den Fenstern.

Rantzau

Kirchspiel Neukirchen Kreis Plön

Das Gut Rantzau ist seit jeher von einem besonderen Nimbus umgeben als der Urheimat des Geschlechts Rantzau, unseres stärksten und bedeutendsten Adelsgeschlechtes.
Der Statthalter Heinrich Rantzau hatte 1590 die Krönung seines Lebens erreicht, er hatte den alten Stammsitz seines Geschlechtes in seine Hand gebracht und machte sich unverzüglich ans Werk, ein seiner würdiges Herrenhaus oder besser ein Schloß zu errichten. Die Lage des Hofes im tiefen Tale der Kossau bot die günstigsten Voraussetzungen. Die Kossau wurde angestaut und bildete nun einen großen See. Die alte Wasserburg wurde abgebrochen, Teile ihrer Fundamente sind noch in dem späteren Bau enthalten. Dieses Gebäude erscheint auf der Rantzauischen Tafel von 1586 als Doppelhaus auf einer Insel im See. Der linke Flügel besitzt im Erdgeschoß keine Fenster, ist daher wahrscheinlich älter als der rechte.
Auf diesen Fundamenten entstand nun einer der großartigsten Bauten der Renaissance in unserem Land, auf einer in den See hineinragenden Halbinsel, die von Palisaden umgeben war und die die Stallungen aufnahm und

zwei Inseln, die eine für die Burg, jetzt das neue Schloß, die zweite kleinere mitten im See für ein kleines Lusthäuschen, das auf steinernem Fundament aus Holz erbaut war, nach norwegischer Sitte, wie Heinrich Rantzaus Zeitgenossen berichten.

Das schloßartige Herrenhaus bestand aus zwei voneinander räumlich getrennten zweistöckigen Flügelbauten, mit reichem baulichem und figürlichem Schmuck. Die Fensteröffnungen waren so breit, daß sie durch steinerne Säulen unterbrochen wurden, die Giebel reich verziert mit Dreiecksgiebeln, Obelisken, Kugeln und geschwungenen Abschlüssen. Der linke Flügel enthielt eine Kapelle, der rechte den Rittersaal, der durch zwei Stockwerke reichte und mit einer umlaufenden Galerie reich ausgestattet war. Die Galerie wurde beiderseits durch je 6 Steinsäulen mit vergoldeten Kapitellen getragen. An der Dachtraufe befand sich ein steinerner Drache als Wasserspeier. Die beiden Flügel waren durch eine niedrige, nur ein Stockwerk hohe Mauer verbunden, in deren Mitte eine Toröffnung zur Durchfahrt in den inneren Hof eingebrochen war. Auf diese Weise gab es eine klare Mittelachse, von der Einfahrt in die Vorburg bis zu dem Lusthäuschen im See. An den Seiten der beiden Flügel standen schlanke Ecktürme, wahrscheinlich enthielten sie Wendeltreppen.

Der ganze Bau ist stark von italienischen Villen und französischen Schloßbauten der Zeit beeinflußt worden. Insbesondere das berühmte Werk von J. A. Ducerceau, Les plus excellents bastiments de France von 1576 und 1579, wird Heinrich Rantzau sicherlich bekannt gewesen sein. Im Oktober 1591 hatte er eine Sendung von Stichen mit Abbildungen römischer Paläste erhalten, Ende 1592 korrespondierte er mit dem Großherzog Ferdinand von Toskana, dem früheren Kardinal Medici. Alles in allem legte der Bau ein strahlendes Zeugnis ab für die internationale Orientierung und die weltumspannenden Verbindungen des Bauherrn.

1592 war der Bau im wesentlichen fertig, wie mehrere Inschrifttafeln bezeugen, die an verschiedenen Stellen des Gebäudes, wenn auch nicht an alter Stelle, eingesetzt sind und die mit den Jahren 1592 und 1593 datiert sind. Insgesamt dürfte die Bauzeit von 1591 bis 1594 oder 1595 gedauert haben.

Als alles fertig war, fehlte nur noch eines, das allerwichtigste: die Bewohner. Praktisch ist dieser herrliche und großzügig konzipierte Bau während der nächsten anderthalb Jahrhunderte kaum jemals auf Dauer bewohnt gewesen. Darin mag ein Grund für den Umbau von 1750 liegen, bei dem sicherlich schon mit vielem Verfall aufgeräumt werden mußte.

Im Jahre 1740 erwarb Rantzau Fürstbischof Adolf Friedrich von Eutin, der spätere König von Schweden, jetzt für 94 000 Rthlr. Während seiner kurzen

Besitzzeit von 1740 bis 1751 ließ er als erster wieder große Bauarbeiten ausführen. Hierbei wurde das Hauptgebäude aus Heinrich Rantzaus Zeit umgewandelt in ein Palais von drei Flügeln eines mehr gewöhnlichen Typus. Der niedrige Verbindungsbau zwischen den beiden Seitenflügeln wurde entfernt und an seiner Stelle ein dominierender Hauptflügel nach Westen aufgeführt, gekrönt von einer sehr massiven turmartigen Partie über der Mitte, offensichtlich hatte Schloß Gottorf dabei als Vorbild gedient. Die beiden obersten Stockwerke des Turmes, der nur wenig vor der Mauerflucht des Flügels vorspringt, sind hervorgehoben durch doppelte Pilaster, die sich aus einem kräftigen Sandsteingesims über dem hohen Hauptstockwerk erheben und abgedeckt werden durch ein Mansardendach mit offener Laternenspitze.
Das Lusthäuschen auf der Insel im See wurde wahrscheinlich wegen Baufälligkeit abgebrochen, die Aufstauung der Kossau beseitigt, so daß man jetzt hinter dem Hauptgebäude einen großen Park anlegen konnte. Dieser barocke Garten entstand im rechten Winkel zur Hofanlage, mit breiter, heute noch wohlerhaltener Zufahrtsallee von Süden her.

Der Braune Saal, Zeichnung von Auguste v. Witzleben

1814 ging Rantzau auf Wolf Baudissin über, der im hohen Alter von fast 90 Jahren im Jahre 1878 verstarb. Wolf Baudissin war eine Persönlichkeit von überragender Bedeutung, vor allem berühmt geworden durch seine Übersetzungen von Shakespeare und Molière. Regelmäßig für mehrere Monate im Sommer kam er nach Rantzau, hochgeehrt und geliebt von den vielen Bewohnern seiner Güter. Nach 1845 ließ er das Herrenhaus zum zweiten Male umbauen. Jetzt erhielt das Haus ein drittes Stockwerk, anstatt der schönen steilen Dächer der Renaissance-Zeit wurde ein flaches Dach aufgesetzt, alle Zierate des Renaissancebaues verschwanden endgültig. Das edle graue steinerne Mauerwerk wurde mit einer gelblichen Haut aus Putz überzogen. Auch der Turm dürfte bei dieser Gelegenheit aufgestockt worden sein.
Als Baudissin gestorben war, ging Rantzau über auf seinen Neffen Karl Graf v. Baudissin-Zinzendorf-Pottendorf, der aber schon sieben Wochen später selber starb. Dessen Erbe wurde der älteste Sohn Karl Ludwig, der gleichfalls kein hohes Alter erreichte und im Jahre 1909 unter Hinterlassung von zehn unmündigen Kindern starb. Während seiner Besitzzeit wurde das Schloß im Jahre 1906 erneut umgebaut. Der vordere Eingang, der genau wie der hintere bis dahin zu ebener Erde gelegen hatte, wurde durch einen neuen großzügig gestalteten Eingang mit Terrasse und Freitreppe ersetzt. Im Inneren wurde dabei ein Übergang vom Nordflügel zum Südflügel durch zwei neue Hallen geschaffen. Bis dahin waren beide Flügel nur über Galerien und Treppen erreichbar gewesen.
Der Verband der Züchter und Freunde des Warmblutpferdes Trakehner Abstammung e. V. in Hamburg hatte seit 1956 den Haupthof Rantzau gepachtet. Von 25 000 eingetragenen Warmblutstuten kamen bei Kriegsende von Ostpreußen nur mehr 400 in die Bundesrepublik. Zunächst fanden von ihnen je 30 in Schmoel und in Rantzau erste Aufnahme. Seit der Trakehner-Verband Rantzau gepachtet hatte, wird die Zucht wieder planmäßig betrieben.
Das Schloß war viele Jahre lang nicht bewohnt gewesen. In den Jahren nach dem Zweiten Weltkriege hatte es eine sehr große Anzahl von Heimatvertriebenen aufnehmen müssen und dadurch in seiner baulichen Substanz schwer gelitten. Die Reste der bedeutenden Bibliothek aus der Plessenschen und Baudissinschen Zeit ruhen als Bestand in der Schleswig-Holsteinischen Landesbibliothek in Kiel. Die Archive, das Rantzauer Gutsarchiv und die Familienarchive, besonders das Zinzendorfsche Familienarchiv sind dem Schleswig-Holsteinischen Landesarchiv in Schleswig als Leihgabe übergeben.
Vor allem ging es um die Erhaltung des dem Verfall preisgegebenen

Schlosses selber. Im Jahre 1965 hielten Werner und Hildegard Majerholz ihren Einzug, nachdem sie Schloß und Park mit 10 ha Größe käuflich erworben hatten. Das Ehepaar war durch seine künstlerischen Begabungen und seine vielseitigen Studien und Ausbildungswege für die schwere Aufgabe der Instandsetzung des großen Bauwerks bestens vorgebildet. Werner Majerholz hatte Architektur und angewandte Malerei studiert, ist als Graphiker ausgebildet und verfügt über ein handwerkliches Können, das ihm bei der gestellten Aufgabe von großem Nutzen ist. Hildegard Majerholz ist Innenarchitektin, gleichzeitig mit großer geschmacklichen und handwerklichen Sachkunde ausgestattet. So konnte das Ehepaar mit Ausdauer und Erfolg daran gehen, Raum für Raum, Zimmer für Zimmer wieder im alten Stil herzurichten. Möbel aus anderen Herrenhäusern wurden angeschafft, um die Einrichtung zu ergänzen, Wandteppiche traten an die Stelle einfacher Tapeten. Insgesamt gesehen, hat das Schloß wieder eine Ausstattung erhalten, wie sie in den letzten Jahrzehnten nicht mehr vorhanden gewesen war.

Das Ehepaar hat in den schönen Räumen ein Schloßhotel eingerichtet, so daß es heute jedermann möglich ist, das Innere dieses historisch so bedeutsamen Bauwerks kennenzulernen.

Adeliges Gut Rantzau

Besitzer von Schloß und Park: Werner und Hildegard Majerholz

Besitzer des Gutes: Achim Graf v. Baudissin-Zinzendorf-Pottendorf

Besitzer

1226–1728	(v.) Rantzau dann Reichsgrafen zu Rantzau
1728–1740	Graf v. Reventlow
1740–1751	Fürstbischof Adolf Friedrich von Eutin
1751–1761	v. Plessen
seit 1761	Grafen v. Baudissin

Gut und Bauten

15./16. Jahrh.	Wasserburg
1592	Bau des Renaissance-Schlosses
1750	erster Umbau
1790	weitere Umbaupläne
1845	neuer Umbau
1906	weiterer Umbau
1965	Verkauf von Schloß und Park an Werner und Hildegard Majerholz, seitdem Restaurierung des Schlosses

Wittenberg

Kirchspiel Selent   Kreis Plön

Das adelige Gut Wittenberg gehört runde 400 Jahre lang einem einzigen Geschlecht, den Reventlow, kaum ein zweites in ganz Holstein kann auf eine so lange Tradition innerhalb einer einzigen Familie zurückblicken.
Die älteren Bauten auf dem Hofe gehören in die Zeit der holsteinischen Reventlow hinein. Zwei Gebäude sind vor allem zu nennen, das Wallgrabenhaus und das alte, 1847 abgebrochene Herrenhaus. Das Wallgrabenhaus steht vielleicht auf der Stelle eines mittelalterlichen ersten Herrenhauses. In der heutigen Form ist es den Mauerankern zufolge 1722 erbaut worden, die Buchstaben FR stehen für Friedrich Reventlow, DSR sind die Initialen der Frau, Dorothea Sophie geb. v. Brockdorff. Das Haus ist ein charaktervolles Bauwerk von zwei Stockwerken mit Walmdach, rustizierten Ecken und großem Sandsteinportal. Es dient heute für Zwecke der Wirtschaft. Am Hause sieht man noch Reste des alten Hausgrabens.
Dicht neben dem Wirtschaftshofe auf einer kleinen, sicherlich ursprünglich von Wasser umflossenen Anhöhe lag das alte Herrenhaus. Es enthielt einen Kern von nur drei Räumen mit großen Kaminen und tiefen Kellern, die erst im 20. Jahrhundert zugeschüttet worden sind. Dieses Haus wird sicherlich

mit Treppengiebeln abgeschlossen gewesen sein. Später, wohl im 17. Jahrhundert, wurde das Haus zu einer stattlichen Dreiflügelanlage erweitert, wir kennen sie aus alten Abbildungen. Der Mittelbau war jetzt auf die doppelte Breite vergrößert worden, davor eine stattliche Freitreppe, beiderseits kurze Flügelbauten, die nur je ein Zimmer enthielten, der Küchenflügel zur Linken seitlich erweitert, An- und Aufbauten aus Fachwerk.
Wittenberg verblieb von 1851 bis 1856 bei Ernst Reventlow, der es im öffentlichen Leben zu hohen Ehrungen brachte, bis der Sohn des ältesten Bruders, Adolf Reventlow, sein 21. Lebensjahr erreicht hatte. Aber die Last, die auf die Schultern des jungen Gutserben gelegt wurde, war sehr schwer. Zugunsten der Geschwister seines Vaters mußte er nicht weniger als 720000 Rthlr. aufbringen, eine gewaltige Summe, die praktisch dem Verkaufswert des Gutes gleichkam. Aber er schaffte es, Wittenberg bei dieser starken Belastung nicht nur zu halten, sondern auch entscheidend zu verbessern. Nachdem das alte Herrenhaus sicherlich wegen Baufälligkeit abgebrochen worden war, erbaute er im Jahre 1868 das neue jetzt noch stehende Haus, AR und NR = Adolf Reventlow und Nancy geb. Gräfin Rantzau künden die Maueranker über dem Eingangsportal. Der Architekt war Hermann Georg Krüger, † 1897, langjähriger Bauinspektor für Holstein.
Das heutige Herrenhaus liegt isoliert von den Gebäuden des Wirtschaftshofes auf einem von Wald umgebenen Hügel und nimmt sich außerordentlich stattlich aus. Hier ist es wirklich einmal gelungen, die Vorstellungen des Architekten und die des Bauherrn in eine glückliche Verbindung zu bringen in Richtung auf einen herrschaftlichen Landsitz in einem internationalen

Rückfront

Halle

und großzügigen Zuschnitt, der in dem damaligen Europa an beliebiger Stelle hätte stehen können.
Das Gebäude ist errichtet in zwei Stockwerken mit hoher Decke über einem hohen Keller und ist sehr gleichmäßig aufgeteilt in pavillonartigen Teilen mit steilen schiefergedeckten Mansardendächern. Die mittlere Partie springt auf beiden Seiten als Risalit vor, der sich bis zu einem dritten Stockwerk hebt und im Norden die Eingangsanlage aufnimmt, die über einer großen Treppe durch korinthische Halbsäulen in den beiden unteren Stockwerken gekennzeichnet ist. Auch die Seitenpartien springen risalitartig vor und werden betont durch große Erker gen Norden, während die mittlere Partie auf der Südseite sich erkerartig vorschiebt über der Gartentreppe. Das Gebäude ist in hellen Tönen gestrichen mit kräftigen Einfassungen der Fenster, der Gesimse und ähnlicher Bauteile, alles im Stil der Renaissance.
Die innere Aufteilung ist ganz klar mit Halle und Gartensaal in der mittleren Partie, während in gleicher Weise große Räume sich in den Seitenpartien nach Norden anschließen, die Bibliothek und Büro aufnehmen. Das Trep-

penhaus ist sehr stattlich und hat sorgfältig ausgeführte gedrehte Balustraden aus Holz. Das obere Stockwerk wird von einem langen Korridor in der Mitte des Hauses aufgeteilt.
Von der Ausstattung des alten Herrenhauses ist nur wenig erhalten geblieben, in der Zwischenzeit zwischen dem Abbruch des alten und der Errichtung des neuen Hauses hatte Adolf Reventlow zeitenweise auf dem Preetzer Kloster gewohnt. Das dort von ihm bewohnte Haus war jedoch etwa 1865 mit allen Möbeln und Bildern abgebrannt. Das jetzige Herrenhaus verfügt über eine ungewöhnlich glänzende Ausstattung an Porträts, ebenso wie an Mobiliar und einer wertvollen zeitgerecht geordneten historischen Bibliothek von 15000 Bänden.
Außer den vorhin genannten Gebäuden auf dem Wirtschaftshof steht heute nur mehr das Torgebäude von 1784, nach den Maueránkern HDGvR – FMGvR von Herrn Detlev Graf v. Reventlow und Frau Margarethe Gräfin v. Reventlow (geb. v. Raben) erbaut. Der Weg zum Hofe ist verlegt, die Torfahrt seit langem zugemauert. Die übrigen Hofgebäude brannten im Jahre 1965 ab, an ihre Stelle ist 1966 ein mächtiger moderner Kornsilo getreten, auch er mit Mauerankern geschmückt: FR, ER = Friedrich Reventlow, Erika Reventlow.

Adeliges Gut Wittenberg

Besitzer: Friedrich Lehnsgraf Reventlow

Besitzer

1299	Ritter Split
ca. 1400–1584	(v.) Rantzau
seit 1584	(v.) Reventlow
seit 1767	Grafen Reventlow
seit 1938	Lehnsgrafen Reventlow

Gut und Bauten

1528	Dorf Stellböken an Iven Reventlow
16. Jahrh.	1. Herrenhaus
17. Jahrh.	Erweiterungsbau
1722	Wallgrabenhaus
1784	Torhaus
1847	Herrenhaus abgebrochen
1868	Bau des neuen Herrenhauses
1965	Brand der Hofgebäude
1966	Bau des Kornsilos

Lammershagen

Kirchspiel Selent Kreis Plön

Ortsbezeichnungen mit der Endung „. . . hagen" bedeuten eine abgegrenzte Gemarkung unter einem besonderen Recht, dem „jus indaginis", das seit Karl dem Großen in allen Kolonisationsräumen eine Rolle gespielt hat. Es waren herrschaftliche Orte, die auf bisher unkultiviertem, meist schlechtem Boden oder im Wald errichtet wurden.

Urkundlich erwähnt als Besitzer des Gebiets von Lammershagen und Umgebung ist zuerst das Geschlecht Split, das schon im Jahre 1299 in dem benachbarten Wittenberg bezeugt ist.

Im Anfang des 16. Jahrhunderts wird der Ritter Iven Reventlow auf Rixdorf als Besitzer von Lammershagen genannt. Die Reventlow wurden einer der größten Grundbesitzer Holsteins in der Mitte des 17. Jahrhunderts. Daß Iven Reventlow trotzdem stets auf Lammershagen seinen Wohnsitz gehalten hat, berechtigt zu der Annahme, daß dort zu seiner Zeit ein stattliches Herrenhaus mit entsprechenden Hofgebäuden gestanden haben muß. Die Keller des heutigen Herrenhauses stammen sicherlich aus dieser Bauperiode. Von der Inneneinrichtung sind nur erhalten eine in Eichenholz geschnitzte Renaissance-Täfelung mit zwei Türen und eine Bretterwand, die mit tanzenden Figuren, Vögeln, Käfigen und dergleichen bunt bemalt ist. Im 17. Jahrhundert spielten auf den holsteinischen Gütern Glashütten eine bedeutende Rolle. Für die ihnen überlassenen Waldungen erhielt das Gut eine ansehnliche Häuer. Sobald die Glasmacher den lästigen Wald beseitigt hatten, konnten Äcker und Wiesen für die Landwirtschaft gewonnen werden. Schon Otto Reventlow hatte um 1610 Wald an Glasbläser überlassen. Unter Bartram Reventlow und Bendix von Buchwaldt erlangte die Lammershagener Glashütte große Bedeutung. Zunächst lag sie etwa in der Mitte zwischen den Höfen Lammershagen und Friedeburg. Hier wurden kunstvolle Gläser hergestellt, wie man noch heute an den Scherben erkennen kann, die man im Acker findet.

Lammershagen mit Friedeburg und den Dörfern wurden am 24. April 1747 an den reichen Gutsnachbarn, den Reichsgrafen Wulf Hinrich von Baudissin auf Rixdorf für 58000 Rthlr. verkauft.

In den ersten Jahren nach dem Ankauf wurde eine rege Bautätigkeit entwickelt. Am Frontgiebel des Herrenhauses befindet sich die Inschrift: „Soli deo gloria H. C. G. v. B. 1748".

Heinrich Christoph Graf von Baudissin hat damals keinen Neubau errichtet, sondern nur einen vergrößerten Giebel aufgesetzt, um das gräflich Baudis-

Torhaus von 1743

Scheune

sinsche Wappen über der Haustür anbringen zu können. Der weiche Stein aus dem Elbsandsteingebirge verwitterte aber derart, daß er um 1870 abgebrochen werden mußte.
Im übrigen ist das Herrenhaus älter, wohl noch aus dem Anfang des 18. Jahrhunderts, nur die Kellergewölbe stammen aus dem 17. Jahrhundert. Auch die beiden großen Hofgebäude Kuhstall und Scheune tragen die Jahreszahlen 1748 und 49. Sie sind mit Fachwerk und Reetdach errichtet und nicht massiv, wie die von Rudolph Matthias Dallin entworfenen Gebäude auf Rastorf und Rixdorf. Bei beiden Gebäuden ist es zweifelhaft, ob es sich um Neubauten oder Umbauten handelt. Die Wirtschaftsgebäude können auch vorher nicht kleiner gewesen sein, weil schon um 1720 die bewirtschaftete Fläche 600 ha betrug und 250 Kühe im Stall standen. Dies ist die gleiche Anzahl Kühe, wie seit 1979 nach einem Umbau in Lammershagen gehalten werden. Ein Neubau wäre um 1748 nur notwendig gewesen, wenn ein Feuer die alten Gebäude vernichtet hätte. Da die Gutsakten hierfür keine Anhaltspunkte ergeben, ist es wahrscheinlich, daß Graf Baudissin die Gebäude nur nach ökonomischen Gesichtspunkten umgebaut und modernisiert hat.
1901 kaufte Lammershagen der Hamburger Großkaufmann, Reeder und

Seifenfabrikant Carl Joachim Ernst Hirschberg, † 1926. Mit Carl Hirschberg hat nach anderthalb Jahrhunderten erstmalig wieder die Besitzerfamilie ihren ständigen Wohnsitz auf Lammershagen genommen.
Das Torhaus ist wesentlich größer als das Herrenhaus und steht auch nicht in einer geraden Achse zu dem letzteren, wie es im allgemeinen bei unseren Gutshöfen üblich ist. Das Herrenhaus ist ein tiefes aber kurzes Gebäude in den Ausmaßen von 15×26,5 m und steht an dem Steilhang nach dem Lammersteich, so daß sich die Westfassade über einem Granitsockel in Höhe von 2 m erhebt, während auf der Ostseite nur eine Reihe von Granitquadern sichtbar ist. Das sehr hohe Walmdach hat in unserem Jahrhundert auf den beiden anderen Seiten Zwerchhäuser erhalten, um das Dachgeschoß besser ausnutzen zu können. Vor dem Hause stehen zwei Löwen aus Sandstein, vermutlich aus dem 17. Jahrhundert. Die Inneneinrichtung an Eichenholzpaneelen mit Renaissance-Schnitzereien in der Eingangshalle ist sicherlich im Anfang des 17. Jahrhunderts entstanden und in neuerer Zeit zeitgemäß ergänzt worden. Zwei Sandsteinkamine im Régence-Stil sind wieder eingebaut worden. Der Keller besteht aus Kreuzgewölben in verhältnismäßig großer Höhe in zwei Schiffen.

Adeliges Gut Lammershagen

Besitzer: Cay Hirschberg

Besitzer

13. und 14. Jahrh.	das Geschlecht Split
1416–1592	(v.) Rantzau
1592–1668	(v.) Reventlow
1668–1682	(v.) Rantzau
1682–1747	v. Buchwaldt dann v. Ahlefeldt
1747–1829	Grafen v. Baudissin
1828–1866	Graf Blome
1867–1900	R. M. Sloman
seit 1901	Familie Hirschberg

Gut und Bauten

1346	Teich Lehmbruch
vor 1600	Fundamente des ältesten Herrenhauses
1630	Glocke für Lammershagen gegossen
17. Jahrh.	Keller im Herrenhaus zum zweiten Mal eingewölbt
1702	Meierhof Friedeburg angelegt
1743	Torhaus erbaut
1748	Herrenhaus und Kuhstall erbaut
1749	Scheune
1946	Friedeburg wird in der Erbteilung selbständig

Die Blomenburg

Kirchspiel Selent Kreis Plön

Als der Landgraf von Hessen auf dem zur Herrschaft Hessenstein gehörenden Pielsberg im Jahre 1839 einen Aussichtsturm erbauen ließ, wollte sein Nachbar Otto Blome ihn übertrumpfen und eine ganze Burg erbauen. So entstand auf einer Anhöhe innerhalb des adeligen Gutes Lammershagen in den Jahren von 1842 bis 1855 und 1870 die Blomenburg, eines der seltsamsten Bauwerke im ganzen Land und sicherlich das bedeutendste Beispiel einer neugotischen Burganlage in Schleswig-Holstein.
Lammershagen mit dem Dorf Selent war 1829 in den Besitz von Otto Graf Blome auf Salzau übergegangen. Der neue Gutsherr ließ auf diesem neuauf-

geforsteten Gelände von 23 ha einen hervorragend gestalteten Park anlegen mit langen Alleen, seltenen Baumgehölzen und anmutigen Wegen. Die Burg selber wurde im romantischen Stile durch Eduard Knoblauch aus Berlin erbaut, der örtliche Bauconducteur war Hilbig. Es gab alles, was zu einer echten Burg gehörte, ein doppeltes Torhaus mit Zugbrücke über tiefem Graben zwischen den Toren, den Bergfried, den Söller, den Palas, die Kemenate, die Vorburg mit Kavalierhaus, Stallungen und Gesindewohnungen. Ein Turm wurde gleich als Ruine hergestellt.

Kein Wunder, daß dieses Bauwerk schon unter den Zeitgenossen lebhafte Beachtung fand. Im September 1847 fand in Kiel die XI. Versammlung deutscher Land- und Forstwirte mit Excursionen statt. Wir besitzen zwei Berichte von Versammlungsteilnehmern über die Blomenburg, einen positiven und einen kritisch gefärbten.

Im Frühjahr 1981 stieß man bei Renovierungs- und Instandsetzungsarbeiten im Vestibül des Hauptbaues auf Wandmalereien aus der Entstehungszeit der Burg. Nach Entfernung der vor etwa 40 Jahren eingezogenen Holzdecke lag die eigentliche Stuckdecke frei, die eine farbige Ausmalung des gesamten Raumes ahnen ließ. Sorgfältige Untersuchungen durch das Landesamt für Denkmalpflege an Decke und Wand bestätigten diese Vermutung. Der Vergleich mit dem jetzigen Zustand ergibt eine deutliche Akzentverschiebung im Verhältnis der Farbigkeit von Wänden und Decken. Das Gewicht der ursprünglichen Raumfassung der Mitte des 19. Jahrhunderts liegt weitmehr auf der intensiven ornamentalen und figürlichen Bemalung der Wände als auf der Betonung der Stuckprofile, die der jetzige Zustand beinhaltet.

Man muß weiter bedenken, daß aus dieser für den Historismus frühen Zeit nur sehr wenige Objekte erhalten sind und die restaurierte Blomenburg ein gutes Beispiel für eine Stilrichtung darstellt, die an Wert erst allmählich wieder in unser Bewußtsein tritt.

Es handelt sich durchweg um eine pastose Ölfarbbemalung von sehr guter künstlerischer Qualität. Die besonders gut gelungenen Früchtemalereien der Supraporten über den verkleinerten Tudorbögen sind auch nach dem Überstreichen der Malereien an den Wänden noch weiter verwendet worden, ein Eingriff, der wahrscheinlich in den 20er Jahren unseres Jahrhunderts erfolgt ist. Ganz überstrichen wurde alles wohl erst in der Zeit nach 1933. Dennoch haftet die Malerei noch gut auf ihrem Träger aus Kalkgipsmörtel und ist nur geringfügig beschädigt.

Die Blomenburg war errichtet worden, um als Schloß den Mittelpunkt des Gutes Lammershagen zu bilden, da das kleine Herrenhaus daselbst den hohen Ansprüchen von Otto Blome nicht genügte. Es kam aber anders.

Schon 1862 mußte Otto Blome das Gut Lammershagen mit dem Dorf Selent verkaufen. Er behielt nur die Blomenburg mit 30 ha Land, davon 23 ha Park. Nach dem Tode von Otto Blome 1884 ging die Burg über an die einzige Tochter Adeline Blome verm. Gräfin Hardenberg, † 1908, dann an deren Neffen, den Grafen Johannes (Hans) Blome, der als letzter männlicher Sproß seines Geschlechts 1945 in Kronstadt in Siebenbürgen starb. Er hatte bereits im Jahre 1924 die Burg an den Provinzialverband der Provinz Schleswig-Holstein verkauft, der dort ein Landesjugendheim als Erziehungsheim für junge Mädchen einrichtete. Heute gehört die Burg dem Lande Schleswig-Holstein, immer noch für den gleichen Zweck.

Deckengewölbe der Bibliothek im Turm

Naturgemäß hat die gesamte Anlage infolge der neuen Zweckbestimmung erhebliche Änderungen und Erweiterungen erfahren. So wurde das Areal durch Zukäufe auf 70 ha vergrößert, das äußere Tor steht nicht mehr, die Zugbrücke ist durch eine feste Zufahrt ersetzt, die Wagenremisen und Pferdeställe sind zu Unterkunftsräumen umgebaut, das reizende kleine Teehäuschen am Rande des oberen Plateaus mit Blick auf den Selenter See ist verschwunden. Am Rande des Hanges wurde ein großer unschöner Wohntrakt in modernen Formen errichtet. Der ältere Verfasser dieses Buches gehört zu den noch lebenden Zeitgenossen, die die Burg im vollen Glanze ihrer kostbaren Ausstattung zur Zeit der Grafen Blome gekannt haben, mit einem erlesenen Mobiliar im Stil des fin de siècle und mit einer zahlreichen Dienerschaft bis hin zum Koch aus Turin, der in den hohen Kellerräumen mit Würde seines Amtes waltete.

Dies alles ist vorbei und vergangen. Heute ist die Burg fast völlig leer bis auf einige wenige Gemeinschaftsräume, – und trotzdem liegt immer noch ein Schimmer von Romantik über der ganzen Anlage. Im Turm ist als einziger Raum die Ausstattung der Bibliothek erhalten geblieben mit zierlichen in grauen und goldenen Tönen bemalten Bücherregalen und einer reich ausgestalteten kassettenartigen Gewölbedecke, dazu der gleichfalls gewölbte Vorraum. Auch das formenschöne Treppenhaus ist fast unverändert geblieben. In den großen Sälen im Erdgeschoß, deren farbig gestaltete Decken durch darunter neu eingezogene Decken unsichtbar geworden sind, finden die „Selenter Burgkonzerte" für ein großes Publikum statt.

Die Blomenburg

Besitzer: Das Land Schleswig-Holstein

Besitzer		*Bauten*	
1829–1924	Die Grafen Blome	1842–55	Burg durch E. Knoblauch erbaut
1924	Provinz Schleswig-Holstein	nach 1950	Erweiterungsbauten für die Zwecke des Landesjugendheims
1945	Land Schleswig-Holstein		

Neuhaus

Kirchspiel Giekau Kreis Plön

Das adelige Gut Neuhaus gehörte bis in das 20. Jahrhundert hinein neben Emkendorf und Bothkamp zu den größten Gütern in ganz Holstein, alle drei hatten eine Größe von 5000 bis 6000 ha, Neuhaus wurde mit 5335 ha ausgewiesen und war mehr einer großen und bedeutenden Herrschaft als einem einzelnen Gute zu vergleichen.
Sicherlich ist dieser große Herrschaftsbereich nicht aus einem Guß entstanden.
Seit der Mitte des 15. Jahrhunderts ist Neuhaus im Besitz der Rantzau. Hans Rantzau heiratete im Jahre 1492 die 15 Jahre alte Margarethe Brockdorff, Tochter des Sievert Brockdorff auf Windeby und Gaarz. Zu der Heirat bedurfte er wegen der nahen Verwandtschaft mit der Braut eines besonderen Consenses seitens des Papstes.
In den Jahren zwischen 1499 und 1501 hat er sich ein neues Haus, also Neuhaus erbaut. In die Zeit von Hans Rantzau fällt die Errichtung der

ältesten Bauten auf Neuhaus überhaupt, die wir auf das Jahr 1500 ansetzen können. In der Südwestecke des heutigen Hauptgebäudes steht der außerordentlich schwere, hohe, runde Turm, der sicherlich als der älteste Bauteil angesehen werden darf. Ursprünglich werden viele, wenn nicht alle unserer mittelalterlichen Burgen einen Turm besessen haben, in vielen Fällen vielleicht als einziges Bauwerk. Erhalten ist von allen diesen Türmen fast nichts, was darauf zurückzuführen sein dürfte, daß diese Türme aus Fachwerk errichtet waren und infolgedessen den Jahrhunderten nicht haben standhalten können. Außer auf Neuhaus gibt es noch einen einzigen weiteren, gleichfalls massiv gebauten Turm, den am Schlosse in Gelting in Angeln. Bei dem Turm von Neuhaus handelt es sich um ein Bauwerk, das in dieser Form am letzten Ende einer mittelalterlichen Bauepoche steht. Der Turm diente in späteren Jahrhunderten entweder als Treppenturm oder als reine Schmuckform. Hier in Neuhaus hat er noch zu Wohnzwecken gedient, wie die Herdstelle im Erdgeschoß und der Kamin im Obergeschoß deutlich

Halle

beweisen. Er ist aus großen roten Steinen, ohne einen besonderen Sockel. Der Turm trägt jetzt als Dach ein Ziegeldach, mit einem kuppelförmigen Abschluß und einer offenen Laterne. In dem oberen Stockwerk des Turmes, der mittelalterliche Rippengewölbe hat, ist im Jahre 1857 eine katholische Kapelle in neugotischem Stile eingerichtet worden. Das untere Stockwerk enthält das sehr umfangreiche Familien- und Gutsarchiv.

Gleichzeitig mit dem Turm dürfte der östliche Flügel des Hauptgebäudes entstanden sein, allerdings ohne die Verlängerung zur Hofseite, die erst in der Mitte des 18. Jahrhunderts vorgenommen worden ist. Auch dieser Ostflügel ist in mittelalterlicher Bauweise errichtet, das obere Stockwerk in wendischem Verband. Wann die übrigen Bauteile entstanden sind, ist schwer zu beurteilen, da umfangreiche Veränderungen in den späteren Jahrhunderten vorgenommen worden sind. In dem Hauptflügel, der keinen Keller besitzt und der in der heutigen Form erst um 1800 entstanden sein dürfte, sind Reste eines ursprünglichen Mauerwerks von etwa 1500 erhalten. Das spricht dafür, daß der Turm nicht etwa isoliert dastand, sondern in fester Verbindung mit dem Hauptgebäude, das vielleicht schon damals zwei kurze Flügel besaß.

Mit Dorothea Rantzau, † 1728, vermählt mit Detlev Brockdorff, † 1748, kam Neuhaus für zwei Generationen an die Brockdorff. Die älteste Tochter Christine Magdalene, † 1792, heiratete am 13. März 1732 Friedrich v. Hahn auf dem in Mecklenburg belegenen Gute Basedow, † 1772. So gelangte Neuhaus an das Geschlecht v. Hahn, bei dem der Besitz seitdem verblieben ist.

Die beiden ersten Generationen der Hahn, Friedrich I. v. Hahn, † 1772, und sein gleichnamiger Sohn Friedrich II., † 1806, seit 1802 Reichsgraf v. Hahn, sind die eigentlichen Schöpfer von Herrenhaus und Hof Neuhaus, wie es heute vor uns steht. Der Vater hat das altertümliche Schloß zu dem stattlichen Palais umgebaut und den wahrhaft imposanten Wirtschaftshof, den größten seiner Art in ganz Holstein, angelegt, dem Sohne verdanken wir die glanzvolle Ausstattung des Inneren.

Wie der Wirtschaftshof in früherer Zeit ausgesehen hat, ist unbekannt. Friedrich I. v. Hahn erbaute in den Jahren nach 1747 den heutigen Hof, der allerdings inzwischen durch Brände und andere Ereignisse wesentliche Veränderungen erfahren hat. Geblieben ist die überaus großzügig angelegte Gesamtkonzeption des Hofes. Dieser besteht aus drei deutlich voneinander geschiedenen Teilen, im Süden dem Schloß mit dem Ehrenhof, davor der innere Hof, der aus zwei Kavalierflügeln mit Mauerankern besteht, F.H. – C.M.H. (= Friedrich Hahn, Christine Margarethe Hahn), nördlich davon zwei niedrige Stallgebäude, sicherlich zur gleichen Zeit entstanden, wenn auch mit Umbauten von 1897. Der eigentliche Bauhof als drittes Element schließt sich nach Nordosten an, der natürlichen Gegebenheit des Geländes entsprechend nicht als Fortsetzung in gerader Achse, sondern mit einer Drehung um 45°. Ursprünglich gab es hier vier große symmetrische Wirtschaftsgebäude. Das nach Südwesten hin belegene ist in diesen Jahren abgebrochen worden, das nach Nordosten zu ist nach dem Brand neu aufgeführt, das nach Nordwesten zu ist 1942 teilweise erneuert worden, das nach Südosten hin ist als das einzige voll erhalten gebliebene aus der Mitte des 18. Jahrhunderts, vielleicht von Johann Gottfried Rosenberg erbaut, sehr ähnlich dem großen Wirtschaftsgebäude auf dem nahebei gelegenen adeligen Gute Klamp mit den gleichen Pilastergiebeln. Das Torhaus ist 1856 im neugotischen Stil errichtet worden.

Turm von 1500

Das Schloß wurde durch Friedrich I. v. Hahn zu seiner heutigen Gestalt umgebaut. Das Haus hat keine Keller, wahrscheinlich waren im Mitteltrakt bis dahin Vorratsräume, Küche und Remisen untergebracht.
Jetzt wurde der gesamte Bau einem einheitlichen Umbau unterzogen, die beiden Flügel auf die gleiche Länge gebracht und der Mittelbau zu Wohnräumen umgestaltet. Unter dem Sohne Friedrich II. entstand um 1800 die klassizistische Eingangshalle. Das Hauptgebäude ist in den großen Giebelfeldern über einem niedrigen Mittelgeschoß geschmückt mit Sandsteinkartuschen, zur Hofseite mit den Wappen v. Hahn und v. Both, zur Parkseite v. Hahn und v. Brockdorff. Das Portal ist ein einfaches Sandsteinportal mit Abdeckungsplatten, die auf Konsolen ruhen, großen Türflügeln im Louis-Seize-Stil, wohl gleichzeitig mit dem Ausbau der Eingangshalle und dem großen Saal im Obergeschoß entstanden. Hinter dem Schloß breitet sich ein großzügig angelegter Park aus, mit langen Eichenalleen, die bis zum Selenter See hinunterführen und sicherlich schon zur gleichen Zeit, also um die Mitte des 18. Jahrhunderts angelegt worden sind.

Adeliges Gut Neuhaus

Besitzer: Ferdinand Graf v. Hahn

Besitzer

13./14. Jahrh.	Ritter v. Gikhow
ca. 1430–1715	(v.) Rantzau
1715–1739	(v.) Brockdorff
seit 1739	v. Hahn
seit 1802	Grafen v. Hahn

Gut und Bauten

Mittelalter	Edelhof Lanken
1500	Bau des Turmes
16. Jahrh.	Bau des dreiflügeligen Herrenhauses
nach 1737	Umbau des Herrenhauses
nach 1747	Bau des Wirtschaftshofes
um 1780	Einbau des Festsaales mit den Gemälden von Christian Bernhard Rode
um 1800	Umbauten im Herrenhause
1856	Neubau des Torhauses
1943	Brand des Hofes

Panker

Kirchspiel Lütjenburg Kreis Plön

Die ersten Besitzer von Panker, von denen wir wissen, gehören zum Geschlecht Rantzau, sie haben hier drei volle Jahrhunderte gesessen. Landgraf Friedrich von Hessen-Cassel, †1751, hatte im Jahre 1720 unter dem Namen König Friedrich I. den schwedischen Thron bestiegen. Er war verheiratet mit der Königin Ulrike Eleonore von Schweden, einer Schwester König Karls XII., hatte aber aus der Ehe keine Kinder. Er wandte sein Herz einem schönen jungen Hoffräulein seiner Gemahlin zu, der Gräfin Hedwig Ulrika Taube – la belle colombe genannt, war ihr morganatisch angetraut und hatte mit ihr vier Kinder, zwei Töchter und zwei Söhne. Gräfin Taube sah voraus, daß in absehbarer Zeit ein Thronwechsel auf dem schwedischen Königsthron eintreten mußte, nachdem die legitime Ehe des Königs kinderlos geblieben war. Mithin war ihre eigene Zukunft unsicher, sie mußte daher daran denken, sich selber und ihre Kinder sicherzustellen und sah sich infolgedessen nach einem größeren Landbesitz um. Da ergab sich in Holstein die gute Gelegenheit, daß gleich vier aneinandergrenzende große

Panker, Halle

adelige Güter fast gleichzeitig auf den Markt kamen. 1739 wurden Panker und Klamp von Hans Rantzau für 88 000 Rthlr. erworben, 1741 folgten Schmoel und Hohenfelde aus dem Reventlowschen Konkurs für 138 000 Rthlr.

Die Kaufverhandlungen wurden mit größter Diskretion geführt. Zunächst trat die Gräfin Taube überhaupt nicht in Erscheinung, vielmehr gingen alle Verhandlungen über den Kammerherrn und schleswig-holsteinischen Amtmann Baron Otto Stael von Holstein, der als Interessent im eigenen Namen auftrat. Noch die Vorverträge über die Güter, die sogenannten Appunctuationen und die Proclama, die von den Kanzeln verlesenen Aufrufe an die Gläubiger, sich beizeiten zu melden, liefen auf seinen Namen. Erst im April 1740 wurde das Geheimnis gelüftet. Die beiden Söhne, Friedrich Wilhelm, †1808, und Carl Eduard, †1769, waren bei dem Tode der Mutter noch Kinder, wurden aber alsbald nach Panker gebracht, um die neue Heimat kennenzulernen und sich an sie zu gewöhnen.

Sie waren schon 1741 vom Kaiser in den Grafenstand unter dem Namen eines Grafen von Hessenstein erhoben worden. Der jüngere Bruder starb unbeerbt schon mit 32 Jahren im Jahre 1769. Jetzt fielen dem älteren alle vier Güter zu, und jetzt konnte aus ihnen ein zusammenhängender Besitz gebildet werden, der den Namen der Herrschaft Hessenstein erhielt und bis zur Gegenwart hin bewahrt hat. Im Jahre 1791 legte er alle seine Ämter nieder und ging nach Panker, wo er bis zu seinem Tode im Jahre 1808 blieb.

Als nach dem Ersten Weltkrieg die Fideikommisse aufgelöst werden mußten und im Zuge der Bodenreform die meisten Zeitpachtdörfer der Herrschaft Hessenstein in freies Eigentum überführt wurden, traten wesentliche Veränderungen in der Struktur des Besitzes ein. Daher wurde im Jahre 1928 die Kurhessische Hausstiftung gebildet, die ihren Sitz im Schloß Kronberg im Taunus hat und an der die einzelnen Berechtigten nach bestimmten Grundsätzen partizipieren. Infolgedessen gibt es seitdem keinen Inhaber der Herrschaft Hessenstein mehr, wohl aber Mitglieder des Hauses Hessen mit besonderen Rechten und Aufgaben. Das Schloß Panker dient dem Chef des Hauses, dem Landgrafen Moritz von Hessen, als Wohnsitz und als Mittelpunkt der örtlichen Verwaltung.

Der Name Hessenstein tritt noch in besonderer Weise in Erscheinung. Innerhalb der Herrschaft liegt der Pielsberg, der mit einer Höhe von 127 m zu einer der höchsten Erhebungen in Holstein gehört. Hier erbaute der Landgraf Friedrich von Hessen im Jahre 1841 einen Aussichtsturm in neugotischem Stil, dem er den Namen „Der Hessenstein" gab und der eine großartige Fernsicht bis zu den dänischen Inseln, nach Fehmarn und bis zur Bungsberggruppe sowie über den Selenter See hinweg bis zur Probstei und nach dem Ehrenmal von Laboe gewährt. Das Herrenhaus in Panker oder besser gesagt, das Schloß wird in seinem Äußeren geprägt von einem durchgreifenden Umbau im Anfang des 18. Jahrhunderts, im Inneren erst recht von den großen Erneuerungsarbeiten nach 1954. Aber in seinem Kern enthält es eine charakteristische Anlage des 17. Jahrhunderts. Aus der Rantzauischen Zeit gibt es noch eine schöne bemalte Balkendecke, die nicht mehr an der alten Stelle steht, sondern in einem Treppenraum des Nordflügels eingebaut ist. Diese Balkendecke ist mit Rankenwerk und landschaftlichen Szenen überaus reich bemalt, dazwischen finden sich Sprichwörter und in der Mitte das große Doppelwappen Rantzau und Buchwaldt. Insgesamt gesehen möchte man aber glauben, daß das Haus in seinem Kern, d. h. mit dem Corps de Logis und den beiden schweren turmartigen Flügelbauten nach Westen hin, wesentlich älter ist. Über dem Portal befindet sich eine Inschrift, die sicherlich von dem Fürsten von Hessenstein stammt: „Altes

Speisesaal

Torhaus

ausgebessertes Haus / keines Tadels werth''. Diese Inschrift hätte der Fürst sicher nicht darüber gesetzt, wenn das Haus damals erst wenige Jahrzehnte alt gewesen wäre.
Man kann daher vermuten, daß die beiden Flügelbauten zur Hofanlage hin um 1705 erbaut worden sind.
Nach dieser Hofseite hin befindet sich das Hauptportal aus Sandstein mit Deckplatte, darüber ein Dreikantgiebel über einem niedrigen Zwischengeschoß, im Giebelfeld die Jahreszahl 1741 und ein Spiegelmonogramm. Das Gebäude ist weiß verputzt mit grauen quaderbehandelten Eckenpartien und breiten Gesimsen zwischen den Stockwerken. Die Fenster, die außerordentlich groß sind, dürften auch aus dem Umbau des 18. Jahrhunderts herrühren.
Die Halle, die den ganzen Mittelbau einnimmt, verläuft durch zwei Stockwerke hindurch. In ihrer Mitte erhebt sich die große Treppe, die mit gedrehten Balustraden nach oben führt und dort in einer umlaufenden Galerie endet. In der Ecke sind Plafondmalereien (Plafondgemälde) eingesetzt, die aus der Orangerie in Kassel stammen und die Flora mit ihren Mädchen darstellen. In der Halle stehen zwei große Kamine; sowohl hier als

auch in den übrigen Räumen ein reiches Inventar. Von dem Fürsten von Hessenstein gibt es ein vorzügliches Porträt von 1762 von G. D. Matthieu. Der nördliche Seitenflügel wird vom Speisesaal eingenommen mit einer großen klassizistischen Ofennische mit korinthischen Holzsäulen. Im übrigen enthält der Raum Möbel im Louis-Seize-Stil. Im südlichen Seitenflügel befindet sich ein großer Gartensaal mit einem Fußboden aus gemusterten braunen neapolitanischen Fliesen. Die Wände sind durch Prinz Heinrich von Hessen in neuerer Zeit ausgemalt mit Phantasieprospekten des Golfs von Neapel und dessen Umgebung in kühlen blauen Farben. Empire-Möbel, die aus dem Schlosse Philippsruhe in Hessen stammen, beherrschen die Ausstattung.

An der Westseite des Schlosses ist ein kleiner barocker Garten im französischen Stil angelegt worden, in dem italienische Kalksteinfiguren des späten 18. Jahrhunderts aufgestellt sind. Allegorien der Elemente und der Jahreszeiten.

Adeliges Gut Panker

Besitzer: Kurhessische Hausstiftung in Kronberg/Taunus

Besitzer

etwa 1400–1740	(v.) Rantzau
seit 1740	Herrschaft Hessenstein

Gut und Bauten

etwa 1650	Bau des Herrenhauses
etwa 1710	Erweiterungsbauten
etwa 1790	Bau des Torhauses
nach 1954	Umbau des Schlosses
1957	Brand der Hofgebäude

Helmstorf

Kirchspiel Lütjenburg   Kreis Plön

Seit etwa 1439 ist Helmstorf im Besitz der Rantzau und verbleibt jetzt über 200 Jahre bei diesem großen und weit verbreiteten Geschlecht.
Nach einem Konkurs 1649, erwarb Caspar v. Buchwaldt Helmstorf. Von seinen zehn Kindern erbte der jüngste Sohn, das 10. Kind Friedrich Christian, † 1763, Helmstorf. Er kann als der eigentliche Schöpfer von Herrenhaus und Gutshof in seiner heutigen Gestalt angesehen werden. Im Mittelalter lag die Burg nicht an der jetzigen Stelle des Herrenhauses, sondern mitten in der hier teichartig erweiterten Kossau, also recht eigentlich als Wasserburg. Zu Zeiten waren noch Pfahlreihen erkennbar, die die genaue Lage der Wasserburg deutlich machten.
Insgesamt gesehen dürfte der Hof in der Zeit Friedrich Christians v. Buchwaldt die Gestalt erhalten haben, die ihn heute noch kennzeichnet. Der Hof hat eine bemerkenswerte landschaftliche Lage, im Norden umgeben von der Kossau, die östlich des Hofes zu einem großen Mühlenteich aufgestaut ist und etwas weiter im Osten einen kleinen Zulauf von Westen aufnimmt, so daß Helmstorf von fast allen Seiten von Wasserläufen umgeben ist. Der

Bibliothek mit Durchblick zum Salon

Hof verbirgt sich fast völlig unter dem reichen Baumwuchs in den tief eingeschnittenen Tälern der Au. Das Hauptgebäude liegt auf einem Abhang herunter zur Au, so daß der größere Ostflügel auf Grund des Abfalles des Geländes nach Osten drei Stockwerke besitzt, nach Westen nur zwei. Der kleinere Südflügel hat ebenfalls nur zwei Stockwerke und besitzt fast keine Keller. Dieser Südflügel dürfte der älteste Teil des gesamten Bauwerkes sein und ist sicherlich im Jahre 1725 durch Friedrich Christian v. Buchwaldt erbaut worden. Möglicherweise hatte schon das ursprüngliche Gebäude einen Flügelbau nach Osten. Im Südflügel befinden sich im großen Teil des unteren Stockwerkes Flügeltüren mit Rokokofüllungen, daher kann man mit Sicherheit sagen, daß dieser Teil der älteste Bauteil ist.
Der ursprüngliche Bau des Herrenhauses von 1724 wurde in den Baustufen von 1836, 1878 und 1912 wesentlich erweitert und in seine heutige Gestalt gebracht. In seiner äußeren Erscheinung wird das Ansehen des Herrenhau-

ses bestimmt von dem durchgreifenden Umbau von 1878, bei dem man versucht hat, der bis dahin ganz einfachen und gegenüber der großzügigen Hofanlage seltsam unzentral gelegenen Baugruppe ein stattlicheres Aussehen zu verleihen. Eine gemalte Metalltafel am Ostflügel trägt die Inschrift: „Gebaut 1725 / erneuert 1836 / umgebaut 1878 / erneuert 1912." Im einzelnen ist es schwer zu entscheiden, aus welcher Baustufe die Bauteile stammen, da das Mauerwerk in allen Teilen völlig gleichartig aus dunkelrotem Ziegelstein besteht, mit gleichen Gesimsen. Bei dem Umbau von 1878 wurde in der Mitte jedes der beiden Flügel ein großer aus drei Fach bestehender Risalit mit zementverputzten Pilastern errichtet, die oben in Arkaden zusammenlaufen und über einem flachen Drempel Dreiecksgiebel tragen. Die rundbogigen Nischen, die sich hierbei bildeten, sind ausgeschmückt mit gemalten Monogrammen und Jahreszahlen, nach Osten M.B. 1836, H.B. 1878 und Wappenschilden an der Südfassade. Am Südende erhielt der Ostflügel einen Erker von zwei Stockwerken. Endlich erhielt der Südflügel eine Eingangspartie in Form einer Veranda mit Balkon, die ein feines Gußeisengitter trägt. Das hohe Ziegeldach wurde dabei ersetzt durch ein flacheres Schieferdach.
Im Inneren hat der Architekt Karl Sattler aus München den letzten Umbau von 1912 geleitet und dabei vor allem der Halle ihr stattliches Aussehen verliehen. Die anschließenden Gesellschaftsräume dürften einer früheren Epoche angehören. Sie umschließen den Saal in der Mitte, der mit seinen

Scheune von ca. 1730 mit Doppelwappen Buchwaldt/Rumohr

Abmessungen von 8×12 m ein sehr großer, wenngleich äußerst wohnlicher Raum ist. Zur Rechten und zur Linken dieses Saales befinden sich zwei kleine Kabinette mit halbrunder alkovenartiger Rückwand, der Raum zur Linken nimmt die kleine Bibliothek auf, zur Rechten ein Porzellankabinett. Nach Norden schließt sich der große Speisesaal an, der beherrscht wird von einem riesigen geschnitzten Barockschrank mit dem Wappen Buchwaldt und Ahlefeldt und an dessen Längswand ein Meißener Kachelofen steht, der eigens für Helmstorf angefertigt worden ist.
Auf keinem Gut in ganz Ostholstein wird der Pferdesport mit so viel Einsatz und Erfolg betrieben wie auf Helmstorf. Magnus v. Buchwaldt, der jetzige Besitzer, gehört zu den bedeutendsten Turnierreitern, die die Bundesrepublik Deutschland in den 50er und 60er Jahren gehabt hat.

Adeliges Gut Helmstorf

Besitzer: Magnus v. Buchwaldt

Besitzer

13. Jahrh.	Ritter von Helmerickesdorpe
14. Jahrh.	Landesherrlich
1439–1649	(v.) Rantzau
seit 1649	v. Buchwaldt
1649–1669	Caspar v. Buchwaldt
1669–1713	Henning v. Buchwaldt
1713–1763	Friedrich Christian v. Buchwaldt
1763–1797	Detlev v. Buchwaldt
1797–1828	Christoph v. Buchwaldt
1828–1863	Magnus I. v. Buchwaldt
1863–1912	Hermann v. Buchwaldt
1912–1945	Magnus II. v. Buchwaldt
seit 1945	Magnus III. v. Buchwaldt

Gut und Bauten

13. Jahrh.	Burg Helmerickesdorp
15.–16. Jahrh.	Wasserburg in der Kossau
1725	Bau des ersten Herrenhauses
1836, 1878, 1912	Um- und Erweiterungsbauten
17. Jahrh.	Bau der Fachwerkscheune
ca. 1730	Bau der großen Scheune
1837	Bau des herrschaftlichen Pferdestalles

Helmstorf, Salon

Neudorff

Kirchspiel Lütjenburg   Kreis Plön

So neu der Name klingt, so geht doch die Bezeichnung Neudorff bis ins Mittelalter zurück. Die ältesten uns bekannten Besitzer gehören zum Geschlecht Rantzau, das in ganz Ostholstein umfangreichen Besitz hatte. Ihnen folgen die Pentz und dann die Reventlow als Besitzer.
Die Reventlowsche Zeit umfaßt nur zwei Generationen, den Vater Detlev, †1664, und den Sohn Friedrich, †1728, gleichwohl ist sie bedeutsam geworden sowohl für das Geschlecht Reventlow insgesamt, wie auch für das Gut Neudorff im besonderen. Der Sohn Friedrich war Klosterprobst von Uetersen und Verbitter von Itzehoe, Großkreuz vom Dannebrog und Ritter des Elephanten-Ordens. In seine Zeit fällt der Bau des heutigen Herrenhauses hinein, nach den Initialen im Jahre 1703 erbaut. Die vorherige Wasserburg, die auf die Zeit von Claus Rantzau um 1469 datiert wird, war ein schmuckloser Bau mit einem kleinen Vorbau und einem turmartigen über dem Hauptgebäude vorspringenden Aufsatz, vielleicht einem Treppenturm.

Diese alte Burg ist anscheinend ein höchst einfacher Bau gewesen, im Erdgeschoß aus Sicherheitsgründen noch ohne Fenster, der Eingang an der Giebelseite, wohl nach Osten hin. Friedrich Reventlow erbaute das in seinem Kern noch heute fast unveränderte Haus von 1703, bemerkenswerterweise ohne Keller, im übrigen ein einfaches Langhaus von 9 Achsen und sicherlich auf der Stelle der alten Rantzauischen Wasserburg.
Das Haus liegt auf einem Hügel, unmittelbar am Ufer der Kossau, ursprünglich auch am Ufer des Binnensees, der weiter als heute in das Land hineinragte. Sicherlich gab es auch in alter Zeit einen Hausgraben nach Süden hin, zwischen Herrenhaus und Bauhof. Während man im Schleswigschen, wo die Burgen durchweg älteren Datums sind als im Holsteinischen, häufig die schiefe Achse zwischen Herrenhaus und Hof findet, ist diese Orientierung in Holstein seltener. Neudorff ist ein klares Beispiel für die zeitliche Abfolge: erst entsteht an gesicherter Stelle an Fluß und See die Wasserburg des Mittelalters, später am gleichen Ort das neuzeitliche Herrenhaus. Für die Vorburg, später den Wirtschaftshof, wurde ein Plateau südlich und erheblich höher gelegen gewählt. Ja, die Verbindung zwischen Herrenhaus und Hof ist so wenig ausgeprägt, daß die Zufahrt zum Herrenhause nicht wie sonst in Holstein üblich über den Hof führt, sondern durch eine Allee rund um den Hof herum.
1730 wurde Neudorff an die Herzogin von Braunschweig verkauft, die es 1739 an die Mutter der späteren Zarin Katharina II., der Fürstin von Anhalt-Zerbst vererbte. Nach deren Tode erwarb es 1761 die Familie von Buchwaldt. So entstand jetzt auf Neudorff für einige Jahrzehnte eine fürstliche Hofhaltung.
Ungesäumt machte sich die Herzogin von Braunschweig ans Werk, das Herrenhaus nach ihrem Geschmack zu erweitern. Nach Westen zu wurden zwei pavillonartige 5 Achsen breite Flügelbauten dem einfachen Langbau von 1703 vorgesetzt, nicht in einer Flucht mit der Ostfassade, sondern um eine Achse vorgerückt, der schmale Zwischenraum zwischen den Flügelbauten wurde durch eine aus 5 Bogen bestehende Vorhalle ausgefüllt, eine Zimmerwand nach Osten aufgerissen und zur Loggia umgestaltet, um den freien Blick in die Ferne zu ermöglichen. Auf Neudorff befinden sich noch heute mehrere Aquarelle, die den baulichen Zustand des Herrenhauses zu jener Zeit uns deutlich machen.
Höchst bemerkenswert auch die Gestaltung der Keller. Das Langhaus von 1703 enthielt überhaupt keine Keller, obwohl doch die Lage auf dem trockenen Hügel deren Anlage sicherlich gestattet hätte. Die Herzogin ließ jetzt die beiden pavillonartigen Flügelbauten je zu zwei Dritteln ihrer Breite unterkellern, wie die Gouache auf Neudorff deutlich erkennen läßt. Zwi-

schen diesen weit voneinander entfernten Kellern wurde ein gewölbter Gang angelegt, der naturgemäß nicht unter dem Langhaus, sondern vor ihm verläuft.

Detlev v. Buchwaldt, † 1836, und sein Sohn Caspar v. Buchwaldt, † 1869, haben Neudorff zu dem gemacht, was es heute ist. Dieser baute das Herrenhaus zu seiner heutigen Gestalt um, sicherlich mit Hilfe eines begabten Architekten. Nach einer in der Eingangshalle befindlichen Plakette erfolgte der Umbau im Jahre 1856, in einem von der Kunst Karl Friedrich Schinkels geprägten Spätklassizismus. Die großen Pavillons aus der fürstlichen Zeit wurden abgerissen, angeblich als Folge eines Brandes, obwohl dagegen spricht, daß in den heutigen Flügelbauten ein Teil der Türen und Paneele erhalten sind, die zweifelsfrei aus der Mitte des 18. Jahrhunderts stammen.

Die neu errichteten Flügelbauten sind schmäler als die Pavillons des 18. Jahrhunderts und ruhen mit ihren Außenmauern unmittelbar auf den kleineren Kellergewölben von 1740. Die Fassaden sind in hellem gelblichem Mauerwerk aufgeführt unter reicher Verwendung von geformten Steinen und Terrakotta-Platten mit neugotischen Ornamenten. So verlaufen ein Hauptgesims und ein Band zwischen den beiden Stockwerken um das Haus, ebenso unter den Fenstern, die verhältnismäßig groß und flachbogig gestal-

Suite de Salons, links eine Causeuse

tet sind. Bei dem Umbau wurden die Seitenflügel verlängert, so daß sie jetzt in einer Flucht mit der östlichen Fassade des Hauptgebäudes stehen. Gleichzeitig wurde ein Flur eingebaut mit einer großen Eingangshalle an der Hoffassade gen Westen. In der Eingangshalle befinden sich drei große Medaillons mit Abgüssen nach Bertel Thorvaldsen, die Jahreszeiten darstellend. An der Stelle des vierten Medaillons befindet sich die oben erwähnte kleine Plakette mit den Initialen des Bauherrn und der Jahreszahl 1856.
Gleichzeitig mit dem Umbau wurde das Hauptgebäude einer Modernisierung unterzogen und erhielt eine Folge von großen ineinandergehenden Sälen, die ihren Zugang von dem neuen Korridor haben. Die innere Ausstattung ist in diesem Teil des Gebäudes überall spätklassizistisch, mit einfachem Deckenstuck und niedrigen Paneelen. In einem Teil des nördlichen Seitenflügels ist ein großer Saal untergebracht mit neugotischem Paneel, das eichenholzartig bemalt ist, mit Supraporten und mit sechs großen Wandspiegeln zwischen den Fenstern.
Die niedrigen Satteldächer sind mit Schiefer gedeckt. Der nördliche Seitenflügel hat nach Osten hin eine turmartige Partie erhalten mit einer Aussichtsplattform, in Wahrheit also ein Söller.
Bei dem Umbau ist dem Architekten trotz allen Könnens eines nicht gelungen, die Fassade des Herrenhauses in Einklang zu bringen mit der Zufahrt über den Wirtschaftshof oder durch die Allee. Praktisch steht das Gebäude mit einer vom Beschauer abgewandten Fassade nach Westen zu da, der eigentliche Eingang in das Gebäude ist daher aus praktischen Gründen in eine kleinere Eingangstür im Seitenflügel nach Süden verlegt worden.

Adeliges Gut Neudorff

Besitzer: Wolf v. Buchwaldt

Besitzer		*Gut und Bauten*	
ca. 1380–1622	(v.) Rantzau	15. Jahrh.	Wasserburg
1622–1642	v. Pentz	1703	Bau des jetzigen Herrenhauses
1642–1719	v. Reventlow	nach 1738	Anbau von 2 Flügelbauten
1719–1730	v. Wedderkop	nach 1821	Anlage des Parkes
1730–1761	Herzogin v. Braunschweig, dann Herzogin von Anhalt-Zerbst	1856	Umbau des Herrenhauses
seit 1761	v. Buchwaldt		

WEISSENHAUS

Kirchspiel Hohenstein Kreis Ostholstein

Henning Pogwisch auf Farve, †1607, hielt am 18. Januar 1607 in Kiel gemeinsam mit seiner Ehefrau Margarethe geb. Rantzau Erbteilung mit seinen vier Söhnen, Hans, Claus, Otto und Wolf. Diese Erbteilung kann als die Geburtsstunde des großen adeligen Gutes Weissenhaus angesehen werden. Wolf Pogwisch legte alsbald nach der Übergabe das Dorf Wanderow nieder und begründete den Hof Weissenhaus. Sicherlich hatte auch das erste Herrenhaus, das er errichtet haben wird, einen weißen Anstrich, ebenso wie die späteren Bauten von 1731 und 1897.
Der damalige Besitzer, Paul Albrecht Balthasar Frhr. v. Liliencron erbaute im Jahre 1731 ein neues Herrenhaus. Später wurde es um zwei Flügelbauten erweitert, 1895 brannte es ab, angeblich infolge eines Rasierspiegels, den ein Gast in die Gardine seines Schlafzimmers gehängt hatte und der wie in einem Brennglas die Strahlen der Morgensonne auffing.

Dieser Bau ist uns aus Abbildungen wohl bekannt, es war ein stattliches Haus von zwei Stockwerken mit Frontispiz, der Ehrenhof im Halbrund umgeben von einem Kranz schlanker Pyramideneichen, die auch heute noch stehen. Eine kleine Au, die die Hofanlage durchzieht, ist nördlich des Hofes zu einem See aufgestaut, möglicherweise Rest eines Hausgrabens, der früher den Hof umschlossen haben wird. Im Park westlich vom Herrenhaus führen große Lindenalleen nach Westen hin sowie nach Norden hinunter zum Strand. Teile einer einstmals bedeutenden französischen Parkgestaltung aus der gleichen Zeit wie das Hauptgebäude selber.
Seit 1735 bis heute ist Weissenhaus in Besitz der Grafen v. Platen Hallermund. Clemens Graf v. Platen Hallermund, † 1983, richtete eine Europa-Kurzschule in den großen Räumen des Schlosses ein, er begnügte sich mit einigen Zimmern im Südtrakt. Der bekannte Pädagoge Kurt Hahn hatte den Gedanken entwickelt, junge Menschen aus allen Schichten der Bevölkerung für einige Wochen zusammenzufassen, damit sie lernen sollten, ihren Körper zu beherrschen, um mit Mut, Entschlußkraft und Ausdauer zum Gefühl der eigenen Kraft und zu Selbstvertrauen zu gelangen. Das physische Training sollte begleitet sein von der Gewöhnung an Pflichterfüllung, an Verantwortung und Opfer für die Gemeinschaft.
Inzwischen sind in Weissenhaus über 15 000 junge Menschen durch die Kurzschule gegangen. Heute gibt es derartige Schulen in allen fünf Kontinenten. Die Schule in Weissenhaus besteht jetzt nicht mehr.
Das Schloß, das nach dem Brande des alten im Jahre 1897 erbaut worden ist, hatte sich mit seinen vielen Räumen als sehr geeignet für diese den heutigen Zeitumständen angepaßte Zweckbestimmung erwiesen. Das Bauwerk ist länger als das alte, wie man an der Gestaltung der Keller erkennt. Es ist ein schloßartiges großes Bauwerk, das sowohl außen wie im Inneren als ein wohlgelungenes neubarockes Gebäude erscheint, etwa entsprechend der durch den dänischen Hof-Baumeister N. Eigtved entwickelten einfachen Formensprache. Das drückt sich vor allem aus in der Behandlung der Fassaden, in den mit flachen Bögen versehenen glatten Fenstereinfassungen mit Schlußstein, in den durchlaufenden rustizierten Pilastern mit Mittelrisalit und in den dekorativen Einzelheiten. Der Mittelrisalit ist nach der Hofseite zu durch einen flachen Segmentgiebel abgeschlossen, in dem das gräfliche Wappen in großer Sandsteinausführung steht, umgeben von einem reich ausgearbeiteten Trophäengesteck und Wappenspruch. Nach Westen, nach der Parkseite zu hat der Mittelrisalit einen hohen Dreikantgiebel über einer flachen Mezzanin-Etage.
Im Inneren ist das Gebäude regelmäßig aufgeteilt durch Halle und Gartensaal, der nach der Innenseite mit schrägen Ecken versehen ist, in dem

Kamine stehen, mit Dekorationsmalerei an den Wänden auf grau-grünem Grund. Nach Westen zu befindet sich ein großer durch das ganze Haus durchlaufender Saal, nach rechts Treppenhaus und Speisesaal.
Im Inneren des Hauses hat man versucht, dem Charakter eines alten Gutshauses gerecht zu werden. Bei dem Brande waren die Familienporträts gerettet worden, die überlebensgroßen Bildnisse von Gebhard von Alvensleben und seiner Ehefrau aus dem ersten Drittel des 17. Jahrhunderts waren schon angesengt. Auch das wertvolle und umfangreiche, vorzüglich geordnete Familienarchiv blieb erhalten. Jetzt kaufte der Erbauer des neuen Hauses in Frankreich eine Reihe von qualitätvollen Marmorkaminen, auch eine große eiserne Ofenplatte aus dem alten Platenschen Schloß Linden bei Hannover mit dem Platenschen Wappen konnte erworben werden. Vor allem kam eine Folge von sechs Kolossalgemälden des französischen Schlachtenmalers Jaques Courtier genannt Le Bourgignon, † 1671, ins Haus, Schlachtenbilder von Land- und von Seeschlachten. Der Maler hatte in seiner Jugend im Vatikan das berühmte Schlachtbild gesehen, das den Sieg Kaiser Konstantins über Maxentius darstellt und das auf einen Entwurf Raphaels zurückgeht. Dieses Bild hatte ihn so begeistert, daß er selber

Speisesaal mit den Gemälden von Le Bourgignon

Schlachtenmaler wurde. Die Gemälde sind im Speisesaal in die Wand eingelassen.
Das Schloß wird in einigem Abstand von schräg stehenden Kavalierhäusern eingerahmt, nach Norden ein Fachwerkgebäude mit Giebel aus dem 18. Jahrhundert, nach Süden eins mit festen Mauern von 1817. Vor ihm stehen zwei gewaltige Löwen aus Sandstein mit finsterem Ausdruck, die aus Hannover stammen.
Heute besteht Weissenhaus aus dem Haupthof und dem Meierhof Friederikenhof, die einheitlich bewirtschaftet werden und zusammen 860 ha umfassen, Waldungen in Größe von 400 ha, Dünen- und Strandgelände von 45 ha und Wasserfläche von 190 ha, insgesamt 1495 ha. Die landschaftlich bevorzugte Lage unmittelbar am Strande der Ostsee hat in den letzten Jahren umfangreiche Campingplätze sowohl in Weissenhaus als auch in Sehlendorf entstehen lassen, Hotelbauten größten Ausmaßes verändern das Bild der Landschaft.

Adeliges Gut Weissenhaus

Besitzer: Erik Graf v. Platen Hallermund

Besitzer

1607–1639	(v.) Pogwisch
1639–1667	(v.) Rantzau
1667–1722	(v.) Pogwisch
1722–1729	(v.) Rantzau
1729–1735	Frhr. v. Liliencron
seit 1735	Grafen von Platen Hallermund
1735–1772	Graf Georg Ludwig
1772–1818	Graf Franz Ernst
1818–1873	Graf Georg Wilhelm
1873–1887	Graf Carl Ernst Felix
1887–1919	Graf Carl
1919–1930	Graf Erasmus
seit 1930	Graf Clemens
seit 1974	Graf Erik wohnhaft Friederikenhof

Gut und Bauten

Anfang 17. Jahrh.	Dorf Wanderow niedergelegt, Hof Weissenhaus gebildet
1731	Bau des neuen Herrenhauses
1895	Brand des Herrenhauses
1897	Bau des jetzigen Schlosses
1945	Brand der Scheune
1950	Sehlendorf abgetrennt
1952	Einrichtung der Europa-Kurzschule

Kletkamp

Kirchspiel Kirchnüchel   Kreis Plön

Kletkamp liegt in einer reizvollen, stark kupierten Landschaft, dicht am Rande der holsteinischen Schweiz, der Gutshof selber in einer tiefen, von Wasserläufen und Seen erfüllten Niederung. So bot sich hier von jeher eine leichte und gute Möglichkeit zur Anlage eines befestigten Platzes. Das heutige Schloß liegt auf dem gleichen Platze wie die Wasserburg des Mittelalters, bis zum heutigen Tage steigt der Bau unmittelbar aus dem Wasser auf, ebenso wie das weite Gelände der Vorburg rings von einem zweiten Graben umschlossen ist. Heute befindet sich hier der Wirtschaftshof. Ein Teil der Gräben ist später zugeschüttet worden, insbesondere bei der Erweiterung des Wirtschaftshofes nach 1838, aber im Süden und Südosten sind sie noch wohlerhalten.
Cai Brockdorff erhielt im Jahre 1619 die Belehnung mit Kletkamp. Seitdem hat sich Kletkamp in 10 Generationen, stets von Vater auf Sohn, bis auf den jetzigen Besitzer Christian Friedrich Graf v. Brockdorff, * 1930, vererbt. Ein

Kletkamp, Torhaus

einziges Mal gab es eine Ausnahme, Wilhelm Brockdorff, † 1888, hatte aus seinen beiden Ehen, beide mit zwei Cousinen Brockdorff, keine Kinder. Daher ging der Besitz auf den nächsten Bruder Friedrich Adolph Emil Brockdorff, † 1906, über.
Alles, was an Gebäuden auf dem Hofe steht, verdankt diesem baulustigen Geschlecht seine Entstehung mit einer einzigen Ausnahme, dem Herrenhause selber. Sicherlich ist es erst in der Brockdorffschen Zeit zu dem imponierenden schloßartigen Bauwerk umgestaltet worden, aber der Kern ist alt und geht auf die Rantzauische Zeit zurück.
Das Haus, wie es sich heute darstellt, ist ein höchst eigentümlicher Bau mit praktisch zwei Gesichtern. Nach Westen hin, nach der Parkseite, macht es einen ganz bodenständigen, echt holsteinischen Eindruck. Hier ist es aus glattem roten Backstein aufgeführt. In späterer Zeit, wohl in der zweiten Hälfte des 18. Jahrhunderts, ist in der Mitte ein formschöner Risalit mit schlanken Pilastern vorgemauert worden. Der Abschluß mit hohem Dreiecksgiebel gehört wahrscheinlich einer späteren Baustufe an, wohl erst dem Anfang des 19. Jahrhunderts.
Ganz anders ist die Vorderfassade gestaltet. In den eigentlichen Baukörper ist ein stark vorspringender Mittelteil eingebaut worden. Das Jahr der Erbauung ist mit 1676 überliefert, obwohl eine Jahreszahl an dem Gebäude nicht angebracht ist. Ursprünglich ragte dieser Mittelbau mit fünf Stockwerken in imponierender Höhe hervor und fiel völlig aus dem Rahmen aller uns bekannter Herrenhaustypen im Lande heraus. In jedem Falle dürfte der Bau holländischen Ursprungs sein und ist ein schönes Beispiel der frühklassizistischen Baukunst dieses Landes.
1952 brach ein Brand in den Obergeschossen aus, dem das Türmchen, das mit seiner Laterne das 5. Stockwerk bildete, zum Opfer fiel. Jetzt besteht der Bau aus drei vollen 5achsigen Geschossen, darüber über einer Attika ein viertes Geschoß von 3 Achsen mit Volutengiebeln, im Dreieck-Abschluß darüber ein großes gemaltes Wappen, der fliegende Fisch der Brockdorff.
Das Eingangsportal ist schlicht, offenbar spätklassizistisch, darüber Sandsteinwappen aus älterer Zeit mit den Wappen Brockdorff und Schack. Ebenso stehen an der Zufahrt zum Schloß auf jeder Seite dreieinhalb m hohe schlanke, reich skulpierte Sandsteinpfeiler mit kleinen wappentragenden Löwen, wiederum mit dem Wappen Brockdorff und Schack, ferner Putten in Nischen und Blütenkränzen, wahrscheinlich ein Werk von Theodor Allers aus dem Ende des 17. Jahrhunderts.
1838 wurde ein seitlicher Anbau mit einem Laubengang, dem sog. Wildbogen, angefügt.
Das Innere ist stark geprägt von späteren Umbauten, hauptsächlich im

Anfang des 19. Jahrhunderts. Die Keller unter dem nördlichen Teil des Gebäudes besitzen drei parallele Tonnengewölbe. Unter dem Vorbau nach der Hofseite zu befinden sich ein Tonnengewölbe in der Mitte, Kreuzgewölbe auf jeder Seite. Der größte Teil der Keller hat jedoch heute eine flache Decke, sicherlich sind die Gewölbe aus Raumgründen hier herausgeschlagen worden.

Das Hauptstockwerk zu ebener Erde ist verhältnismäßig niedrig. In der Mitte befindet sich die Halle, ohne eigene Lichtzuführung von außen, die Decke wird hier von vier schlanken kanellierten Holzsäulen mit Palmetten-Kapitellen getragen, so daß sich hier praktisch drei Schiffe ergeben. Längs der Wand zur Linken geht die schlichte Treppe nach oben mit einem Geländer von gedrehten Balustraden. Alles ist in hellen weißen Farben gehalten.

Auf der rechten Seite befindet sich der sehr große Speisesaal, früher auch Spinnsaal genannt, in einer Größe von 9×12 m. Dieser Raum hatte ursprünglich eine Fußbodenbelegung durch Steinplatten, diese sind um 1890 durch Parkett ersetzt worden. Bis dahin war der Fußboden der Halle mit Mauersteinen ausgelegt, jetzt wanderten die Steinplatten von dem Speisesaal in die Halle.

Dieser Saal hat eine sehr schwere, reich stukkierte Decke mit kräftigen Gesimsen und Plafonds, die Einfassungen sind mit Eichenblättern belegt. Bei Ausbesserungsarbeiten vor wenigen Jahren entdeckte man über dieser Decke eine reich bemalte Holzbalkendecke aus dem Anfang des 17. Jahrhunderts, also wohl aus der ersten Brockdorffschen Zeit, etwa vergleichbar mit der Balkendecke in Panker. Die Bretterlagen sind völlig ausgemalt mit Schweifwerkkartuschen und Grotesken, in denen Liebespaare und Szenen des Trojanischen Krieges abwechseln. Diese Decke wird jetzt in der Diele des Obergeschosses wieder eingebaut.

Auch die Wände des Saales sind stukkiert, wohl schon im Ende des 18. Jahrhunderts, die Wände sind aufgeteilt durch 19 große kanellierte ionische Pilaster, zwischen denen Medaillons in goldstaffiertem Bandelwerk eingehängt sind.

Der Salon hinter dem großen Eßsaal liegt gegen Westen und ist ebenso wie die übrigen Räume im Anfang des 19. Jahrhunderts vollständig umgebaut worden. Die Wände sind mit Ledertapeten ausgekleidet, ausgemalt in Feldern, wo auf ockergelbem Grund stilisierte pompejanische Motive in Weiß gemalt sind, eingefaßt von einem Mäanderband und umschlungen von grünen Kränzen. Ein großer weißer Fayenceofen mit einer Urne als Krönung schmückt den Raum. Der Fußboden ist großartig parkettartig ausgelegt mit großer Windrose.

Daneben in dem Anbau von 1838 befindet sich das Porzellankabinett mit umfangreichen Porzellansammlungen verschiedener Proveniencen. Zur Linken folgt der große Gartensaal mit einfacher spätklassizistischer Ausschmückung, einfach kassettierter Stuckdecke mit vergoldeten Rosetten, die Wände auch hier aufgeteilt durch schlanke Pilaster und belegt mit stilisierter Blumen- und Grotesken-Ornamentik. Auch hier ist ein schöner Parkettboden in großer Feldaufteilung vorhanden, vielleicht aus der ersten Hälfte des 19. Jahrhunderts.
Seit kurzem ist das Schloß als Betriebszweig in die Bewirtschaftung einbezogen worden. Die Familie des Besitzers wohnt nicht mehr dort, sondern im Inspektorhaus vor dem Tore. Im Schloß sind in den Obergeschossen 12 Appartements für Sommergäste eingerichtet, die ihre Ferien auf dem Lande verbringen wollen, mit allen Möglichkeiten eines ländlichen Daseins, Reiten, Fischen und Wandern. Die großen Gesellschaftsräume im Erdgeschoß werden für Veranstaltungen aller Art vermietet, Hochzeiten, Firmen-Jubiläen, Geburtstage usw.

Salon mit Schmuckfußboden

Adeliges Gut Kletkamp

Besitzer: Christian Friedrich Graf v. Brockdorff

Besitzer

seit 1253	Ritter v. Cletkamp
14. Jahrh.	Cistercienserkloster Reinfeld
1387–1612	(v.) Rantzau von 1486–1520 Krummendieck
seit 1612	(v.) Brockdorff
bis 1619	Cai Brockdorff
1619–1667	Cai Bertram Brockdorff
1667–1712	Cai Lorenz Graf v. Brockdorff
1712–1750	Christian Friedrich Graf v. Brockdorff
1750–1786	Christian Ulrich Graf v. Brockdorff
1786–1820	Ludwig Achatz Graf v. Brockdorff
1820–1880	Heinrich Christian Friedrich Graf v. Brockdorff
1880–1888	Wilhelm Ernst Berchthold Graf v. Brockdorff
1888–1906	Friedrich Adolf Emil Graf v. Brockdorff
1906–1945	Cai Bertram Graf v. Brockdorff
seitdem	Christian Friedrich Graf v. Brockdorff * 1930

Gut und Bauten

16. Jahrh.	Wasserburg nach der Rantzauischen Tafel
1664	Waschhaus (mit Wappen von Cai Bertram Brockdorff)
1676	Umbau des Herrenhauses
1692	Portal an der Kirche von Kirchnüchel
1709	Grabkapelle in Kirchnüchel
1745	Kapelle vor dem Torhaus (wieder abgebrochen)
1775	Torhaus
1800	Zweiter Umbau des Herrenhauses
1838	Neuanlage des Hofes, Kuhstall und Reitbahn
1846	Sommerscheune
1850	Winterscheune, Meierei und Kuhhaus
1891	Fohlenstall und neues Kuhhaus
1967	Restaurierung der Grabkapelle in Kirchnüchel

TESTORF

Kirchspiel Hansühn Kreis Ostholstein

Dieses große und bedeutende Gut ist erst spät entstanden, erst in der 2. Hälfte des 16. Jahrhunderts. 1460 hält der Landesadel seinen Einzug im Bungsberggebiet. In diesem Jahre vertauscht der Ritter Detlev von Buchwaldt auf Sierhagen seinen Besitz am Gruber See, der aus Grube selber, aus Dahme und vielen weiteren einzelnen Höfen besteht, gegen die Dörfer am Bungsberg an das Kloster Cismar. 1482 wird zum ersten Male von einem Bauwerk auf Testorf berichtet. Detlev von Buchwaldt, zum Unterschied vom Vater „de jong" genannt, erbaut auf einer Testorfer Mönchshufe einen festen Turm mit einem Steinhaus über einem guten Steinkeller. Der feste Turm hatte eine Durchfahrt zum Hof. Vom Hofe aus konnte man durch den Turm hindurch die Kirche auf dem hohen Berge sehen, die Kirche Hansühn, genau wie man heute noch von der Terrasse des Herrenhauses durch eine Schneise im Park den Kirchturm erblickt.
Im Jahre 1644 wurde der Hof von den Schweden überfallen und niedergebrannt, nur das Torhaus mit den beiden Seitenflügeln blieb stehen. Auch das Herrenhaus wurde ein Opfer der Flammen, wurde aber von Wulf Blome

alsbald wieder aufgebaut. Anstelle der Schießscharten erhielt das Haus jetzt Fenster. Noch ein Jahrhundert später stand dieses Haus, verächtlich von den späteren Architekten als der „alte Blomenkasten am Wasser" bezeichnet. Es verschwand erst endgültig bei dem Umbau des Hofes durch Wittmaack.
Dietrich Wittmaack aus Altona erwarb im Jahre 1764 das Gut für 126 000 Rthlr. Dieser letztere, in den Urkunden als Kauf- und Handelsmann aus Preetz bezeichnet, ist der Schöpfer und Erbauer von Herrenhaus, Wirtschaftshof und Torhaus in einer großzügigen und wahrhaft künstlerischen Gesamtkonzeption, wie sie heute vor uns dasteht.
Bei den Bauten auf unseren Gütern ist meistens der Name des Architekten bekannt, aber selten nur der des ausführenden Baumeisters. Für Testorf ist auch dessen Namen bewahrt, Hubertus Detlev Böhmker. Böhm(i)ker war in Wahrheit eine Frau und hieß mit Vornamen Hubertine Detlefine. Sie besaß eine ungewöhnlich tiefe Stimme, hatte eine vollständige Berufsausbildung als Meister hinter sich gebracht und verstand ihre Arbeitsgruppen sicher und tatkräftig zu führen. Kaum jemand aus ihrem Bekanntenkreise war das Geheimnis bekannt, das sie zeitlebens mit sich herumschleppen mußte, anscheinend nur dem Vogt Claas Bendix Schütt auf Schüttenbarg. Zu dessen Magd Maria Kirkemeier stand sie in enger freundschaftlicher Beziehung. Bei der Veranlagung dieser Frau muß man im Grunde voller Bewunderung die ungeheure Arbeitsleistung anerkennen, mit der sie Jahrzehnte hindurch auf Testorf, später auch in Jütland und auf Seeland gebaut hat und bei der sie so eigenwilligen Architekten wie Johann Gottfried Rosenberg und George Greggenhoffer gerecht zu werden wußte, ganz zu schweigen von den vielen Bauherren, deren Wünsche sie zu befriedigen hatte.
Es darf nicht verwundern, daß Dietrich Wittmaack, als er Testorf 1764 kaufte, die ewigen unaufgeräumten Baustellen verwarf und einen Schlußstrich unter alles zog, wie es etwa in Briefen der Zeit heißt. Er drehte die gesamte Hofanlage um 180° herum. Der Eingang wurde auf die heutige Seite verlegt. An der Stelle, wo der alte Turm einmal stand, baute Dietrich Wittmaack sich ein neues Herrenhaus.
Für die Bauzeit sind die Jahre 1774–75 angegeben. 1775 konnte es bereits bezogen werden. Der Keller ist der alte Steinkeller aus der Zeit von Detlev v. Buchwaldt von 1482.
Die Idee zu der völlig neuen Hofanlage stammt von George Greggenhoffer. Die Scheunen auf dem Hofplatz waren bereits halb fertig, als Wittmaack den Hof übernahm. Er nahm jetzt Änderungen vor, die 1767 abgeschlossen wurden. Das Torhaus entstand zwischen 1768 und 1769, die beiden Kavalierhäuser 1771 und 1772. Es kann danach kein Zweifel sein, daß George Greggenhoffer der Architekt der jetzigen Hofanlage gewesen ist.

Torhaus

So wie die Gesamtanlage sich heute darstellt, macht sie einen ungewöhnlich geschlossenen großartigen Eindruck, teilweise noch von den breiten Hausgräben umgeben, die sich nach Osten hin zu einem großen See erweitern, über den ein langer Damm zum Torhaus hinführt, das sich unmittelbar aus dem Wasserspiegel erhebt. Ebenso wie auf Hasselburg enthält das Torhaus auf Testorf eine große, turmartige Mittelpartie mit korbbogenförmiger Durchfahrt. Darüber befinden sich Sandsteinkartuschen mit Monogramm und Jahreszahl. Die Mittelpartie hat Mansarddach mit offener Laternenspitze in zierlicher Gestaltung mit schmalen Pilastern und Giebelfeld für die Hofuhr. Es folgen die beiden großen Scheunen in ungewöhnlich gutem Erhaltungszustand, beide haben Krüppelwalmdach aus Stroh, die Westgiebelfront der einen Scheune besitzt noch die ursprüngliche Gliederung durch Luken und Tore. Das Herrenhaus liegt in vornehmer Isolierung westlich des Wirtschaftshofes, abgetrennt durch dichte Hecken. Links und rechts stehen die beiden Kavalierhäuser mit Mansarddach, halb abgewalmt mit großem Frontispiz. Das nördliche enthält Stallungen und Garagen, das südliche Wohnräume.

Das Herrenhaus selber war ursprünglich ein stattlicher Querbau von 11 Achsen mit 2 Stockwerken und großem Mansarddach. 1902 fand eine wesentliche Veränderung des Baukörpers statt. Am Südende entstand ein turmartiger Vorbau, in dessen Ecke das alte Sandsteinportal, das zunächst in der Mitte des Hauses gestanden hatte, eingefügt wurde. Das Portal besitzt schräggestellte Pilaster, darüber im gesprengten Giebel eine Kartusche mit Monogramm und Jahreszahl. In das Mansarddach wurden zahlreiche Giebel eingefügt.

Adeliges Gut Testorf

Besitzer: Ernst-Christian v. Abercron

Nießbraucherin: Frau Maria v. Abercron geb. Gräfin v. Waldersee

Besitzer

seit 1224	St. Johanniskloster in Lübeck
1245–1460	Benediktinerkloster in Cismar
1460–1565	v. Buchwaldt
1565–1681	Blome
1681–1764	verschiedene Besitzer
1764–1784	Dietrich Wittmaack
1784–1872	Scheel dann deren Nachkommen Hederich und Johanssen
seit 1879	v. Abercron

Gut und Bauten

Mittelalter	Dorf Tezlavesthorp
1482	Bau eines Turmes
1569	Bildung des Gutes
1571	Erweiterung des Turmes durch Flügelbauten
nach 1606	Bau des ersten Herrenhauses („Blomenkasten")
1644	Brand des Herrenhauses und Wiederaufbau
1736–1762	Bau des zweiten Herrenhauses an der Südseite
1767–1774	Neubau von Herrenhaus, Torhaus, Kavalierhäusern und Scheunen
1902	Um- und Erweiterungsbau des Herrenhauses
1960	Renovierung des Torhauses

Farve

Kirchspiel Hohenstein   Kreis Ostholstein

Während die geschichtliche Überlieferung in Ostholstein im allgemeinen kaum über das Jahr 1200 zurückgeht, gibt es für Farve einen glücklichen Umstand, der eine wesentlich frühere Datierung zuläßt, das ist der Silberfund von Farve. Im Jahre 1847 wurden bei Erdarbeiten zwei Steinsetzungen dicht unter der Oberfläche gefunden, über die doch seit Jahrhunderten der Pflug gegangen war, zwischen ihnen die Reste von Holzkohlen eines dort ausgebrannten Feuers. Als man im darauffolgenden Jahre die Ausgrabung zu den Seiten hin fortsetzte, kam etwas zum Vorschein, was geradezu als Sensation empfunden wurde, ein Tonkrug von etwa 25 cm Höhe und einer größeren Ausbauchung in der Mitte, Deckel und Fuß entsprechend kleiner. Der Krug war sorgsam eingebettet zwischen Fliesen aus rötlichem Sandstein. Er enthielt 17 große silberne Ringe, 23 kleinere silberne Schmucksachen, 74 silberne Bruchstücke der verschiedensten Art, einen silbernen Schlüssel, einen silbernen Falken, das Oberstück eines Ohrgehänges aus Silberblech und endlich mehrere tausend silberne Münzen.

Die Münzen gestatten uns eine genauere Datierung. Es finden sich solche aus den meisten und wichtigsten deutschen Münzwerkstätten des 10. und 11. Jahrhunderts.
Man kann die Baugeschichte von Farve, abgesehen von den Resten älterer Keller, mit einiger Sicherheit auf das Ende des 15. Jahrhunderts datieren. Völlig abweichend von der holsteinischen Bauweise ist Farve ein Komplex von vier Flügeln um einen Innenhof herum. In ähnlicher Form ist etwas später Troiborg bei Tondern entstanden, auch Alt-Bülk muß nach der Wiedergabe bei Henninges vergleichbar ausgesehen haben. Weitere Beispiele dieser Art gibt es in unserem Lande nicht. Aber sicher darf man annehmen, daß diese eigentümliche, etwas schiefe 4-Flügel-Anlage nicht aus einem Guß, sondern nach und nach, wenn auch innerhalb weniger Jahrzehnte entstanden ist. Das Gebäude wird von tiefen, teilweise versumpften Niederungen umgeben, jedoch nicht von eigentlichen Hausgräben. Nach Osten führt eine große doppelte Lindenallee herauf zu der Kirche von Hohenstein, die auf dem Areal des Gutes steht. Von den vier Flügeln laufen der West- und der Ostflügel durch von Giebel zu Giebel, während der Süd- und der Nordflügel als Verbindung zwischen diesen Flügeln eingebaut sind. Der Nordflügel bestand ursprünglich nur aus einer Sperrmauer und ist auch später außerordentlich schmal über dieser Mauer aufgebaut worden. Unter dem Ost- und unter dem Südflügel befinden sich tiefe tonnengewölbte Keller, die sicherlich spätestens um 1500, wenn nicht schon bedeutend früher entstanden sind. Vermutlich ist der West-Flügel mit einem

Portal

Farve, Gartenfassade

kleinen in den Flügel hineingebauten Treppenturm der älteste Teil, der also etwa auf 1500 datiert werden kann. In den folgenden Jahrzehnten dürfte die 4-Flügel-Anlage im wesentlichen fertiggestellt worden sein. Diagonal stehen sich zwei Türme in der Südwest- und in der Nordostecke gegenüber, sie sind sicherlich ursprünglich zu Verteidigungszwecken angelegt worden.
Im Skizzenbuch von Sophie Reventlow, geb. Baudissin, sind drei Tuschzeichnungen vorhanden, die den Zustand von Farve vor dem großen Umbau von 1837 wiedergeben. Offensichtlich ist an den Ostflügel ein weiterer Flügelbau getreten, der die Jahreszahl AN 1680 trägt.
Etwa auch 1703 wurden eine Reihe von Räumen im Obergeschoß des Nord- und des Westflügels in großzügiger und großartiger Weise dem Geschmack der Zeit angepaßt. Mit anderen Worten müssen in diesen Jahren die herrschaftlichen Wohnräume hier gelegen haben. Um diese Zeit entstand auch das große Eingangsportal aus grauem Sandstein am Südflügel, das Theodor Allers zugeschrieben wird. Das Portal hat Pilaster mit korinthischen Kapitellen, die einen gebrochenen Dreiecksgiebel tragen, in dem sich ein großes Spiegelmonogramm befindet, umgeben von Blattwerk. Eine hohe Steintreppe mit altem Eisengitter führt herauf zum Eingang.
Der Umbau aus jener Zeit spiegelt sich auch wider in dem Inneren des Südflügels, so sind die großen Füllungstüren aus jener Zeit noch an vielen Stellen vorhanden, mit alter Bemalung, die teilweise ergänzt worden ist und die aus Blattwerk, grotesken und anderen Szenen im Régence-Stil besteht.
Im Nordflügel über dem Tor sind zwei Räume mit prächtiger stuckierter Deckenausschmückung erhalten geblieben. Der Flügel ist außerordentlich schmal mit einer inneren Breite von nur viereinhalb m, daher sind die Räume außerordentlich klein, auf der anderen Seite vorzüglich erhalten, wenn auch nur das östliche Zimmer seine ursprüngliche Deckenmalerei in starken Farben bewahrt hat. Die Darstellung soll offensichtlich die fünf Sinne wiedergeben: eine Dame liest, als Darstellung des Gesichts. Ein junger Herr trinkt, als Darstellung des Geschmacks, ein anderer Herr flirtet mit einer jungen Dame, als Darstellung des Gefühls usw. In den Ecken der bildlichen Darstellung befinden sich gemalte Masken, das ganze wird eingefaßt von einem kräftigen Rahmen mit Girlanden und Muschelschalen, in fast völlig frei geschaffener Skulptur. In den Ecken des Raumes finden wir vier bekränzte Büsten, mitten an jeder Seite figürliche Darstellungen, u. a. eine Jagdszene, eine Gartenanlage und dergleichen mehr. Der anstoßende Raum hat Stukkaturen von ähnlichem Gepräge, aber ohne die figürlichen Darstellungen, ebenso ist hier keine Deckenmalerei. Hier werden Stuckgirlanden von Löwenmasken getragen, außerdem sind Blumenkörbe in feiner Stukkatur dargestellt.

Eine Reihe von Zimmern im Westflügel, von denen die meisten jetzt in kleinere Räume aufgeteilt sind, hat eine ganz ähnliche Stukkaturausschmückung, am Südende befindet sich ein Raum mit einem prachtvollen Kamin.

Farve wurde im Jahre 1827 verkauft an den Grafen Ernst Christian v. Reventlow, † 1873, a. d. H. Wittenberg. Im Jahre 1837 wurde das altertümliche Schloß einem durchgreifenden Umbau unterzogen, durch den es seine heutige Gestalt erhielt. Ernst Reventlow war stolz darauf, den Umbau selber ohne einen Architekten geplant, entworfen und ausgeführt zu haben. Das ganze Gebäude wurde im neugotischen Stil erneuert, überall gotische Fenster eingebaut, die Türme und Mauern mit Zinnen abgeschlossen.

Farve mußte im Jahre 1926 verkauft werden. Das Gut ging über zunächst an den Grafen Franz v. Waldersee, nach dessen Tode an den Sohn des Grafen Alfred v. Waldersee a. d. H. Waterneverstorff, der es aber gleichfalls nicht halten konnte. 1929 wurde Farve wiederum verkauft, jetzt an den Grafen Harald v. Holck, † 1952. Farve wurde zunächst nach dem Tode von Harald Holck von der Witwe Ingeborg, geb. Gräfin v. Luckner, mit starker Hand geführt, nach ihrem Tode 1971 ging Farve über auf den jüngsten Sohn Christian Graf v. Holck.

Adeliges Gut Farve

Besitzer: Christian Graf v. Holck

Besitzer

bis 1662	(v.) Pogwisch
1662–1806	erst Blome, dann Grafen v. Holstein und wieder Blome, dann v. Buchwaldt
1806–1827	Bruun v. Neergaard
1827–1926	Grafen v. Reventlow, dann Grafen v. Reventlow-Criminil und wieder Grafen v. Reventlow
1926–1929	Grafen v. Waldersee
seit 1929	Grafen v. Holck

Gut und Bauten

14. Jahrh.	erste Burg
15./16. Jahrh.	Neuaufbau
um 1700	Anbau am Ostflügel, Ausgestaltung der Innenräume Bau des Portals, Bau des Reitstalles
1837	Umbau des Schlosses

Siggen

Kirchspiel Neukirchen   Kreis Ostholstein

Siggen ist einer der bedeutendsten Adelssitze im Lande Oldenburg. Der Name ist wendischen Ursprungs, er wird von dem Ortsnamenforscher Reinhold Trautmann von zychom abgeleitet und als ein wendischer Eigenname mit angehängter Endung gedeutet. Aller Wahrscheinlichkeit nach hat schon in slawischer Zeit hier eine befestigte Siedlung gelegen. Erstmalig im Jahre 1282 tritt Siggen in das Licht der Geschichte, in einer Urkunde aus diesem Jahre hören wir von den beiden Brüdern Marquard und Gottschalk von Siggen. Als letzter Herr von Siggen ist Marquard v. Siggen um 1430 mit Sicherheit bezeugt, dessen Tochter Margarethe das Gut ihrem Mann Schack Rantzau in die Ehe zubringt. So wird jetzt Siggen für zwei Jahrhunderte Rantzauischer Besitz. Die Rantzauische Zeit ist gekennzeichnet durch zwei Bauten, die Wasserburg, die etwa auf 1500 zu datieren ist und das Herrenhaus, das in seinem Kern noch in dem heutigen Herrenhause erhalten ist und das aus dem Jahre 1590 stammt.

Dieses Herrenhaus entstand als einstöckiges Langhaus von 9 Achsen mit zwei an den Enden vorgesetzten Türmen mit je einer Achse, die sicherlich ursprünglich die Treppen enthalten haben werden. Später sind diese Turmvorbauten als Flügelbauten in den Baukörper des Herrenhauses einbezogen

worden, nachdem das formenschöne doppelläufige Treppenhaus in die Eingangshalle eingebaut worden war. In den letzten Jahren ist dieses Treppenhaus von Grund auf erneuert, aber vollständig in den alten Formen wieder hergestellt worden.
Dieses Haus blieb bis zur Mitte des 19. Jahrhunderts im wesentlichen unverändert, hinzugekommen war nur während der Besitzzeit von Ernst August Lassen, † 1796, das Portal, das im Stil des Rokoko von Pilastern und Rocaillen eingerahmt ist, später noch ein zweiachsiges Frontispiz mit Dreiecksgiebel. Erst in der 2. Hälfte des 19. Jahrhunderts erhielt das Haus seine heutige Form mit zwei vollen Geschossen und Treppengiebeln an den beiden Turmvorbauten. Nur die Rückfront blieb völlig ungegliedert und wirkt dadurch etwas nüchtern.
Claus v. Qualen, † 1664, ist der Erbauer der großen Hofgebäude. Die Haferscheune trug die Jahreszahl 1655, der große Kuhstall 1661. Beide Gebäude fielen dem großen Brande im Jahre 1934 zum Opfer. Heute stehen aus der Zeit von Claus v. Qualen nur mehr die beiden kleinen Häuser, die anstelle eines Torhauses die Einfahrt zum Hofe hin flankieren. Das gegen Süden stehende Haus trägt die Jahreszahl 1655. Im Inneren beherbergt es die sog. Burgstube, ein Raum, in dem sich seit altersher auf unseren Gütern die Arbeiter zur Arbeitsausgabe zu versammeln pflegen. Im Jahre 1935 wurde die Burgstube zeitgerecht modernisiert und mit Wandfresken des Malers A. Paul Weber versehen. Die Gemälde, 15 schmale und 2 größere, schildern den Ablauf des ländlichen Jahres mit Saat und Ernte, mit Pferden und Rindvieh, sogar an den Tierarzt ist gedacht.
Der Feldmarschall Cuno Josua v. Bülow kaufte 1719 Siggen. Sein Sohn, der Reichsgraf Ernst August v. Bülow, † 1766, hat offensichtlich auf Siggen gewohnt und hat auch viel für die Ausgestaltung und Verschönerung des Besitzes getan. Ihm ist die Anlage des französischen Gartens auf Siggen zuzuschreiben, von dem sich noch Reste erhalten haben. Da unmittelbar hinter dem Herrenhause der See lag, konnte der Garten nicht hier angelegt werden, sondern mußte vor der Hofeinfahrt seinen Platz erhalten. Eine mächtige Lindenallee quer zur Hofanlage verlaufend schließt den französischen Garten nach Westen hin ab, von hier aus sind noch Teile der rechteckig hierzu verlaufenden Nebenalleen zu erkennen.
Die Zeit der großen wirtschaftlichen Depression im Anfang der dreißiger Jahre brachte unüberbrückbare Schwierigkeiten. So wurde Siggen wieder verkauft. Käufer war der Hamburger Getreidekaufmann Dr. h. c. Alfred Toepfer, der sich sowohl durch seine Tatkraft auf dem Gebiete der Agrarpolitik als auch durch seinen bahnbrechenden Einsatz für den Naturschutz im In- und Ausland einen Namen gemacht hatte. Er brachte das Gut Siggen in

die von ihm im Jahre 1931 gegründete F. V. S.-Stiftung ein, diese wiederum verpachtete das Gut Siggen an die KG Landbau in Hamburg.
Alsbald nach dem Ankauf begann er mit dem Umbau und der Modernisierung alter Arbeiterhäuser, bald gefolgt von der Errichtung neuer zeitgemäßer Wohnungen unter Wahrung des heimischen Baustils. Schon 1933 wurde der Kuhstall einem gründlichen Umbau unterzogen, eine Maßnahme, die kaum durchgeführt schon wieder zunichte gemacht wurde. Im August 1934 brannten infolge von Selbstentzündung von Kleeheu drei der schönen alten Hofgebäude nieder, die noch aus der Zeit des Amtmanns Claus v. Qualen aus der Mitte des 17. Jahrhunderts stammten, nur der Pferdestall mit seinem kleinen Dachreiter, der die Sturmglocke birgt, blieb erhalten. Inzwischen ist auch er abgebrochen worden, die zierliche Glocke befindet sich heute im Herrenhause. Alfred Toepfer ließ alsbald neue Hofgebäude errichten, streng in Anlehnung an die Proportionen und Stilmerkmale der verschwundenen, aber gleichzeitig unter voller Beachtung modernster Erkenntnisse aus dem Gebiete des ländlichen Bauwesens. Als Architekt stand ihm Ernst Vosgerau aus Oldenburg zur Seite.
Für die Arbeiter wurde die Burgstube künstlerisch ausgestaltet, für deren Kinder ein eigener Kindergarten eingerichtet, für die Frauen die Möglichkeit geschaffen, ihren Haushaltsbedarf auf dem Hofe selber einzukaufen.
In den Jahren von 1967 bis 1970 wurde das Herrenhaus einschließlich Park und Auffahrt auf Wunsch des Landesdenkmalsamtes in Kiel unter erhebli-

Treppenhaus

chem Geldaufwand wieder hergerichtet und ausgestattet. Die heutige Eigentümerin, die Gemeinnützige F. V. S.-Stiftung in Hamburg hat das Haus dem Europarat in Straßburg, der EWG-Kommission in Brüssel, dem Auswärtigen Amt in Bonn und der Schleswig-Holsteinischen Landesregierung in Kiel für Konferenzen und für die Unterbringung von Staatsgästen zur Verfügung gestellt. Die Stiftung selber wird das Haus daher nur mehr in beschränktem Umfange für Stiftungszwecke nutzen.
Inzwischen sind eine Reihe von weiteren Restaurierungsbauten durchgeführt worden. Das große Eßzimmer wurde nach der Generalrenovierung durch den bekannten holsteinischen Maler Prof. Karl Storch, der lange als Porträtmaler in Berlin lebte, mit 20 Bildern bedeutender Schleswig-Holsteiner der letzten 1000 Jahre ausgestattet.
Das Haus wird seit der Wiederherrichtung für Gäste der Stiftung F. V. S. aus West- und Osteuropa – vielfach Preisträger – sowie für Tagungen genutzt.

Adeliges Gut Siggen

Besitzer: Gemeinnützige F. V. S.-Stiftung in Hamburg

Besitzer		*Gut und Bauten*	
1282–1472	v. Siggen	1282	Zychom
1472–1657	(v.) Rantzau	16. Jahrh.	arx Siggemia
1647–1719	(v.) Qualen	1590	Bau des jetzigen Herrenhauses
1719–1778	Graf v. Bülow	1655–1661	Bau der Hofgebäude
1778–1933	Lassen (v. Lassen)	1758	Anlage des französischen Gartens
1933	Dr. h. c. Alfred Toepfer bzw. die von ihm begründete Gemeinnützige F. V. S.-Stiftung in Hamburg	2. Hälfte des 19. Jahrh.	Erweiterungsbau des Herrenhauses
		1934	Brand der Hofgebäude
		1970	Widmung des Herrenhauses für kulturelle Zwecke Umfangreiche Renovierungen, Restaurierungen und Erweiterungsbauten für die Zwecke der Stiftung und deren Teilnehmer

Güldenstein

Kirchspiel Lensahn   Kreis Ostholstein

Das Gut Güldenstein ist gegen Ende des 16. Jahrhunderts entstanden. Die ältesten uns bekannten Besitzer von Güldenstein gehören dem Geschlechte Sehestedt an. Aus der kurzen Besitzzeit von Hinrich v. d. Wisch, † nach 1661, ist nur die Glocke im Torhaus erhalten mit der Inschrift: Herr Hinrich v. d. Wisch. Schon 1630 oder 1632 ging das Gut weiter an Gosche von Ahlefeldt. Später besaßen es ein Brockdorff und die von Thienen.
Heinrich v. Thienen, † 1737, ist der Erbauer des schloßartigen, großartigen und repräsentativen Herrenhauses, der Architekt war Rudolf Matthias Dallin, der sich seinen Namen als Bauinspektor am Eutiner Hof gemacht hat. Sicherlich fand Heinrich v. Thienen bereits die äußerst großzügige Hofanlage vor, mit klarer Trennung von Herrenhof und Wirtschaftshof, in Holstein Bauhof genannt.
Der Hof liegt auf einer großen, natürlichen ovalen Insel, umgeben von breiten mit Wasser gefüllten Hausgräben, die nach Süden in neuerer Zeit zu einem See verbreitert sind mit kleinen Inseln, die Rhododendronbüsche tragen. Das Herrenhaus liegt auf der südlichsten Spitze der Burginsel und lag ursprünglich auf einer kleinen eigenen Insel, aber die künstlichen

Gräben zwischen Herrenhaus und Insel sind 1843–46 zugeschüttet worden. Auf drei Seiten erhebt sich das Gebäude unmittelbar aus dem Wasserspiegel, in rotem Mauerwerk auf einem kräftigen Granitsockel. Die Hoffassade des Gebäudes ist kraftvoll ausgebildet mit Seitenrisaliten, über denen das Dach abgewalmt ist und die ein volles Fensterfach vorspringen. Der Mittelrisalit hat einen kleineren Vorsprung, ist aber dafür stark hervorgehoben durch den Dreiecksgiebel und die große Freitreppe. Alle Ecken des Gebäudes sind rustiziert, die Gesimse und die breiten flachbogigen Fenstereinfassungen sind weiß gekalkt.

Die Seitenfassaden und die Gartenfassade weisen dagegen keine größeren architektonischen Besonderheiten auf und sind etwas schlichter gehalten. Auch die Verteilung der Fenster an den Seiten und an der Rückfront ist erstaunlich unregelmäßig gestaltet. Der einzige bauliche Schmuck der Rückfassade sind zwei Abtrittspfeiler zur Linken und zur Rechten der Rückfront.

Das Portal ist groß und kräftig aus Granit aufgeführt, die Pilaster tragen einen gebrochenen Dreiecksgiebel, in dem sich die Wappen Thienen und Brockdorff aus Sandstein befinden mit der Inschrift Soli Dei Gloria 1777. Die große Treppe ist in der heutigen Form erst zur Zeit von Cai Rantzau entstanden, wie die Jahreszahl 1789 in dem schönen schmiedeeisernen Gitter beweist.

Im Inneren zeichnet sich Güldenstein durch seine großartige Folge von hervorragend ausgestatteten Innenräumen aus. Die Fußböden, die Paneele und die Stuckdecken sind von einer Qualität, die man nur selten sieht und kaum an einer anderen Stelle in einem so großen Ausmaß. Als Stukkateur ist nachgewiesen der Italiener J. Bossio, der die eine Stuckdecke signiert hat. In der Mitte des Hauses befindet sich die mächtige Halle, deren Fußboden belegt ist mit grauen und roten gotländischen Fliesen, auf jeder Seite große Kamine mit stukkierter Einfassung sowie mythologischen Malereien über der Feueröffnung. Die Halle ist bedeckt mit einer prachtvollen Stuckdecke im Régence-Stil von einer außerordentlich sicheren künstlerischen Auffassung, kräftiger als die etwa zur selben Zeit entstandene auf Waterneverstorff. In der Decke sind groteske Masken und kräftig geschwungene und abgeknickte Bandelornamentik angebracht. In der Halle hängt das lebensgroße Porträt der Prinzessin Johanne Elisabeth von Anhalt-Zerbst, geborene Prinzessin von Holstein-Gottorp, der Mutter der Kaiserin Catharina II. von Rußland.

Die Rückwand der Halle öffnete sich früher in drei Bögen auf das schmale Treppenhaus zu, jetzt sind die Bögen durch Wände verkleidet. Von den Räumen des Erdgeschosses ist vor allem bemerkenswert der Wohnraum des

Güldenstein

Herzogs im linken Seitenrisalit mit großer stukkierter Ofennische mit einem hellbraunen Empire-Ofen, einem sog. Tischbeinofen, und einer sehr interessanten Decke, die mit großer ornamentaler Malerei im Régence-Stil mit Vögeln und grotesken Szenen (spielenden Putten und dergleichen mehr) auf hellblauem Hintergrund bedeckt ist. Einzelne der Figuren verraten chinesisches Gepräge. Rundherum um die Decke zieht sich ein gemaltes Scheingeländer, so daß man den Eindruck erhält, als ob man in den Himmel hinaufsehen könne. Weiter ist der frühere große Speisesaal zu erwähnen im rechten Seitenrisalit, jetzt in eine Reihe von kleineren Kabinetten aufgeteilt, aber noch vollständig erhalten mit seiner früheren interessanten Ausschmückung im Stil des Empire mit Deckenstuck, der mit Akanthusblättern und Rosetten geschmückt ist, mit zwei schlanken weißen Porzellanöfen und einem großen grauen Marmorkamin.

Nach Süden liegt zur Rechten der Halle ein Salon mit Stuckdecke in kräftigen Formen, der in den Ecken der Hohlkehle Medaillons hat mit mythologischen Szenen, die von Putten gehalten werden. Mitten an den Wänden groteske Masken. In der Mitte eine große Deckenmalerei, die die Mächte der Finsternis und des Lichts darstellen. Der Fußboden ist schön eingelegt mit kräftigen barocken Formen, mit einer großen Windrose in der Mitte. Der anschließende Salon, der jetzt als Eßsaal verwendet wird, hat ebenfalls einen schönen eingelegten Fußboden in starken, geschwungenen Formen des Barock, während die Decke einen frühen Empirestuck aufweist mit einer großen Mittelrosette in der Mitte.

Im oberen Stockwerk ist vor allem der große Festsaal über der Halle zu nennen, der sich bis hinauf in das Dach erhebt, mit zwölf großen kannellierten Pilastern mit goldstaffierten Kapitellen, die aus Holz geschnitten sind. Die Pilaster stehen auf hohen Postamenten.

Das Gebäude ist nach der Überlieferung im Jahre 1728 entstanden. 1777 scheint der Umbau vorgenommen worden zu sein, obwohl das nicht ganz zu

Halle

der Zeitfolge der Besitzer paßt. Auf alle Fälle dürfte 1789 ein größerer Umbau vorgenommen worden sein, der die frühen Empire-Details in das Haus hineingebracht hat.
Die Hofanlage ist in ihren Grundzügen wie aus einem Guß entstanden, wenn auch in späterer Zeit stark verändert. Am Nordende der Burginsel steht das Torhaus, das zwei Stockwerke besitzt und sich unmittelbar aus dem Hausgraben erhebt, mit überwölbter Durchfahrt, die von schmalen Pilastern eingefaßt ist. Auf dem Hof stehen zwei große strohgedeckte Scheunen, im Osten die mächtige, sehr breite Fachwerkscheune von 1836, an der Westseite das 1910 erneuerte Stallgebäude. Nach Süden hin wird der Bauhof abgeschlossen durch quergestellte kleine Stallgebäude, die im 18. Jahrhundert entstanden sein dürften. Das Herrenhaus wird flankiert von sehr ansehnlichen, wenn auch einfach gehaltenen Kavalierflügeln mit halb abgewalmtem Dach, mit festen Mauern nach dem Schloßhof zu, mit Fachwerk nach der Rückseite.
Durch Kaufvertrag vom 23. April bzw. 3. Mai 1839 ging das Gut Güldenstein für den Kaufpreis von 275 000 Rthlr. über an den Großherzog Paul Friedrich August von Oldenburg.
Güldenstein gehört dem jetzigen Chef des Hauses, Herzog Anton Günther von Oldenburg.

Adeliges Gut Güldenstein

Besitzer: Herzog Anton Günther von Oldenburg

Besitzer		*Gut und Bauten*	
Ende des 16. Jahrh.–1608	(v.) Sehestedt	im Mittelalter	Deutsch-Gneningen
1608–1632	v. d. Wisch	seit Ende des 16. Jahrh.	Güldenstein
1632–1701	v. Ahlefeldt dann (v.) Brockdorff	1728	Herrenhaus erbaut
1701–1779	v. Thienen	nach 1779 oder 1789	Modernisierung
1779–1839	(v.) Rantzau dann Barone v. Selby	1818	Nancytempel erbaut
seit 1839	Großherzöge bzw. Herzöge von Oldenburg	1836	Fachwerkscheune

Gaarz

Kirchspiel Oldenburg Kreis Ostholstein

Der Name Gaarz ist wendischen Ursprungs und bedeutet etwa Burg, befestigter Platz. Der Hof Gaarz liegt auf einer erhöhten Landzunge unmittelbar am Rande des Oldenburger Grabens, der als Wasserstraße des Mittelalters sich von Grube im Südosten bis Wessek im Nordwesten hinzog und das Land Oldenburg inselartig vom übrigen Festland abtrennte. Daher ist es wahrscheinlich, daß hier schon in der Zeit vor der Kolonisation Ostholsteins eine Burg stand, wenn auch bisher nur wenige Tonscherben wendischen Ursprungs gefunden worden sind. Die Flurbezeichnung Alt-Gaarz unweit der Hoflage kann sich auf das untergegangene Dorf Gaarz beziehen. Seit dem Anfang des 15. Jahrhunderts können wir die Spuren von Gaarz deutlicher verfolgen, in einer Urkunde aus dem Jahre 1411 wird der Ritter Marquard Stake „to Gartze" genannt. Der häufige Wechsel der Besitzer mag seine Ursache in der ungewöhnlichen Lage des Hofes haben, noch 1694 und sogar 1872 litt das Gut schwer unter den Überschwemmungen und Sturmfluten der Ostsee. Seit 1529 verbleibt Gaarz mit kurzen Unterbrechungen über 2 Jahrhunderte bei den Brockdorff. Cai Brockdorff stieg bis zur Würde eines fürstlich holstein-gottorpischen Rentekammerpräsidenten auf, gleichwohl wurde bei seinem Tode im Jahre 1736 der Konkurs über sein Vermögen verhängt. Es gelang aber dem ältesten Sohne Heinrich Friedrich Brockdorff, † 1781, das Gut zu retten, ja mehr noch es zu dem heutigen eindrucksvollen Besitz auszubauen. Sicherlich von Seiten der Mutter her, der unglücklichen Anna Catharine geb. v. Ahlefeldt, mit Sinn für Ausgewogenheit der Bauten und Schönheit ihrer Ausstattung begabt, schuf er im Laufe weniger Jahre eines unserer bedeutendsten Herrenhäuser, sowohl was die Architektur des Gebäudes angeht, wie vor allem auch die umfangreichen Stukkaturarbeiten und die Ausmalungen mehrerer Räume.

Das Herrenhaus, das unmittelbar am Rande des Oldenburger Grabens liegt, wo das Gelände recht steil gleich hinter dem Hause abfällt, ist ein verhältnismäßig langes und schmales Gebäude von zwei Stockwerken, mit einer Länge von 38 m und einer Breite von nur 10 m. Es steht auf einem Sockel von großen Granitquadern, an den Längsseiten sind zwei Schichten, an den Ecken und an den Giebelseiten vier Schichten, die eine Höhe von über 2 m erreichen. Das Bauwerk gehört wahrscheinlich in die Zeit von etwa 1600 hinein, und hat offensichtlich ursprünglich nur ein Stockwerk besessen. Es ist errichtet aus verhältnismäßig großen, ungleichmäßigen Steinen, nicht im Klosterformat, überall am Mauerwerk sieht man starke Spuren von Änderungen und Ausbesserungen. Am Westgiebel ist ein Abtrittspfeiler erhalten geblieben, der nur bis in das untere Stockwerk hinaufreicht. Zwischen den Stockwerken sind alte Maueranker in Lilienform angebracht. In seiner gegenwärtigen Verfassung ist das Herrenhaus stark geprägt von dem durchgreifenden Umbau, den Heinrich Friedrich Brockdorff sicherlich 1745 begann, wie die stark verwitterte Inschriftstafel über dem gemauerten Hauptportal kündet, über einem gebrochenen Dreiecksgiebel. Die Inschriftstafel ist mit dem Wappen Brockdorff und Levetzow geziert, Brockdorffs Frau war Margarethe Ölgard geb. v. Levetzow a. d. H. Ehlerstorff. Bei diesem Umbau scheint das obere Stockwerk hinzugekommen zu sein, ebenso wie die Hauptfassade nach dem Hofe zu, einen schwach vorspringenden Mittelrisalit mit hohem Dreiecksgiebel erhielt. Die Treppe ist vor allem zu bemerken, ausgebildet als eine doppelte, geschwungene Freitreppe von grauem Sandstein mit breiten Stufen. Das Hauptgesims und die halb abgewalmten Giebel entsprechen dem Baustil von etwa 1700, ebenso wie die großen und hohen Fenster.

Im Inneren hat der Keller, der verhältnismäßig hoch ist, Kreuzgewölbe in zwei Schiffen von Giebel zu Giebel, mit Stützen von gemauerten Pfeilern. Hier ist jetzt das Museum eingerichtet. Der Fußboden besteht sowohl im

Keller als auch in der Halle aus großen gotländischen Fliesen. Am westlichen Ende des Hauptgeschosses sind Reste erhalten geblieben der von Brockdorff 1757 eingerichteten herrschaftlichen Wohnung. Ursprünglich bestand diese aus vier gleichmäßig großen Zimmern, die später durch Zwischenwände verändert worden sind und jetzt als Küche und andere Wirtschaftsräume dienen. Jedoch sind bis zur Gegenwart in drei von den früheren Salons reich stukkierte Ofennischen erhalten gelieben, zwei von ihnen mit Spiegelmonogramm und der Jahreszahl 1757, das dritte mit dem Doppelwappen Brockdorff–Levetzow. In dem vierten dieser Räume führt die Treppe nach oben herauf, mit kräftigen rustikalen Rokoko-Balustraden. Die Halle hat ein Eichenholz-Paneel aus neuerer Zeit in beachtlicher Höhe. Hier sind als Supraporten drei Ölgemälde angebracht, die Maskeradeszenen zeigen, sicherlich aber nicht ursprünglich für diesen Raum geschaffen worden sind, die Formate passen nicht zu den darunter befindlichen Türen.
Im Obergeschoß befindet sich in der Mitte ein Saal, der ursprünglich quer durch das ganze Haus lief, mit einem großen Kamin mit feinem Rokokostuck. Ursprünglich stand dieser Kamin in der Mitte der Längswand des Saales, später ist im Obergeschoß ein Korridor abgenommen, so daß jetzt der Kamin etwas in die Ecke gerückt erscheint. Westlich des Saales und mit Blick in den Park befinden sich zwei sehr interessante kleine Zimmer, das sogenannte Teufelszimmer und die getäfelte Stube.
Nach zahlreichen Besitzerwechseln kauft Heinrich Graf v. Holstein auf Waterneverstorf Gaarz für 165 000 Rthlr. an und vererbt es 1842 auf seinen Sohn Conrad.

Bunte Kammer

In der Holsteinschen Zeit entstanden mehrere Nebengebäude zu dem Herrenhaus. Links und rechts stehen zwei pavillonartige Kavalierflügel, die von Conrad Graf v. Holstein 1871 und 1891 erbaut worden sind. Das ersterbaute trägt einen vornehmeren Charakter durch die Portalgestaltung. Schräg zu diesen flankierenden Bauwerken steht der 1881 aufgeführte herrschaftliche Pferdestall, als Gegenstück zu dem auf der rechten Seite stehenden Speichergebäude. Dieses Speichergebäude ist das älteste erhaltene Bauwerk auf dem ganzen Hofe und enthält ein Kornmagazin.
1976 ging Gaarz über auf den jetzigen Besitzer, Hans-Hemme Struckmann, * 1946, er hatte schon im Jahre zuvor den Besitz übernommen.
Das Herrenhaus wurde in den Jahren von 1977 bis 1980 gründlich instandgesetzt.

Adeliges Gut Gaarz

Besitzer: Hans-Hemme Struckmann

Besitzer

1411–1450	Ritter Marquard Stake
1462–1529	verschiedene Besitzer
1529–1765	v. Brockdorff (mit zwei kurzen Unterbrechungen)
1765–1802	v. Rantzau
1802–1821	verschiedene Besitzer
1821–1897	Graf v. Holstein
1897–1905	Capsius
seit 1905	Struckmann

Gut und Bauten

15./16. Jahrh.	Wasserburg
16. Jahrh.	Bau des Speichers
um 1600	Bau des einstöckigen Herrenhauses
17. Jahrh.	„getäfelte Stube"
1745–1757	Erweiterungsbau des Herrenhauses, Ausmalung des Teufelszimmers, Einbau der getäfelten Stube im Obergeschoß
1871 und 1891	Bau der Kavalierhäuser
1881	Bau des Pferdestalles
1905	Aufteilung des Gutes
1906	Brand der Hofgebäude
1931	neue Scheune errichtet
1977–1980	umfangreiche Restaurierungsarbeiten im Herrenhaus

Sierhagen

Kirchspiel Altenkrempe   Kreis Ostholstein

Erstmalig im Jahre 1304 wird Sierhagen genannt. Das Wort Syra ist wendischen Ursprungs und wird mit Weide oder Futterplatz erklärt, später ist das Wort germanisiert worden und hieraus der heutige Name Sierhagen entstanden.
Die Burg Syra oder Sierhagen war sicherlich eine echte Adelsburg, noch bis in das 19. Jahrhundert hinein gab es Reste eines Turmes, und heute noch sind die stattlichen Kellergewölbe erhalten, die unter dem größten Teil des Herrenhauses stehen.
Nach den Besitzern Buchwaldt, Westensee und wieder Buchwaldt, wurde Sierhagen 1666 an den Grafen Gerhard v. Dernath, kaiserlichen Feldmarschall, sächsischen Generalleutnant und Oberfalkoniermeister verkauft. Seltsam erscheint der Titel eines Falkenmeisters. Aber er gewinnt Konturen, wenn man das noch erhaltene Falkenbüchlein zu Rate zieht, das im Dernath-

schen Privatarchiv in Kopenhagen ruht. Danach hatte Graf Gerhard v. Dernath unter sich 48 Falken und 8 Pferde für die Falknerei. Selbst das Futter für die Falken ist verzeichnet: täglich 9 Pfund Rindfleisch, ein Darmgeschlinge und einen Ochsenschwanz.

Sehr viel Wert wurde auf Park und Garten gelegt, die Kinder fuhren mit ihren Ponywagen 300 Fuder Sand auf die neuen Gartenwege, an den befreundeten Kardinal Friedrich Carl von Schönborn in Würzburg wurden im Jahre 1717 Ananas und "indianische Gewächse" gesandt, 1726 wurden italienische Gärtner erwartet. Aus dem Tagebuch des Sekretärs ist die Rede vom Aussetzen von Orangenbäumen, vom Umsetzen von Aurikeln (wörtlich 409 Pötter), von Einbringen von Bollenzwiebeln (wohl=Knollenzwiebeln) in die Erde.

Vielleicht war es das allzu aufwendige Leben, im Jahre 1730 machte Johann Georg Dernath Konkurs und seine Güter mußten versteigert werden.

Als Besitzer folgten die Brockdorff und der Kaufmann Otte, Bürgermeister aus Eckernförde. Noch zu seinen Lebzeiten im Jahre 1765 entschloß sich Letzterer zum Verkauf von Sierhagen. Käufer war dieses Mal wieder ein Mann der alten Familien des Landes, gleichzeitig ein Mann von ungewöhnlichen wirtschaftlichen Fähigkeiten, Wulf Heinrich v. Thienen, †1809.

Er, der aus seinen beiden Ehen keine Kinder hatte, setzte als Universalerben den Enkel seiner Schwester, den Grafen Mogens Joachim v. Scheel-Plessen, †1853, ein. Auf diese Weise gelangte Sierhagen an die Plessen, bei denen es bis zur Gegenwart verblieben ist.

Das alte Herrenhaus in Sierhagen bestand nach der Überlieferung aus zwei getrennten Baukörpern, nur verbunden durch eine starke Mauer nach Süden hin. Mogens Plessen ging jetzt ans Werk, das Herrenhaus einem gründlichen Umbau zu unterziehen. Ihm war es darum zu tun, aus dem vorhandenen Bestand einen einheitlichen geschlossenen Baukörper zu entwickeln. Durch Vermittlung des bei Lübeck ansässigen Kunstforschers Carl Friedrich v. Rumohr wurde sein Blick auf den jungen Architekten Alexis de Chateauneuf aus Hamburg gelenkt. Dieser erhielt als eben erst 25jähriger den Auftrag zum Um- und Ausbau des Herrenhauses. Zwischen die beiden getrennt stehenden Häuser wurde ein Mittelflügel eingebaut, der im vorderen Teile Halle, Treppenhaus und Vorräume aufnimmt und nach Süden hin einen großen Saal, den heutigen Roten Salon, enthält. Das ganze Haus wurde um ein drittes Stockwerk erhöht und mit einem verhältnismäßig flachen Dach versehen. Der Baukörper ist einfach gestaltet, es gibt nur ganz wenige Schmuckformen an Sandsteinarbeiten, an der Hofseite ein einfaches Sandsteinportal mit einem Wappen in Giebeldreiecken, an der Südseite einen Porticus vor dem Roten Salon.

Um so interessanter ist die Gestaltung des Erdgeschosses, das in einer äußerst gelungenen Folge die Gesellschaftsräume aufnimmt. An den Speisesaal schließt sich der Gelbe Salon an, ihm folgen die beiden kleinen in Grün gehaltenen Bibliotheken, die Mitte des Hauses nimmt der Rote Salon ein, nach Osten hin schließt sich der Blaue Salon an. Alles dürfte von Chateauneuf selber geplant gewesen sein, auch hier sind im einzelnen die Schmuckformen äußerst sparsam angelegt, nur der Rote Salon enthält eine Kassettendecke mit sparsamem Stuck und mit roten Wandbehängen zwischen den Spiegeln an der Fensterseite.
Soweit man feststellen kann, ist auch das Mobiliar von Chateauneuf entworfen worden. Besonders hervorzuheben sind die Empire-Möbel im Gelben Salon, die sich durch einen guten konstruktiven Aufbau und schlichte Gestaltung auszeichnen und unter dem Namen des napoleonisch-ägyptischen Stiles durch die Literatur wandern, wohl mit Rücksicht darauf, daß die Sessel auf Löwenköpfen ruhen.

Blauer Salon

Speisesaal

Der Wirtschaftshof breitet sich nördlich des Herrenhauses in ungewöhnlicher Größe und Stattlichkeit aus, rundum umflossen von breiten Hausgräben, die sich südlich des Herrenhauses zu einem See erweitern. Der besonders große Haupthof – bis zu den beiden Bodenreformen über 1000 ha, heute immer noch 800 ha – bedurfte naturgemäß umfangreicher Scheunen und Stallungen, die längst nicht mehr auf der eigentlichen Burginsel Platz fanden, sondern außerhalb erbaut werden mußten. Unter den vielen Wirtschaftsgebäuden ist eines hervorzuheben, das Küchenhaus. Auf wohl allen alten adeligen Gütern hatte es früher ein eigenes Küchenhaus gegeben, man schätzte nicht den Geruch der Küche im Wohnhaus und legte daher besondere Küchenhäuser an. Einige wenige stehen heute noch, aber längst nicht mehr in Benutzung. Das in Sierhagen hat noch bis 1965 seinen Dienst getan, 1972 ist es abgebrochen worden.

Sierhagen, Roter Salon

Adeliges Gut Sierhagen

Besitzer: Carl Graf v. Plessen

Besitzer

1304–1666	v. Buchwaldt dazwischen in der ersten Hälfte des 14. Jahrhunderts: Marquard v. Westensee
1666–1730	Grafen v. Dernath
1730–1763	(v.) Brockdorff
seit 1765	v. Thienen dann Grafen bzw. Lehnsgrafen v. (Scheel)-Plessen

Gut und Bauten

Mittelalter	erste Burg mit Wehrtürmen
16. Jahrh.	Doppelhaus mit getrennten Flügelbauten
um 1700	Erweiterungsbau
1809–1825	Umbau des Herrenhauses
1876–1883	Bau der neuen Wirtschaftsgebäude außerhalb des Hofes

HASSELBURG

Kirchspiel Altenkrempe   Kreis Ostholstein

Hasselburg erscheint erst spät in den Urkunden, erst seit dem ersten Drittel des 15. Jahrhunderts, dürfte aber wesentlich älter sein. Die Nähe der Kirche Altenkrempe, die um 1200 erbaut worden ist, legt die Vermutung nahe, daß hier von altersher eine enge Verbindung zwischen Kirche und Ritterburg bestand. Die ersten uns bekannten Besitzer gehören, wie in so vielen Fällen in dieser Gegend, dem Geschlecht von Buchwaldt an. Detlev v. Buchwaldt, der in der Schlacht von Hemmingstedt am 17. Februar 1500 gefallen ist, hatte aber noch wenige Wochen vor seinem Tode das Gut Hasselburg an Gosche von Ahlefeldt übergeben.

Bis zum Jahre 1515 wird Gosche von Ahlefeldt auf Hasselburg geschrieben, 1518 ist er nicht mehr Besitzer, hat aber mindestens bis 1530 noch gelebt. Hasselburg geht jetzt für 2 oder 3 Generationen an das Geschlecht Ritzerau über. 1666 wurde Hasselburg an Graf Gerhard v. Dernath verkauft.

Nur in Verbindung mit den politischen Ereignissen des 18. Jahrhunderts, auf die hier nicht näher eingegangen werden kann, sind die umfangreichen

Bauten auf Hasselburg zu verstehen, die Dernath während seiner Besitzzeit vornahm und die das Herrenhaus zu einem unserer bedeutendsten und schönsten Bauwerke umgestaltet haben. Bis dahin stand hier die Rantzauische Wasserburg, wie sie auf der Rantzauischen Tafel von 1586 abgebildet ist, ein typisch holsteinisches Doppelhaus mit vorgesetztem rundem Treppenturm. Jetzt ging Dernath an einen großzügigen Umbau heran und berief hierfür – mit großer Wahrscheinlichkeit – den Hamburger Architekten Johann Nikolaus Kuhn. Der Treppenturm, der über alten Kreuzgewölben steht, wurde zu einer Eingangshalle umgestaltet, die Mitte des Langhauses zu einer imposanten, durch zwei Geschosse reichenden Halle mit den stattlichen Ausmaßen von 11 zu 13 m erweitert, zur linken und zur rechten steigen anmutig geschwungene Treppen empor, die in eine umlaufende Galerie einmünden.

Noch bedeutender als diese bauliche Umgestaltung des Hauses ist die Innenausstattung der Halle mit einer großartigen illusionistischen Deckenmalerei über Scheingewölben.

Die Halle ist in allen ihren Einzelheiten bemerkenswert qualitätvoll behandelt, die Balustraden sind reich geschnitzt, die Wände mit überreichen Rokoko-Stukkaturen ausgestattet, hängende Blumenranken mit Musikinstrumenten, Waffen, Zeichenutensilien usw. Selbst die Unterseite der Galerie ist stukkiert, mitten an jeder Längsseite der Halle steht ein großer Sandsteinkamin, über ihnen Wandspiegel in reich vergoldeten Rahmen. Der

Halle

letzte größere Umbau des Hauses fand im Jahre 1804 statt, durch den das Äußere ein klassizistisches Gepräge erhielt und auch stellenweise im Inneren Änderungen im Zeitgeschmack erfolgten.
Friedrich Otto Dernath, † 1805, ist der großzügige Ausbau der Hofanlage zu verdanken. 1761 entstand die Scheune auf der Nordseite, 1763 das Torhaus. Dieses letztere gehört zu den besten und bedeutendsten Schöpfungen seiner Art in Holstein. Baumeister war George Greggenhoffer. Das Torhaus ist ein umfangreicher Gebäudekomplex; mit zwei Querflügeln zum Hof hin umschließt es wirkungsvoll die weiträumige Hofanlage. Die Torfahrt selber ist als stattlicher Torpavillon von 5 Achsen ausgebildet, in zwei Geschossen mit Blendrahmengliederung und kuppelförmigem Aufbau über der Torfahrt, gekrönt von achtseitiger Laterne.
1932 erwarb die Lehnsgräfin Louise v. Scheel-Plessen das adelige Gut Hasselburg. Seit 1974 hat sich die jetzige Besitzerin von Hasselburg, die Gräfin Elisabeth Stolberg, mit Eifer und Erfolg um eine Umstrukturierung des Betriebes bemüht.
1977 entschloß sie sich das Herrenhaus zu verlassen. Sie zog in das Kavalierhaus auf der linken Seite des Ehrenhofes und begnügte sich hier mit der Hälfte des Gebäudes.
Gleichzeitig fand sie einen hervorragend geeigneten Pächter für das Herrenhaus, die übrigen Gebäude auf dem Ehrenhof, die große Scheune auf dem Gutshof und den Park in der Person des Dr. Andreas Beurmann aus Hamburg. Dr. Beurmann hat sein Leben der Musik verschrieben, er ist Musikwissenschaftler und war früher Dozent an der Universität Hamburg und ist gegenwärtig im Schallplattengeschäft tätig. Er besitzt das Gespür für die Erhaltung eines so wertvollen alten Besitzes, insbesondere die große Halle im Hauptbau hat sein musikalisches Engagement beflügelt. Er hat es verstanden, in den letzten Jahren das Herrenhaus weitgehend instandzusetzen, insbesondere bedurfte die Galerie einer ausgiebigen Erneuerung. Dazu kamen die übrigen Nebenarbeiten, vor allem aber eine sorgfältige Restaurierung des Glanzstückes von Hasselburg, der großen barocken Eingangshalle. Die umlaufende, eichenholzgeschnitzte Galerie war bereits baupolizeilich gesperrt und wurde hydraulisch wieder in die richtige Höhe gebracht und durch unsichtbar zwischen den alten Eichenbalken eingefügte Doppel-T-Träger aufgefangen und statisch gefestigt. Die Wand- und Deckenstukkaturen wurden sorgfältig gereinigt. Manche verlorengegangene Einzelheiten traten wieder zutage, wie etwa ein nun deutlich lesbares Notenblatt. Die Wände wurden nach Originalbefund mit organischen Farben restauriert. Ebenso wurden die kunstvoll geschnitzten Türen nach den durch das Landesdenkmalsamt in Kiel erforschten Originalfarben wieder hergestellt.

Das Haus ist nach wie vor ein Privathaus und wird von Dr. Beurmann und seiner Frau bewohnt. Es wird daher nicht allgemein öffentlich gezeigt, wohl aber besteht die Möglichkeit, das Haus bei Gelegenheit der vielen Konzerte kennenzulernen, die in diesem Hause stattfinden. Dr. Beurmann stellt das Haus auch zur Verfügung für Treffen von Männern aus Politik, Wirtschaft und Bundeswehr und für allgemeine kulturelle Zwecke. Er hat eine Fülle hervorragender Künstler aus dem In- und Ausland bis nach China und Japan hin in diese Halle eingeladen zu viel beachteten Konzerten. Er selber ist der Meinung, daß der Barocksaal mit seiner bezaubernden Akustik nichts Vergleichbares im Lande hat und daß es wert ist, trotz der erheblichen Kosten dieses Haus zu erhalten.

Adeliges Gut Hasselburg

Besitzer: Elisabeth Gräfin zu Stolberg-Stolberg geb. Gräfin v. Plessen

Besitzer

Mittelalter	v. Buchwaldt
bis 1515	dann v. Ahlefeldt
1518–1647	v. Ritzerau dann v. Rantzau und v. Ahlefeldt
1647–1816	v. Buchwaldt dann Grafen v. Dernath
1816–1930	Niemeyer dann v. Ernst und Frhr. v. Seydlitz-Kurzbach
seit 1932	Grafen v. Plessen
seit 1948	Grafen zu Stolberg-Stolberg

Gut und Bauten

16. Jahrh.	Wasserburg
nach 1710	Erster Umbau, Einbau der Halle
1718–1732	Ausmalung der Halle
1761	Bau der nördlichen Scheune
1763	Bau des Torhauses
1804	Zweiter Umbau des Herrenhauses
1826	Bau der südlichen Scheune
1924	Brand und Wiederaufbau der Scheune
1974	Verkauf des Hofes Stolpe und Verpachtung des landwirtschaftlichen Betriebes
1977	Verpachtung von Herrenhaus und Nebengebäuden an Dr. Andreas Beurmann

Schloss Eutin

Kirchspiel Eutin Kreis Ostholstein

Bereits im Jahre 1156 erhielt der Bischof von Lübeck, der in Oldenburg in Ostholstein residierte, einer ehemaligen obotritischen Burganlage mit dem wörtlich übersetzten Namen Stargard, die Grundherrschaft von Eutin. Ein Jahrhundert später wurde in Eutin mit dem Bau einer bischöflichen Burg begonnen.
1586 gelangte das Amt des Bischofs in die Familie der Herzöge von Holstein-Gottorp jüngere Linie, die sich Fürstbischöfe nannten. Nach der Reformation war das Bistum säkularisiert worden unter Beibehaltung des Namens.
Das Schloß Eutin der Fürstbischöfe spiegelt die wechselvolle Geschichte des Bistums wider. Seit 1260, als der Bau begonnen wurde, dann das ganze

Mittelalter hindurch, bis in das 19. Jahrhundert hinein, ist immer weiter am Schloß gebaut worden. Viele Veränderungen wurden im Laufe der Zeit vorgenommen, so daß die einzelnen Bauteile in ihren Überschneidungen kaum zu erkennen sind. Dennoch erscheint das Schloß in Eutin als einheitlicher Bau. Es ist wie aus einem Guß, mit und in der Zeit gewachsen. Es enthält nichts Willkürliches.

Bereits im 14. Jahrhundert hat der steinerne Bau einen großen Graben; etwa 1450 kommt ein Flügelbau hinzu, und unter Bischof Albert v. Krummendieck, wird das Schloß, beziehungsweise die damalige Burganlage mit Mauern umgeben und erhält die beiden noch heute stehenden Türme. Allerdings wurden Mauern und Dach bald danach schon wieder erneuert.

Im weiteren ist das Eutiner Schloß geprägt von seinen Fürstbischöfen aus dem alten Oldenburger Grafenhaus, das hier in Eutin als Herzöge von Holstein-Gottorp jüngere Linie, dann seit 1773 als Herzöge von Oldenburg, schließlich seit 1815 als Großherzöge von Oldenburg, residiert hat.

Am Anfang des 17. Jahrhunderts entstand unter dem Bischof Johann Friedrich (1607–1634) in Eutin ein großer Park, angelegt in holländischem Stil nach damaligem Zeitgeschmack, der mit Vogelhäusern und Springbrunnen ausgestattet war. Das Schloß erfuhr in dieser Zeit wieder Umbauten, niederländisches Barock diente als Vorbild. Eine Kirche wurde in das Innere des Südflügels eingebaut; ein Torhaus 1619 errichtet. Der 30jährige Krieg brachte Besetzungen und Zerstörungen, sowohl durch die kaiserlichen als auch durch die dänischen Truppen. Tilly und auch der dänische König, Christian IV., quartierten sich während des Krieges im Schloß Eutin ein. An der Nordseite des Innenhofes ist, trotz vieler Zerstörungen, aus der Zeit Johann Friedrichs ein Portal aus Sandstein erhalten, das Masken und frühbarockes Volutenwerk zieren. Unter dem Nachfolger, dem Bischof Hans (1634–1655), wurde die Schloßkapelle fertiggestellt und mit einer Orgel versehen. Stuckdecken und Kanzel schmücken die Kapelle. Auf die Bautätigkeit dieses Bischofs weisen die für den norddeutschen Hochbarock so bezeichnenden Knorpelwerkkartuschen hin. Plastische Supraporten im Südflügel sind ebenfalls aus dieser Zeit erhalten.

1689 verheerte eine Feuersbrunst Stadt und Schloß. Der Bischof August Friedrich (1666–1705) erbaute auf den alten Teilen ein neues Schloß. Dieses ist heute noch als das so typisch barocke Residenzschloß der Fürstbischöfe zu erkennen. Die wieder erneuerte Kapelle, mit dem reichgeschnitzten Rahmen eines Altarbildes, gehört zu den schönsten Werken spätbarocken Ornamentstiles im norddeutschen Raum. Die Orgel ist von dem berühmten Orgelbauer Arp Schnitger. Dieser 1694 geschaffene Kapellenraum ist zweigeschossig, eine eigenartige Mischung protestantischer Strenge, aufgelok-

kert durch barocke ornamentale Ausstattung. Zu Anfang des 18. Jahrhunderts setzte die Blütezeit für das Schloß wie auch für das gesamte säkularisierte Fürstbistum ein. Weltliche Macht, geistige Breite, höfisches Leben entfalteten sich im Laufe des 18. Jahrhunderts im Eutiner Schloß. Dieses Leben strahlte weit über Eutin hinaus.
Großherzog Peter Friedrich Ludwig von Oldenburg, der von 1785 bis 1829 regierte, zog bedeutende Männer an seinen Hof. Eutin wurde bekannt als das „Weimar des Nordens". Die Brüder, Christian und Friedrich Leopold Grafen Stolberg, wirkten als Dichter. Friedrich Leopold Stolberg war auch fürstbischöflicher Diplomat in Rußland und von 1791 bis 1800 Kammerpräsident in Eutin. Der Homerübersetzer, Johann Heinrich Voss, war in Eutin Schuldirektor und Dichter, in unmittelbarer Nähe zum Hof. Die Maler Wilhelm Tischbein und Ludwig P. Strack und Goethes Schwager Schlosser lebten ebenfalls am Hof in Eutin. Auch die Dichter Jacobi und Nicolovius sind zu nennen. Gemälde von den genannten Künstlern sowie von B. Denner und A. Pesne finden sich in der prachtvollen Gemäldegalerie. Die ganze künstlerische Breite schlug sich nieder im Bau und in der Innenausstattung des Schlosses. Die bekannten Baumeister Rudolf Mathias Dallin und Johann Christian Löwen wirkten in der ersten Hälfte des 18. Jahrhun-

Schloßhof

Porzellankabinett

derts dort, dann George Greggenhofer und Peter Richter. Diese Baumeister waren im Lande am Bau vieler Herrenhäuser beteiligt, wurden durch die Fürstbischöfe nach Eutin gezogen und haben am Schloßbau und an der Parkgestaltung mitgewirkt und ihre Spuren hinterlassen.
Der Park wurde am Ende des 18. Jahrhunderts im Geschmack der Zeit umgestaltet, nun war es nicht mehr französisches Vorbild, sondern das Beispiel des freien englischen Landschaftsgartens fand Eingang in Eutin, wie auch auf anderen Herrensitzen Ostholsteins. Eine weitläufige Parkanlage, mit Einbeziehung des Sees, Grotten und Tempel lassen heute noch diesen Eindruck nachhaltig wirken: Der Eutiner Schloßpark bildet heute die Kulisse der Oper des Freischützen, dessen Schöpfer, Carl Maria von Weber in Eutin geboren und dessen Büste im Park aufgestellt ist.
Das Schloß Eutin hat nach dem Zweiten Weltkrieg, wie so viele Herrenhäuser im Lande, durch Belegung von Heimatvertriebenen und Flüchtlingen, stark gelitten. Es wurde im Laufe der Zeit wieder ausgebessert. Das Schloß zeigt heute sein barockes Aussehen in alter Pracht, die Innenhofseiten sind mit rosa Farbe ausstaffiert. Das Schloß Eutin beherbergt Porzellansammlungen und Kunstgegenstände aus verschiedenen Epochen, es besitzt eine hervorragende Gemäldesammlung, vor allem Porträts aus allen nordeuropäischen Fürstenfamilien.

Schloß Eutin

Besitzer: Herzog v. Oldenburg

Besitzer

12. Jahrh.	Lehen an die Grafen v. Schauenburg
1156	Schenkung an Kirche. Nach der Reformation Bistum säkularisiert, blieb aber als weltliches Fürstbistum bestehen
1586	Bischöfe a. d. H. Holstein-Gottorp jüngere Linie
1647	vertraglich zugesichert, daß das Fürstbistum in der Hand der Familie verbleiben soll
1773	Vertrag von Carskoe Selo (sogannter Tauschvertrag) wurden die Bischöfe Herzöge v. Oldenburg, mit Weiterführung des Titels Fürstbischof
1815	Großherzöge v. Oldenburg, in deren Besitz sich das Schloß noch heute befindet

Schloß und Bauten

ca. 1260	Erster Schloßbau
1350	Grabenanlage
1450	Flügelanbau
ca. 1500	Mauern und Errichtung von zwei Türmen
ca. 1520	Weitere Umbauten. Erneuerung des Grabens und der Türme
ca. 1610	Parkanlage i. holländischem Stil
1619	Torhaus
1620	Neubau des Schlosses. Kirche
1630er Jahre	Zerstörungen durch Tilly u. Christian IV. Portal a. d. Jahre 1616 erhalten
1650	neue barocke Kapelle, reiches Schnitzwerk. Orgel v. Arp Schnitger
1689	Brand des Schlosses
18. Jahrh.	Neubau, barockes Residenzschloß, Baumeister Dallin, Löwen, Greggenhofer, Richter. Gartenanlage Anfang des 18. Jhdts. im frz. Stil, Ende des 18. Jhdts. im engl. Stil
1720er Jahre	Reiche Stuckornamentik durch Carlo Enrico Brenno
1777	Kavalierhaus
1830er Jahre	Marstall, Reithalle durch Limpricht, klassizistisch
1840	Nord- und Ostflügel, drittes Geschoß
Nach 1945	frischer Außenanstrich

Depenau

Kirchspiel Wankendorf Kreis Plön

Das Gut Depenau bildet sich erst im Laufe des 16. Jahrhunderts, bis dahin ist es ein Teil des unmittelbar benachbarten großen adeligen Gutes Perdoel, auch die Besitzer sind für lange Zeit die gleichen. Die endgültige Trennung ist, wie eine noch vorhandene Urkunde belegt, am 12. März 1576 erfolgt. Aus dieser Urkunde ergibt sich, daß Ove Sehestedt der eigentliche Begründer des Gutes Depenau gewesen ist. Das ist auch dadurch wahrscheinlich, da er im Jahre 1586 das heute noch stehende Torhaus auf dem Hofe erbaut hat. Sicherlich sind zur gleichen Zeit die heute nicht mehr vorhandene Wasserburg und die Hofgebäude entstanden.
Die Gebäude auf dem Hofe haben eine eigentümliche Entwicklung erfahren. Das Plateau, auf dem der Gutshof Depenau liegt, wird umflossen auf beiden Seiten von der Depenau selber, auch alte Schwentine genannt, links sind künstliche Gräben angelegt. Die Hofanlage entspricht in ihrer ursprüngli-

chen Gestaltung vollständig dem Aussehen holsteinischer Gutshöfe. Auffallend ist nur die Lage des Torhauses, das nicht in gerader Achse mit der ursprünglichen Wasserburg liegt, sondern in Schräglage dazu auf dem Hofe steht. Wahrscheinlich ist diese Schräglage durch die Beschaffenheit des Geländes verursacht worden.
Über den Gebäuden insgesamt schwebt ein eigentümliches Schicksal. Das Torhaus wird seit langer Zeit nicht mehr als Torhaus benutzt, beide Tordurchfahrten von vorne und von hinten sind seit langem zugemauert worden, 1773 brannte angeblich das ursprünglich einstöckige, über einem hohen Kellergeschoß errichtete Torhaus ab und wurde dann unter Hinzufügung eines zweiten Geschosses zu dem jetzigen stattlichen Bau erweitert. Im 19. Jahrhundert kamen noch hinzu ein Dachreiter, im 20. Jahrhundert Anbauten aller Art, die für Wirtschaftszwecke des Gutsbetriebes bestimmt sind. Gegenwärtig steht das Torhaus als ein ungefüger Baukörper an der Seite des Hofes.
Von den beiden großen Hofgebäuden ist das Kuhhaus abgebrochen, in gerader Richtung auf die Niederung zu stand die Wasserburg aus der Zeit von Ove Sehestedt, sie ist durch den Grafen Nikolaus Luckner nach 1783 abgebrochen worden, an ihrer Stelle wollte er ein großes neues Schloß errichten, kam aber nicht über die Lagerung der Fundamente hinaus, inzwischen traten Kriegszüge und sein früher Tod auf der Guillotine in Frankreich ein. Erst in neuerer Zeit hat man die Fundamente ausgegraben, man fand riesige Granitsteine, die durch den damaligen Besitzer für Zwecke des Küstenschutzes auf der Insel Sylt dorthin geschafft worden sind.
Vor diesem Gelände stehen links und rechts zwei kleinere Gebäude, das rechte dient gegenwärtig der Mutter des Besitzers als Wohnhaus, das linke enthält die Wohnung des Besitzers. Dieses linke Haus, ein formschönes Haus mit neueren Verbesserungen und Vergrößerungen, gilt nach alten Plänen als Reitstall, wobei zweifelhaft bleiben muß, ob diese Angabe wirklich zutrifft. Dieses Gebäude enthält in einem Drittel seiner Länge tonnengewölbte alte Keller, die in späteren Zeiten als Gerichtsgefängnis benutzt worden sind, hier sollen auch die Folterungen der unglückseligen angeblichen Hexen erfolgt sein.
Nach 1845 erbaute der damalige Besitzer, Georg Eduard Böhme, ein stattliches großes Herrenhaus, das 1979 abgebrochen worden ist. Dieses Herrenhaus stand überhaupt nicht auf dem Hofe, sondern war nur zu erreichen durch eine Brücke über die Schwentine in den Park hinein. Es ist nach 1904 durch den damaligen Besitzer Rudolf Hammerschmidt stark umgebaut worden und diente nach dem letzten Kriege zunächst als Mannschaftsunterkunft für englische Truppen, anschließend wurden Flüchtlinge einquartiert.

Fast das ganze Mobiliar, welches vorwiegend aus der Villa Hammerschmidt in Bonn stammte, ließen die Engländer mitgehen. Einige der Flüchtlinge fanden auf Depenau Arbeit und wohnten bis 1970 in dem Haus. Wegen der durch die Engländer und Flüchtlinge angerichteten massiven Schäden war das Haus seit 1970 unbewohnbar und mußte 1979 abgerissen werden.
Eine besondere Rolle spielte auch der Stolper See, der ursprünglich aus zwei Becken bestand, von denen das eine von jeher zum Gute Depenau gehört hat. Die beiden Becken hatten angeblich eine Landverbindung vom nördlich gelegenen Dorfe Stolpe bis zu dem südlich gelegenen Gutshofe Perdoel, nur eine kleine Au trennte die beiden Landzungen. Die Submarine Archäologie, eine Arbeitsgemeinschaft, die im Auftrage der Kieler Universität sich dieses Spezialfach als Arbeitsgebiet gewählt hat, hat festgestellt, daß die alte Burg der Ritter de Prodole mitten im See lag, wahrscheinlich genau an dieser Stelle, wo die Landverbindung von Norden nach Süden bestanden haben soll. Der See wurde später seitens des Gutes Depenau um 1,50 m aufgestaut, so daß heute weder der Landweg von Norden nach Süden noch die Burg erkennbar sind.

Adeliges Gut Depenau

Besitzer: Jürgen Hammerschmidt

Besitzer

16. Jahrh.	(v.) Sehestedt
dann	(v.) Brockdorff und deren Erben, die Grafen v. Cosel
1783–1838	Grafen v. Luckner mit Unterbrechung
1838–1890	Georg Eduard Böhme
1890–1904	v. Löbbecke
seit 1904	Geheimer Kommerzienrat Rudolf Hammerschmidt
1922	Wilhelm Hammerschmidt
1939	Gerhard Hammerschmidt
1968	Jürgen Hammerschmidt

Gut und Bauten

nach 1575	Entstehung des Gutes
1586	Bau des Hofes mit dem heute noch stehenden Torhaus
1773	Erweiterung des Torhauses
1783	Beginn des Baues eines Schlosses
1845	Bau des Neuen Herrenhauses
1979	Abbruch des Neuen Herrenhauses

Bothkamp

Kirchspiel Kirchbarkau   Kreis Plön

Mit seinen 6000 ha, die bis in das 20. Jahrhundert in einer Hand blieben, war Bothkamp das größte Einzelgut, das es in Holstein gab. Diese fast legendäre Größe fand ihren Niederschlag in einer reizenden Anekdote, die um 1900 spielt. Drei junge Mädchen aus dem Hause Bothkamp, 13, 14 und 15 Jahre alt, schritten jede Woche einmal zum nahen Kirchdorf Kirchbarkau, um auf die Konfirmation vorbereitet zu werden. Der Geistliche, ein frommer und andächtiger Herr, legte ihnen die Frage vor: „Was ist das größte Gut auf Erden?" und erwartet fromme und andächtige Antwort. Die drei jungen Mädchen riefen wie aus einem Munde: „Bothkamp!"
Die Struktur des Gutes in sich selber ist vielen Veränderungen unterworfen gewesen. Als erster Meierhof in ganz Holstein wird aus dem südlichen Teile des Gutes schon um 1626 der Meierhof Bokhorst gebildet, später kam noch Neu-Bokhorst hinzu, daher heißt dieser alte Hof heute Alt-Bokhorst und wird in der Erbteilung der jetzt lebenden Brüder dem jüngeren Sohne Cai-Harry v. Bülow zufallen.

Johann Rantzau dürfte das Herrenhaus erbaut haben, sein Sohn Paul war damals noch ein Kind. Das Haus scheint zwischen 1538 und 1547 errichtet zu sein, die mächtigen Kellergewölbe sind eindeutig spätmittelalterlich. Das Gelände zum See fällt so steil ab, daß es schwer verständlich ist, wieso das Haus allseitig von Hausgräben umzogen gewesen sein soll. Aber da der Spiegel des Sees früher erheblich höher lag, mag man dieser Angabe doch Glauben schenken.

Heinrich Rantzau bezeichnet das Herrenhaus als eins der schönsten aller holsteinischen Sitze. Auffallend ist die horizontale Gliederung und die Einfassung der Fenster, ferner erstmalig am Giebel die Halbrundbögen, ein Motiv, das erst später am Kieler Schloß um 1558 wieder aufgenommen wird. Es ist möglich, daß die Terracotten aus der Werkstatt des Statius van Düren in Lübeck stammen. Das Haus hatte über einem hohen Sockel zwei Geschosse mit einem hochgezogenen Mittelgiebel und besonders betonten Seitengiebeln. Auf dem Dach saß in der Mitte ein Dachreiter.

Ebenfalls auffallend ist die Errichtung von Säulen. Wahrscheinlich waren die Fenster mit Terracotten-Säulen eingefaßt, das muß in der Tat dem Hause ein faszinierendes Äußeres gegeben haben.

Das Haus ist später wiederholt umgebaut worden, vielleicht nach 1705, mit Sicherheit um 1800, wie die Jahreszahl 1794 am Treppenaufgang beweist. Um die Zeit nach 1705 entstanden die zwei Torhäuser, die im Gegensatz zu der üblichen Anlage auf den Gütern nicht in der Achse des Herrenhauses liegen, sondern im rechten Winkel dazu. Das kleinere oder Kieler Torhaus mit der Durchfahrt und den angebauten Stallungen trägt an der Schmalseite zum Herrenhaus die Bauinschrift mit dem Namen von Bendix v. Ahlefeldt und seiner Ehefrau Ida Margarethe v. Rumohr mit der Zahl 1711. Bedeutender ist das gegenüberliegende große oder Hamburger Torhaus mit seinen zwei Türmen. Die viergeschossigen Türme flankieren den zweigeschossigen Mittelbau mit der Durchfahrt. Die Architektur wird beherrscht durch die Doppelpfeiler mit den holzgeschnitzten Kapitellen. Auch hier sind über den Erdgeschoßfenstern die Wappen v. Ahlefeldt und v. Rumohr angebracht. Dieses Torhaus wird auf 1714 datiert und dem Baumeister I. Z. Wolf zugeschrieben.

Von 1777 bis 1785 war Johann Rudolf Rumohr Herr auf Bothkamp. In den wenigen Jahren seines Besitzes dürfte er keine großen Veränderungen in Bothkamp vorgenommen haben. Er hinterließ unter seinen 14 Kindern einen Sohn, Heinrich v. Rumohr, †1812, der jetzt Bothkamp übernahm.

In seiner Zeit dürften auch die Umbauten des Herrenhauses entstanden sein, die bis heute dem Hause erhalten geblieben sind, wenn nicht gar ein völliger Neubau auf den alten Kellern. Die zierlichen Säulen aus Terracotta dürften

jetzt verschwunden sein, über den Fenstern waren Terracotten-Medaillons in die Wand eingelassen, die jetzt herausgenommen wurden, einige von ihnen sind heute noch in einem Bauernhause im nahen Kirchbarkau im Fachwerk erhalten geblieben.
Im übrigen erfuhr das Haus in diesen Jahren eine der Zeit entsprechende Modernisierung. Die Räume im Erdgeschoß erhielten Stukkaturen, die dem Italiener Francesco Angelo Tadey zugeschrieben werden. Sehr schön sind das Vestibül mit seiner Pilastergliederung in dorischer Ordnung und der Gartensaal, in dem die sogenannte Deutsche Ordnung nach Sturm angewandt wurde. Dem weiteren Schmuck dienen Blüten- und Früchtegehänge, Portraitmedaillons und Supraporten mit Allegorien der Jahreszeiten.
Nach dem Zweiten Weltkrieg hatten sich die Verhältnisse in Bothkamp wenig erfreulich entwickelt. Das Haus war anfangs von der britischen Besatzungsmacht, dann mit Flüchtlingen aus den Ostgebieten überbelegt, in der Spitze waren hier 350 Menschen untergebracht, es wurde sogar eine eigene Schule für die vielen Kinder eingerichtet. Als die Flüchtlinge Bothkamp wieder verlassen hatten, war das Haus so stark verwüstet, daß Harry v. Bülow es nicht wieder bewohnen wollte, sondern sich in der Nähe des Hofes Alt-Bokhorst am Waldrand ein kleineres, modernes, strohgedecktes Haus erbaute. Hier hat er bis zu seinem Tode 1976 gewohnt.

Gartensaal

1957 ergab sich eine sehr günstige Möglichkeit für das Herrenhaus in Bothkamp, der Johanniterorden wollte damals das Johanniter-Krankenhaus in Plön auflösen und dafür ein Altersheim begründen. Er mietete langfristig das Herrenhaus mit Nebengebäuden von dem Besitzer des Gutes und richtete hier ein Altersheim ein für etwa 50 Insassen. Zum 1. April 1981 wurde der Pachtvertrag mit dem Johanniter-Orden aufgehoben, für das Herrenhaus wird eine anderweitige Benutzung angestrebt.
Der einstmal sehr große Besitz, der seit den Tagen Johann Rantzaus nicht ein einziges mal verkauft worden ist, ist im Zuge der Siedlungsgesetzgebung nach dem Ersten Weltkrieg und durch die Bodenreform nach dem Zweiten Weltkrieg erheblich verkleinert worden, ist aber immer noch ein stattlicher und schöner Besitz.

Adeliges Gut Bothkamp

Besitzer des Herrenhauses; sowie der Meierhöfe Siek und Schönhagen und eines Waldanteils: Conrad v. Bülow

Besitzer des Hofes Alt-Bokhorst: Cai-Harry v. Bülow

Der Gesamtbesitz ist als Nießbrauch der Witwe Harry v. Bülows überschrieben worden.

Besitzer

von 1531–1538	Bildung des Gutes durch Johann Rantzau
1538–1670	(v.) Rantzau
1670–1705	(v.) Brockdorff Gräfin Reventlow Baron Løvendahl
1705–1763	v. Ahlefeldt
1763–1812	v. Rumohr
seit 1812	v. Bülow

Gut und Bauten

1531–1538	Errichtung des Gutes durch Johann Rantzau
1538–1547	Bau des ersten Herrenhauses
ab 1705	Bau der beiden Torhäuser, Kieler Torhaus und Hamburger Torhaus und Nebengebäude
nach 1785	Umbau des Herrenhauses und Ausgestaltung der Innenräume
1869–1870	Bau der Sternwarte
1950	Bau des jetzigen Wohnhauses in der Nähe des Hofes Alt-Bokhorst
1957	Einzug des Johanniterordens in das Herrenhaus und Einrichtung eines Altenheimes

Bothkamp, Großes Torhaus

Altes Herrenhaus

Quarnbek

Kirchspiel Flemhude Kreis Rendsburg-Eckernförde

Quarnbek wird schon im Mittelalter genannt. Im ältesten erhaltenen Kieler Stadtbuch, das von 1264 bis 1289 reicht, wird der Ort zweimal erwähnt. Die ältesten uns bekannten Besitzer der Wasserburg gehören zu dem Geschlechte Rantzau, das in ganz Ostholstein einen umfangreichen Besitz an Gütern hatte. Seit 1439 sind sie auf Quarnbek bezeugt, als erster der Ritter Schack Rantzau.

Die alte Wasserburg ist sicherlich während dieser Rantzauischen Zeit erbaut worden. Wir wissen sehr wenig über sie, weder wann sie erbaut noch wann sie abgebrochen ist. Wir kennen sie nur aus den Abbildungen auf der Rantzauischen Tafel von 1586 und aus dem gleichzeitigen Werk von Henninges. Sie bestand deutlich aus zwei nebeneinander stehenden Häusern mit getrenntem Dach, eine Bauform, wie sie für Holstein jahrhundertelang bis hin zur Gegenwart bewahrt ist. Davor steht der Treppenturm, das Bauwerk ist dreigeschossig, also verhältnismäßig aufwendig, das untere

Geschoß aus Sicherheitsgründen noch fensterlos. Bei dem vielfachen Besitzwechsel, der auf die Rantzauische Zeit folgte und bei dem manche Besitzer gar nicht auf Quarnbek gewohnt haben, wird die Burg allmählich in Verfall geraten sein, spätestens im 18. Jahrhundert ist sie völlig abgebrochen worden. 1667 kauft Quarnbek der Freiherr Hans Hinrich v. Kielmansegg. Während der kurzen Zeit seines Besitzes entstand 1671 das formschöne Torhaus, eines der wenigen heute noch erhaltenen Torhäuser des 17. Jahrhunderts. Das Gebäude dürfte auf älteren Fundamenten ruhen und bezeugt bis zur Gegenwart hin mit den anschließenden festungsartig wirkenden Nebengebäuden den Willen des Bauherrn, eine zur Außenwelt sicher und zuverlässig abgeschlossene Anlage zu schaffen.
Die Anbauten stammen wahrscheinlich aus dem 18. Jahrhundert und wurden teilweise nach 1904 verändert. Das langgestreckte Torhaus besteht aus einem zweigeschossigen Mittelbau mit tonnengewölbter Durchfahrt und je einem im Norden und Süden angebauten langen Stall für Kühe. Am Südgiebel des Südanbaues ist in dem schönen Ziegelmauerwerk noch eine große ovale Blende des 18. Jahrhunderts sowie die ältere Dachneigung und die Baunaht des aufgestockten Mansardendaches zu beobachten.
1733 kaufte der Geheime Rat Jean Henri Desmercières das Gut, es verbleibt bei ihm und seinen Erben, den Fürsten Reuss, mit einer kurzen Unterbrechung bis 1865.

Neues Herrenhaus, Halle

Im Jahre 1865 kaufte Konsul Wilhelm v. Schiller aus Hamburg das Gut. Seinen Erben folgte 1902 Oscar Alexander Milberg, der gleichfalls einer alten Hamburger Kaufmannsfamilie entstammt. Im Jahre 1906 verstarb er, Erbe wurde der damals minderjährige Sohn Theodor, der seinerseits im Jahre 1972 verstorben ist.
Nach seinem Tode hat sein Sohn Ulrich Milberg den Besitz geerbt, er hatte bereits im Jahre 1953 die Bewirtschaftung übernommen.
Das alte Herrenhaus geht im Kern wohl auf das 18. Jahrhundert zurück, ist aber in neuerer Zeit stark erweitert und umgebaut worden.
Das neue Herrenhaus wurde 1903 auf Veranlassung von Oscar Alexander Milberg erbaut. Architekt war A. Petersen, wahrscheinlich der gleiche, der Bossee 1897 umbaute. Der größte Teil der Wirtschaftsgebäude brannte 1904 ab und wurde erneut aufgebaut.
Ein Turm am neuen Herrenhaus wurde nach einem Brand 1946 abgebrochen und das Dach des Hauses vereinfacht wiederhergestellt. Die Arbeiten der Erneuerung des Hauses dauerten von 1946 bis 1949.

Adeliges Gut Quarnbek

Eigentümer: Ulrich Milberg

Besitzer

im Mittelalter	Mühle Quarnbek
seit 1439–1605	(v.) Rantzau
1605–1649	v. Ahlefeldt
1649–1667	verschiedene Besitzer
1667–1673	Frhr. v. Kielmansegg
1673–1733	verschiedene Besitzer
1733–1865	Jean Henri Desmercières dann dessen Erben, die Fürsten Reuß
1865–1902	v. Schiller
seit 1902	Milberg

Gut und Bauten

im Mittelalter Stampf- und Wassermühle Quarnbek
im 15. oder 16. Jahrhundert Bau der Rantzauischen Wasserburg

1671	Bau des Torhauses
nach 1733	Bau des Herrenhauses
1903	Bau des neuen Herrenhauses
nach 1904	Umbauten am Torhaus

Klein Nordsee

Kirchspiel Flemhude   Kreis Rendsburg-Eckernförde

Im späteren Mittelalter gibt es wohl ein Dorf Groß Nordsee, das bei der Bildung der großen Gutswirtschaften niedergelegt worden ist. Klein Nordsee hieß lange Zeit Achterwehr nach dem zu dem Gute gehörenden Dorf, erst seit dem Anfang des 17. Jahrhunderts bürgert sich zur Unterscheidung von Groß Nordsee der Name Klein Nordsee ein, obwohl dieses Gut stets das größere gewesen ist.

Etwa von 1500 bis 1800, also durch dreihundert Jahre, bleibt Klein Nordsee in den Händen zweier Geschlechter, der Herren v. Ahlefeldt und der Herren v. Brockdorff. Die beiden Familien haben Klein Nordsee entscheidend geprägt.

Das Herrenhaus von Klein Nordsee liegt nicht in einer Achse mit dem Gutshof, sondern in schräger Lage dazu auf einer kleinen Insel innerhalb der Eider. Der Gutshof wird von einem regelmäßigen Viereck gebildet, früher mit Graben und Zugbrücke versehen. Die älteren Gebäude sind abgebrochen

Torhaus

und im 19. und 20. Jahrhundert erneuert. Das Torhaus hat eine Turmspitze mit einer Glocke, die vom Feldmarschall Claus v. Ahlefeldt 1669 gestiftet worden ist.

Das Herrenhaus selber ist einer unserer charaktervollsten Bauten auf den Gütern des Landes. Als erster Bauherr ist Gosche v. Ahlefeldt (1517–1560) anzunehmen. Von diesem ersten Bau sind noch Teile des Kellers vorhanden.

Es war ein Bau mit Haupthaus und angesetztem hinterem linken kleinen Flügel. Als 1644 Claus v. Ahlefeldt Eigentümer von Klein Nordsee wurde, erfolgte ein völliger Umbau. Nur die Keller blieben erhalten, der Hauptbau wurde um ein Drittel seiner Länge verlängert, der Flügelbau fast um die Hälfte. Dieser Bau war einstöckig.

Ein weiterer Umbau, der dem Hause die heute vorhandene Gestalt gegeben hat, erfolgte 1701 unter Wulf Jasper v. Brockdorff. Jetzt erhielt das Haus eine zweite Etage und einen rechten Flügel, um die Symmetrie des Hauses auch nach der Rückseite fortzusetzen. Die Fassade war schlicht, nur betont durch das Sandsteinportal mit zwei vorgestellten korinthischen Freisäulen und darüber einem Dreiecksgiebel mit dem Doppelwappen Brockdorff und Ahlefeldt. Die Inschrift: Anno 1701 weist auf diesen Umbau hin.

Die kurzen Flügelanbauten der schlichten Rückfront sind je ein Zimmer tief. Durch das Portal betritt man die ursprünglich 5 Fensterachsen breite Diele, sie wurde 1884 durch Versetzung der Schmalwände auf 3 Achsen verkleinert. An den Wänden stehen manieristische Kamine, darüber große stukkierte Wappenschilde der Brockdorff und der Ahlefeldt. Auf der einen Seite steht die Schrift: Omnia cum Deo, auf der anderen Seite halten zwei Löwen Schilde mit den Monogrammen WJvB und CCB (Wulf Jaspar v. Brockdorff und Catharine Christine geb. v. Ahlefeldt). In der Kartusche darunter steht: Et nihil sine deo – 1701. Zwei Räume im Hause sind mit besonders schönen stuckierten Decken geschmückt. Das letzte im westlichen Flügel gelegene Zimmer wird als Kapelle bezeichnet. Im runden Mittelfeld ist hier die Dreifaltigkeit angebracht, umgeben von Akanthusblättern und Fruchtgehängen. In den Ecken sitzen schwingenschlagende Adler.

Eine weitere Stuckdecke trägt im Mittelfeld einen auf einem Löwen reitenden Putto. In den Ecken ovale Medaillons mit Putten als Elementallegorien. Inhaltlich gehören beide Decken zusammen, dargestellt ist der achte Psalm. Die Arbeiten werden dem Italiener Carlo Enrico Brenno zugeschrieben und sind denen in Osterrade im Stil ähnlich. Über den Stuckdecken hat man Reste einer bemalten Balkendecke gefunden, die man in das 17. Jahrhundert hinein datieren muß, vielleicht in die Zeit des Umbaus von 1644. Die tragenden Balken waren mit Ornamenten und Ranken bemalt.

Der Untergrund der Stukkaturen ist in einem lebhaften Blau gehalten, auf dem sich das Weiß des Stuckes äußerst malerisch abhebt.

1884 erfolgten weitere Änderungen in der Diele und der Einbau eines neuen Treppenhauses. Über dem Portal wurde in der Dachzone ein Renaissancegiebel aufgesetzt mit beiderseitigen Gauben. Nachdem die Kieler Stadtmission das Haus erworben hatte, wurden von 1971 an erhebliche Instandsetzungsarbeiten durchgeführt. Der Renaissancezierat wurde entfernt, so daß

das Haus jetzt wieder einen ähnlichen schlichten Eindruck macht wie zur Zeit des großen Umbaues von 1701.
Herrenhaus und Gut sind heute völlig voneinander getrennt. Seit 1949 hatte die Kieler Stadtmission das Herrenhaus gemietet und zunächst dort ein Kinderheim untergebracht. Zum 1. Januar 1961 konnte die Kieler Stadtmission das Haus käuflich erwerben und hat es seitdem für die Aufgabe eines Übergangsheims in der Hilfe für nicht-seßhafte Männer hergerichtet. Hierfür waren umfangreiche Restaurierungsarbeiten im Innern erforderlich, die mit viel Kunstsinn und Verständnis durchgeführt worden sind. Das Heim verfügt über 36 Plätze in Doppelzimmern und die notwendigen Gemeinschaftsräume. Auch eine Werkstatt ist errichtet worden. Für die Mitarbeiter kam ein Wohnhaus hinzu.

Herrenhaus Klein Nordsee

Eigentümer: Die Kieler Stadtmission

Adeliges Gut Klein Nordsee (Restgut)

Eigentümer: Frau Erika Leinau

Besitzer

im Mittelalter Ritter von Norce	
dann wahrscheinlich das Geschlecht Schwabe	
von 1536–1779	die Familien v. Ahlefeldt und v. Brockdorff
dazwischen von 1618–1643	die Familie v. Qualen
seit 1799	wechselnde Besitzer
1939	Leinau

Bauten

im 16. Jahrh.	Bau des ersten Herrenhauses, von dem noch Reste der Keller erhalten sind
1644	und folgende Jahre größerer erster Umbau
1701	Erbauung des heutigen Herrenhauses unter Einbeziehung der älteren Bauteile und Ausgestaltung der Zimmer mit wertvollem Stuck
1884	weitere Umbauten mit Aufsetzung eines Renaissancegiebels
nach 1972	Rückführung der Fassade auf den Ursprungsbau von 1701

SCHIERENSEE

Kirchspiel Westensee   Kreis Rendsburg-Eckernförde

Als Axel Springer im Jahr 1968 das adelige Gut Schierensee erwarb, stand das schöne Herrenhaus fast genau 200 Jahre. Das genaue Baudatum läßt sich schwer festlegen, da naturgemäß die Erbauung eines Herrenhauses mit Wirtschaftshof und Nebengebäuden einen längeren Zeitraum beansprucht. Aber in etwa stimmt die Zahl, von 1765 ab begannen die Neubauten, 1774 war im wesentlichen alles fertig.

Was Axel Springer bei seinem Ankauf erstrebte, ist in großartiger Weise Wirklichkeit geworden. Es ist erstaunlich, wieviel hier an Restaurierung, Renovierung, zeitgemäßen Umbauten, einzigartiger Ergänzung der Ausstattung an Möbeln, Portraits, Beleuchtungskörpern und Appliquen zusammengebracht worden ist.

Besonders hervorzuheben ist die Fayencensammlung, die Axel Springer in unermüdlicher Leidenschaft zusammengetragen hat. Es handelt sich hierbei um Fayencen ausschließlich nordeuropäischer Provenienz, von Altona im Süden bis hin nach Schweden und Norwegen. Der Fachmann staunt über diese einzigartige Dokumentation, der Besucher ist fasziniert von der Ausstrahlung dieses Ensembles.
Unter der Leitung des Oberbaurates Carl-Heinrich Seebach waren nicht weniger als 28 Künstler aller Richtungen teilweise durch Jahre hindurch mit der Instandsetzung von Haus und Inventar beschäftigt.
Die erste urkundlich belegte Erwähnung von Schierensee findet sich in dem Verkauf von Groß-Schierensee, Rumohr und Blumenthal im Jahre 1469 durch Gosche v. Ahlefeldt an das Kloster von Bordesholm.
Aus der Zeit von Peter Rantzau haben wir ein erstes Bild von Schierensee. Es ist auf der Rantzauischen Tafel von 1586 dargestellt. Das Haus war offenkundig ein Fachwerkhaus mit steilem Giebel und von einem Burggraben umgeben.

Katharinensaal

Durch die Jahrhunderte hat Schierensee sehr häufig seinen Besitzer gewechselt. Im Jahre 1751 entschloß sich das Ehepaar v. Sparvenfeldt zum Verkauf von Schierensee. Sie traten mit dem Pastor in Westensee in Verbindung und verkauften zunächst diesem Pastor als Scheinkäufer am 11. November 1751 die Güter. In Wahrheit war der Pastor, namens Stinde, nur Vermittler für den wirklichen Käufer, den Etatsrat Caspar v. Saldern. Der endgültige Vertrag wurde am 29. November 1751 in Neumünster unterschrieben. Darin wurde vereinbart, daß Saldern am Maitag 1752 als wahrer Eigentümer die Güter übernehmen solle.

Mit diesem Kaufvertrag ist der berühmte Caspar v. Saldern als Eigentümer von Schierensee und Annenhof aktenkundig, und es war jetzt seine Aufgabe, aus dem Gut etwas Neues und Bleibendes zu schaffen. Das, was er geschaffen hat, ist mustergültig. Er berief einen erstklassigen Architekten seiner Zeit, den Landbaumeister Johann Adam Richter, der das Herrenhaus, wie es heute noch dasteht, in den folgenden Jahren erbaute und der gleichzeitig die Nebengebäude sämtlich neu erbauen ließ.

Die Lage unmittelbar hinter dem Herrenhaus eignete sich nicht für die Bildung eines Gutsparks. Dahinter aber erhob sich die bewaldete Höhe des Heeschenberges, in die Caspar v. Saldern eine Reihe von kleinen Häuschen einbauen ließ zur Aufnahme von Gästen, die für längere Zeit nach Schierensee kamen. Über diesen Park auf dem Heeschenberg hat der Professor C. L. Hirschfeld in seinem fünfbändigen Werke über die Theorie der Gartenkunst von 1780 eine ausführliche Beschreibung geliefert. Eines der schönsten Häuschen innerhalb dieser Parkanlage trug die Inschrift „tranquillitati". d. h. auf Deutsch „Für die Ruhe".

Das Schöne ist, daß der neue Besitzer Axel Springer sich dieser Verpflichtung voll bewußt ist, die alte Tradition auch von seiner Seite her fortzusetzen.

Unter den vielen Kunstwerken, die Schierensee heute schmücken, muß ein Bild erwähnt werden, das seine besondere Geschichte hat. Caspar v. Saldern hatte nach dem frühen Tode seiner Ehefrau nacheinander zwei Schwestern als Lebensgefährtinnen in das Haus genommen. Aus der ersten Liaison stammte eine Tochter, die den Namen Agatha v. Schnell führte, offensichtlich als Zusammenziehung des Namens der Mutter Schnepel, die aber immer unter dem Namen einer Fräulein v. Schnell in den Papieren erscheint. Später hatte sich Caspar v. Saldern mit der Schwester der ersten Lebensgefährtin verbunden, Amalie Friederike Schnepel. In Schierensee hängt ein Bild, das diese Gruppe zusammen zeigt, links auf dem Sofa sitzt Caspar v. Saldern, vor ihm steht die Tochter Agatha v. Schnell, rechts im Sofa die Lebensgefährtin Amalie Schnepel. Die Enkelin, die Baronin v.

Schierensee, Vorderfront

Brockdorff-Saldern, geb. Gräfin v. Saldern, nahm an diesem Bilde so starken Anstoß, daß sie das Bild zerschneiden ließ, so daß nur noch Caspar v. Saldern mit der Tochter zu sehen war, während das Fräulein Schnepel auf den Boden des Hauses verbannt wurde. Erst in neuerer Zeit ist es möglich geworden, die beiden Bildhälften wieder zusammenzufügen, auch die alten Rahmen waren noch erhalten, so daß jetzt dieses Bild als ein Kunstwerk besonderer Art das Haus schmückt.
Das Bild selber ist gemalt worden von dem Maler Heinrich Buchholtz aus Rußland, der – soweit man weiß – im Jahre 1781 verstorben ist.

Adeliges Gut Schierensee

Besitzer: Axel Springer

Besitzer

im Mittelalter	
bis 1499	v. Ahlefeldt
1499–1704	Angehörige der Familien: Blome, (v.) Rantzau, v. Buchwaldt, v. Ahlefeldt, v. Behr, v. Leuenburg
1704–1735	v. Gude
1736–1751	Frhr. v. Sparvenfeldt
seit 1751	v. Saldern
dann dessen Nachkommen:	Graf v. Saldern-Günderroth, Barone v. Brockdorff-Saldern, v. Mesmer-Saldern, v. Buchwaldt
1968	Axel Springer

Gut und Bauten

im Mittelalter	erstes Haus aus Fachwerk im Wasser errichtet
seit 1765	Beginn der Bauten durch Caspar v. Saldern erst Wirtschaftshof
1774–1778	Bau des Herrenhauses
nach 1781	Neubau des abgebrannten Wirtschaftshofes
nach 1968	Restaurierung aller Gebäude, Herrenhaus und Wirtschaftsgebäude

Marutendorff

Kirchspiel Flemhude   Kreis Rendsburg-Eckernförde

Das adelige Gut Marutendorff liegt in der anmutigen, durch Wasser, Wald und Höhenzüge bewegten Landschaft des Westensees. Das Gut wird im Süden durch das Binnenholz begrenzt und reicht unmittelbar an den Zufluß der Eider in den Westensee.

Zwischen zwei Hölzungen liegt das eigentliche Gutsareal, wiederum in dessen Mitte der stattliche Gutshof, den man durch eine herrliche Allee von alten Eichen erreicht. Die uralte Lage des Hofes wird dem Betrachter sofort deutlich durch die Form des Gutshofes. Das Herrenhaus steht heute isoliert für sich, die Hofgebäude um 90° dagegen versetzt. Die alten strohgedeckten Scheunen, die achsial zum Herrenhaus standen, sind erst im 20. Jahrhundert abgebrochen worden. Aber noch heute erkennt man an der vertieften Umgebung des Herrenhauses, daß hier in alter Zeit der Hausgraben um die mittelalterliche Wasserburg gelegen haben muß und daß die Erbauung des jetzigen Gutshofes einer viel späteren Zeit zugeordnet werden kann. In einiger Entfernung vom Herrenhaus sind noch Reste eines äußeren Hausgrabens erkennbar, der wahrscheinlich im Mittelalter Burg und Vorburg umschlossen haben wird. Spätere Generationen haben vom Herrenhaus bis zu diesem äußeren Hausgraben eine sechszeilige Lindenallee angelegt, jetzt sind die beiden inneren Reihen entfernt worden und geben damit den Blick frei in die Landschaft.

1788 kaufte der Landstallmeister Peter Anton v. Wiebel Marutendorff an und erbaute im gleichen Jahr das heute noch stehende Herrenhaus. Das Haus ist ein einstöckiger Ziegelrohbau von elf Achsen über flach eingedecktem Kellergeschoß. Im 19. Jahrhundert wurden Frontispice eingebaut, zur Hofseite von drei Achsen, zur Parkseite von vier Achsen. Auch das spätklassizistische Eingangsportal aus Sandstein dürfte erst in dieser Zeit hinzugekommen sein. Eine alte Tür, vielleicht die Eingangstür eines Vorgängerbaues, dient jetzt als Eingang zum Keller, sie trägt – auf dem Kopfe stehend – Eisenanker mit der Jahreszahl 1678. Wie bei den meisten unserer alten Gutshäuser üblich besaß das Haus ursprünglich keinen Ausgang nach hinten. Erst in neuerer Zeit ist hier eine kleine Terrasse mit Ausgang zum Park angebaut worden. Die Eingangstreppe war ursprünglich zweiläufig, ist aber in neuerer Zeit zu einer einläufigen Freitreppe umgebaut worden.

Im Inneren hat man bei Restaurierungsarbeiten vor etwa 10 Jahren Reste der alten Ausmalung des Hauptsalons zur Rechten des Eingangs wieder aufgefunden. Sie sind über hellgrauem Paneel als zierliche Rankenmotive im Stile des Spätrokoko auf türkisfarbigem Grund angelegt, sind aber nicht wieder hergestellt. Ein besonderer Schmuck des Hauses sind vier eiserne Öfen, sicherlich aus der Zeit der Erbauung, vielleicht aus einer Eisenofenfabrik in Norwegen, mit geradezu abenteuerlichen Formen, der eine als schmaler

Speisezimmer mit altem Ofen

Turm mehrere Meter hoch, ein anderer als Torbogen über offener Feuerstelle.
Bis zur Gegenwart hin hatte Marutendorff den jeweiligen Besitzern nur als kurzer Sommeraufenthalt gedient. Erst seit 1948 erhielt das Gut einen wirklichen Besitzer. Baron Johann v. Plessen war im diplomatischen Dienst großgeworden, war zunächst in Tokio, dann in London und Rom, zuletzt als Botschaftsrat gewesen und schied aus dem Dienst mit dem Titel eines Gesandten aus. Er verstand es nach der Übernahme des Gutes, daraus ein Haus von Geist und Kultur zu gestalten. Heute gehört das Gut dem ältesten Sohne, dem Baron Helmold v. Plessen, der in Nehmten lebt, während Marutendorff von der Witwe des Barons Johann bewohnt wird.

Adeliges Gut Marutendorff

Besitzer: Helmold Baron v. Plessen

Besitzer

seit 1309	Ritter de Marute
von etwa 1560	(v.) Rantzau, v. Ahlefeldt v. Rumohr Frhr. v. Kielmansegg v. Wedderkop Herzog von Holstein-Gottorp v. Brockdorff Graf v. Schimmelmann und andere
1788	Peter Anton v. Wiebel
1822	Gabriel Schreiber v. Cronstern, dann dessen Erben: erst Grafen v. Scheel-Plessen und Grafen v. Plessen-Cronstern
seit 1948	Barone v. Plessen

Gut und Bauten

um 1270	Marutenthorpe und Sconewaide
1678	Tür mit Jahreszahl, wohl von einem älteren Bauwerk
1788	Bau des jetzigen Herrenhauses
im 19. Jahrh.	Erweiterungen durch Einbau von 2 Frontispicen zum Hof und zur Parkseite, klassizistisches Portal, Umbau der Treppe
1962–65	Abbruch der alten Hofgebäude
1972	Umbau der Binnenholzkate

Deutsch-Nienhof

Kirchspiel Westensee   Kreis Rendsburg-Eckernförde

Von Deutsch-Nienhof hören wir erstmals im Jahre 1472, als Hinrich v. Ahlefeldt hier genannt wird. Hinrich v. Ahlefeldt soll auch ein erstes Haus gebaut haben, aber angeblich an anderer Stelle. Das jetzige ist in der folgenden Rantzauischen Zeit errichtet worden, wahrscheinlich 1501 von Tönnies Rantzau, hat aber im Laufe der Jahrhunderte vielfache Änderungen erfahren. Der Kernbau dürfte unter dem heutigen Mittelteil des Hauses liegen, aber nicht in seiner vollen Breite, die Keller sind tonnengewölbt, jedoch nur in den Ausmaßen von 10 zu 12 m. Da das Haus auf der Rantzauischen Tafel von 1586 bereits als Dreiflügel-Bau erscheint, müssen schon in diesem Jahrhundert Erweiterungsbauten vorgenommen worden sein. An der Westseite des Westflügels besteht das Mauerwerk aus altertümlichen Steinen im Klosterformat und im wendischen Verband, sowohl im Keller als auch im Hauptstockwerk. Die Giebel dieses ersten Hauses sind dreifach gestaffelt, der Hauptflügel hatte im Untergeschoß keine Fenster, wie bei alten Wasserburgen üblich, auch der gesamte Typ des Hauses entspricht deutlich dem Schema einer holsteinischen Wasserburg, von breiten Gräben umgeben. Wenn auch diese Gräben längst zugeschüttet worden sind, kann man auch heute noch vor allem an der Nordseite Vertiefungen im Gelände erkennen. Die Seitenflügel sind vielleicht anfäng-

Gartenfront

lich nur einstöckig gewesen. Die großen Umbauten sind durch zwei Bauherren ausgeführt worden, 1688 durch Hans-Hinrich v. Ahlefeldt, 1749–1753 durch Christian Friedrich v. Heespen. Zu einem dritten Umbau, der 1770 geplant war, kam es nicht, George Greggenhofer schlug einen Umbau des Herrenhauses und des Torhauses vor, für die noch die Bauzeichnungen vorhanden sind. Das alte Torhaus wurde später, anscheinend erst um 1860, abgebrochen. Greggenhofers Pläne für Deutsch-Nienhof wurden erst 1977 verwirklicht, als im Freilichtmuseum in Rammsee bei Kiel dieses Torhaus erbaut wurde.
In den Jahren von 1792 bis 1801 war Carl Gottlieb Horn als Baumeister tätig, der in den gleichen Jahren Emkendorf von Grund auf erneuerte und umbaute. Wieviel von Horns Entwürfen Wirklichkeit geworden ist, bleibt zweifelhaft. Mit Sicherheit geht auf Horn zurück die geradezu monumentale Portalpartie mit bossierten Säulen nach Toskanischer Ordnung unter dem Frontispice an der Hofseite.
Aus der Ahlefeldt'schen Zeit ist vor allem die Persönlichkeit von Hans Hinrich v. Ahlefeldt, Ritter des Elefanten-Ordens und Oberstkämmerer, bemerkenswert, † 1720. Der Vater, Bendix v. Ahlefeldt, hatte dem Sohn

noch zu Lebzeiten 1681 Deutsch-Nienhof übergeben, um 1688 erbaute er das heute noch stehende Haus. Jetzt wurde das weite, doppelflügelige Herrenhaus, das auf einen wirksamen äußeren Eindruck berechnet war, im Palaisstil gebaut, geeignet für eine umfassende Gastlichkeit und auf große Dienerschaft zugeschnitten. Er ist es auch gewesen, der aus der nächsten wald- und wiesenreichen Umgebung des Hauses den neuen Baumgarten schuf, als Grundlage des bald nachher begründeten Tiergartens und des Vorläufers des heutigen Parks.

Der bedeutende Landeshistoriker Paul v. Hedemann-Heespen (1869–1937) schickte sich alsbald nach seinem Besitzantritt an, das Haus nach seinen Vorstellungen umzubauen. Das Äußere blieb im wesentlichen unverändert, nur die Rückfront erhielt jetzt ihren beherrschenden schönen, geschwungenen Segmentbogen, – ein Motiv, das er nach dem Modell des Heespen-Hofes in Schleswig, dem heutigen Amtsgericht, aufbaute. Dafür wurden im Inneren des Hauses erhebliche Veränderungen vorgenommen, überalterte Wandeinteilungen entfernt und durch neuere Einbauten ersetzt. Jetzt entstand die große Halle, die durch zwei Stockwerke hindurchgeht und die mit ihrem eleganten Treppenhaus und den umlaufenden Galerien ein beachtliches Dokument der Baugesinnung aus dem Anfang unseres Jahrhunderts

Halle mit Stichen von François Langot

darstellt. Die meisten Umbauten wurden in den Jahren von 1907 bis 1909 durchgeführt, beratende Architekten waren Graf Wilhelm v. Hardenberg aus Dresden und der Bauinspektor Meyer.
Paul Hedemann richtete einen großen Raum zur Aufnahme der Bibliothek ein. Der Raum ist zweigeschossig angelegt, mit umlaufender Galerie und nimmt die etwa 12 000 Bände umfassende Büchersammlung auf, eine der wertvollsten Bibliotheken auf unseren Gütern.
Der schöne Segmentbogen an der Rückfront des Hauses ist in den Jahren nach dem Zweiten Weltkrieg durch Umbauten verändert.
In der Zeit Hartwig v. Hedemanns wurde das Haus überfüllt mit Heimatvertriebenen und Flüchtlingen aus dem Osten, ihrer nahm sich der Gutsherr mit großer Liebe an. Stimmungsvolle Weihnachtsfeiern für alle die vielen Fremden vereinigten die Bewohner des Herrenhauses mit den Betriebsangehörigen. Unter ihm wurde im Sommer Deutsch-Nienhof das Ziel zahlreicher Besucher, die seine Kunstschätze und Bibliothek besichtigen und sich an den weit ausgedehnten Parkanlagen erfreuen konnten. Eine wichtige kulturelle Aufgabe nahm Hartwig v. Hedemann in den Herbst- und Wintermonaten wahr. Dann wurden hier etwa alle vier Wochen Vorträge, meistens mit Lichtbildern, über geschichtliche und vorgeschichtliche, kunstgeschichtliche, literarische, volkswirtschaftliche und naturwissenschaftliche Themen gehalten. Hinzu kamen Rezitationen von Dichtungen, Konzerte und Vorführungen bildender Filme.
Diese Veranstaltungen wurden von weither besucht und haben Deutsch-Nienhof in Verbindung mit der Bibliothek und dem Archiv zu einem Kulturzentrum für die nähere und weitere Umgebung gemacht.

Adeliges Gut Deutsch-Nienhof

Besitzer: Sven v. Hedemann-Heespen

Nießbraucherin: Frau Vera Toepfer verw. v. Hedemann-Heespen, geb. Reccius

Besitzer		*Gut und Bauten*	
im Mittelalter	v. Ahlefeldt	1501	Bau des ersten Herrenhauses
1501–1630	(v.) Rantzau	im 16. Jahrh.	Erweiterung zum Dreiflügelbau
1630–1694	erst Blome dann v. Ahlefeldt	1688	Umbau
1694–1743	erst v. Jessen dann v. Buchwaldt	1749	zweiter Umbau
1743–1776	v. Heespen	1907–1909	dritter Umbau
seit 1776	v. Hedemann-Heespen		

EMKENDORF

Kirchspiel Westensee   Kreis Rendsburg-Eckernförde

Emkendorf und der Emkendorfer Kreis, – zwei Worte, die für jeden Heimatkundigen geradezu nostalgisch wirken, Begriffe, die sich an die eine Zeit anlehnen, die man sicher zu Recht als die bedeutendste Epoche nicht nur in der langen Geschichte dieses Gutes ansieht, sondern die weit darüber hinaus für die Geschichte Schleswig-Holsteins von großem Wert ist. Dieser Zeitraum dauert nicht allzu lange, er beginnt 1783, als der junge Graf Friedrich (Fritz) Reventlow Emkendorf übernimmt und mit seiner schönen Gemahlin Julia geb. Gräfin Schimmelmann Einzug hält. Diese Epoche dauert praktisch nur bis zum Tode von Julia im Jahre 1816, aber wenn auch diese Zeitspanne nur die Lebensdauer einer einzigen Generation umschließt, so ist sie doch von einer nicht hoch genug einzuschätzenden Bedeutung geworden. Hier entsteht eine großartige Synthese von Bildung und Geist, von politischem Streben und künstlerischem Schaffen, von echter Religiosität und menschlicher Schwärmerei. Und die Bedeutung dieses Emkendorfer Kreises geht weit über das Ehepaar selber hinaus, sie haben Freunde und Verwandte in allen den großen Familien ihrer Zeit.

Emkendorf, Gartenfront

Dieser Kreis ist keineswegs ein Adelsclub provinzieller Prägung, seine Geschichte ist durch die französische Revolution von 1789 gekennzeichnet, viele Emigranten aus Frankreich strömen ins Haus und werden mit offenen Armen aufgenommen, hinzu kommen Dichter und Gelehrte aus dem norddeutschen Raum.

1729 wurde Emkendorf an den hannoverschen Feldmarschall Cuno Josua Freiherrn v. Bülow verkauft. Er begann alsbald mit Neubauten.

1743 ging Emkendorf an den Geheimen Conferenzrath Jean Henri v. Desmercières über, der schon Quarnbek besaß und auch dort wohnen blieb. Aber während seiner Besitzzeit wurde in Emkendorf weiter gebaut. 1745 entstand die Kornscheune mit datiertem Nordgiebel, 1748 konnte er König Friedrich V. von Dänemark auf Emkendorf empfangen. Damals muß das Herrenhaus also schon im großen und ganzen fertig gewesen sein.

1765 kaufte der Oberkammerherr Detlev Reventlow, seit 1767 Graf, Besitzer von Altenhof bei Eckernförde, Emkendorf an, zweifellos für seinen zweiten Sohn Friedrich (Fritz), auf den das Gut 1783 nach dem Tode des Vaters überging. Über die einmalig schöne Ausstattung, die das Haus durch ihn zusammen mit seiner Gemahlin Julia, geb. Gräfin Schimmelmann, erfuhr, berichtet Carl-Heinrich Seebach insbesondere über die Persönlichkeit des Baumeisters Carl Gottlob Horn und des Malers Giuseppe Pellicia wie folgt:

In der Vordiele wurden Abgüsse des Apollo von Belvedere sowie Amor und Psyche aufgestellt. Der kleine Salon links steht unter dem Thema Tod und Auferstehung. Im Schlafzimmer des Grafen sind an der Decke die Tierkreiszeichen mit Helios und an den Supraporten die Jahreszeiten zu sehen. Das Eckkabinett an der Nordseite zum Garten hat Malereien mit Herkules und der Kentaurenfamilie. Das daneben liegende Schlafzimmer war in der Mitte des 19. Jh. verändert worden. An Hand einer Skizze von Horn konnte jetzt der alte räumliche Zustand wiederhergestellt werden. Die Decke im Raum und der Nische zeigt in pompejanischer Art gespannte Velen. Der Gartensaal ist durch Horn architektonisch nach besonderen Wünschen des Grafen gegliedert. Hier hängen die Landschaften von Denis und eine Kopie der aldobrandinischen Hochzeit. Der folgende rote Salon behielt seine alte Wandbespannung aus der Desmercières-Zeit. Nur die Supraporten kamen aus Italien. Die folgenden Zimmer der Gräfin wurden 1910 bis 1911 durch den Architekten Ernst Prinz zu einem Raum zusammengefaßt, um die neue Bibliothek zu schaffen. Zur gleichen Zeit wurde aus dem Vorzimmer der Gräfin zum Hof hin das Jagdzimmer mit Vorraum gebildet.

Im Obergeschoß richtete Horn im Zimmer über der Diele das Entrée zum Festsaal ein. Es folgt das große Speisezimmer (Christianszimmer) mit den

Gartensaal

Säulen von August Fr. Moser. Die Malerei richtet sich nach Themen aus Herkulanum. Das Eckkabinett an der Gartenseite nach Norden erhielt auf blauem Grund pompejanische Motive. Das folgende Zimmer beinhaltet in seiner Wandmalerei die Telemachabenteuer. Im nächsten Zimmer, dem Etruskischen, waren früher 23 Bilder in Art einer Gemäldegalerie angebracht. Der Festsaal geht wieder in seiner Gliederung auf Horn zurück. Pellicia übermalte die Flächen mit Groteskenmalerei. An der Decke sind die menschlichen Tugenden dargestellt. Der folgende Blaue Salon war unter den Reventlow der Theatersaal. Teile der Bühnendekorationen befinden sich in Kiel in der Landeshalle im Schloß. Die Dekoration ist der älteren Zeit anzurechnen. Den alten Deckenstuck übermalte Pellicia. Von besonderem Reiz ist die malerische Gestaltung des mittleren Zimmers an der Südseite des Hauses. Hier hat Pellicia in die Ecken Säulen gemalt, die Wandvorhänge tragen.

In neuerer Zeit trat mit Dr. Curt Heinrich als Käufer ein Besitzer kongenial die Nachfolge in diesen mit so viel an Tradition belasteten Besitz an. Nach seinem Tode 1959 setzte der Sohn Helmuth das Werk des Vaters mit wahrer Leidenschaft und mit feinem Gespür für die ihm zugefallene Aufgabe fort. Er ist verhältnismäßig jung bereits 1979 verstorben, das Gut wurde nach den Bestimmungen des Vaters Erbteil des Bruders Christian Heinrich, der aber nicht in Emkendorf lebt. Hausherrin blieb die Witwe Ella, geb. Freiin v. Lüttwitz, ihr Ehemann Helmuth führte bereits auf Grund einer Adoption durch den Schwiegervater den Doppelnamen Freiherr v. Lüttwitz-Heinrich. Was dieses Ehepaar und jetzt nach dem Tode des Ehemannes die überlebende Ehefrau für Emkendorf getan haben, ist sehr bedeutsam. In dem langen Jahrhundert nach der belle époque von Fritz und Julia Reventlow war vieles nicht gebührend gepflegt, teils auch durch sinnentstellende Übermalungen oder Umbauten zum Nachteil verändert worden. Das Ehepaar v. Lüttwitz-Heinrich setzte, auch mit starker Unterstützung amtlicher Stellen, ein ganzes Team von Künstlern ans Werk, Bildhauer, Tischler, Maler, Stukkateure. Und um das Haus selber mit Leben zu erfüllen, wurden und werden auch heute noch ständig Führungen, Vorträge, Konzerte und Empfänge in den großartigen Räumen des Hauses veranstaltet. So bleibt der Zauber von Emkendorf aus der Zeit um 1800 bis in unsere nüchterne Zeit erhalten.

Adeliges Gut Emkendorf

Besitzer: Christian Heinrich

Besitzer

seit dem 12. Jahrhundert	Herren v. Westensee
1443–1595	v. Ahlefeldt
1595–1720	(v.) Rantzau
1720–1729	v. d. Schulenburg
1729	Graf v. Bülow
1738	Graf v. Baudissin
1743	v. Desmercières
1765–1829	Graf Reventlow
1829–1929	Grafen v. Reventlow-Criminil
1929	Heinrich

Gut und Bauten

über die Bauten des Mittelalters ist nichts bekannt

1644	heißt es, daß alle Gebäude abgebrannt seien
1730	Bau des Kuhhauses, wahrscheinlich auch Beginn des Baues eines Herrenhauses
1745	Bau der Kornscheune
1748	Herrenhaus im wesentlichen fertig
ab 1791	Umbau und Ausgestaltung des Herrenhauses
1855	Einbau der Reitbahn

Bossee

Kirchspiel Westensee Kreis Rendsburg-Eckernförde

Die Hünengräber und Urnenfriedhöfe auf Bossee weisen auf einen alten Siedlungsplatz hin. So konnte bei Ausgrabungen auf Bossee im Jahre 1835 aus einem Grabhügel ein Depotfund gemacht werden, unter dem sich ein reicher Bronzestab befand, bekannt als „Bosseer Schwertstab". Auch bei der Christenbekehrung um 1300 spielte Bossee eine Rolle.
Der älteste uns mit Namen bekannte Besitzer gehört dem Geschlechte v. Ahlefeldt an. Während der Ahlefeldtschen Zeit ist das erste Herrenhaus erbaut worden, vielleicht von Jasper v. Ahlefeldt, der zwischen 1523 und 1561 genannt wird, vielleicht sind die mächtigen, wohlerhaltenen Kellergewölbe noch älteren Datums. Sie bestehen aus gewaltigen Kreuzgewölben auf dicken Säulen, die Gurte und Schildbögen sind rechteckig abgesetzt. Das Bauwerk war von Anfang an sehr groß, in den Ausmaßen von 36×14 m, die spitzbogigen Kreuzrippenwölbungen sind bemerkenswert tief angesetzt. Sie müssen daher sehr alt sein und können verglichen werden mit den Gewölben auf Gjorslev auf Seeland, die sogar auf etwa 1400 datiert werden.
Erbe von Bossee war 1698 Jasper Rantzau, Hofmarschall bei dem Statthalter, dem Markgrafen F. C. v. Brandenburg-Kulmbach. Er ist der Schöpfer des bis zur Gegenwart in wesentlichen Teilen erhalten gebliebenen einmalig schö-

nen Wirtschaftshofes. Freilich, das Torhaus steht nicht mehr, die zur Rechten stehende Scheune ist 1924 durch den Architekten Heinrich Stav aus Kiel stark umgebaut worden, um so schöner ist die linke Scheune mit dem mächtigen durch einen Segmentbogen abgeschlossenen Giebel. Wie das Herrenhaus selber in diesen langen Jahrhunderten ausgesehen hat, wissen wir nicht, wahrscheinlich war es seit dem Ausgang des Mittelalters ein Doppelhaus auf den starken Kellergewölben, wie in Holstein üblich. Bei Adolf Hornemann von 1850 erscheint das Herrenhaus als typisches Landhaus mit Frontispice und halb abgewalmtem Dach. Das Herrenhaus selber ist vielleicht im 18. Jahrhundert umgebaut worden.
Schön sind die beiden Kavalierhäuser von 1760 von rotem Mauerwerk mit toskanischen Pfeilern, kräftigen gemauerten Gesimsen und Scheinfenstern, jedes Haus mit 9 Achsen, die drei mittleren sind als zweistöckige Risalite mit hohem Dreiecksgiebel herausgehoben. Die Bauten werden dem Architekten George Greggenhofer aus Eutin zugeschrieben. Auf der Freitreppe des Herrenhauses stehen zwei sandsteinerne Löwen, die gewiß auch aus dem 18. Jahrhundert stammen.
Detlev v. Bülow, †1926, war stark damit beschäftigt, Haus und Hof zu modernisieren. Das alte Torhaus wurde abgebrochen und etwa an seiner Stelle, nicht genau in der Achse des Hofes ein monumentaler Wasserturm mit anschließenden Wirtschaftsgebäuden errichtet, in Anlehnung an das Bothkamper Torhaus. Der Wasserturm versorgt noch bis zur Gegenwart hin

Halle

die gesamten Hofgebäude mit Wasser. Der Wasserturm und der anschließende Trakt, früher Kutschstall, jetzt für Traktoren, sind sehr geschickt im Stil von George Greggenhofer nachgebaut.
Das Herrenhaus war schon einmal in den Jahren von 1857 bis 1859 umgebaut worden und erhielt 1897 durch den Architekten A. Petersen aus Altona seine heutige äußere Gestalt und vor allem das aufwendige Treppenhaus. In ihm sind die Wappen der Besitzer des Gutes und Stukkaturen der Wappen Bülow und Wedderkop, ausgeführt durch den Maler Otto Schmarje aus Altona, erwähnenswert. In die Wandtäfelung sind zahlreiche kleine Zeichnungen und Aquarelle mit Landschaften, auch aus der Umgebung von Kiel, eingearbeitet.
Alle Herren v. Bülow waren bis zur Gegenwart hin besondere Freunde von Wald und Wild. Friedrich Gustav v. Bülow ließ um 1880 herum ganze Wagenladungen von Eicheln nach Bossee schaffen und ganze Komplexe von Eichenwäldern in den Niederungen anlegen, außerdem wurden alle Gehölze mit einer Reihe von Kastanien umpflanzt, um jederzeit Wildfutter an Ort und Stelle zu haben. Jetzt, hundert Jahre später, zeigt sich der Erfolg dieser Maßnahme, es sind hervorragende Bestände an Eichenwäldern erwachsen, und dank des hegerischen Einsatzes des derzeitigen Besitzers stehen die Damwildbestände in den Revieren am Westensee den so sehr gerühmten in Ostholstein an Qualität nicht mehr nach.

Adeliges Gut Bossee

Eigentümer: Cai Friedrich v. Bülow

Besitzer

im Mittelalter	Ritter von Westensee
etwa 1400–1587	v. Ahlefeldt
1587–1618	(v.) Brockdorff
1618–1639	v. Qualen
1639–1715	(v.) Rantzau
1715–1778	v. Rumohr
1778–1804	Pauly
1807–1824	Leisching
seit 1824	v. Bülow

Gut und Bauten

15. oder 16. Jahrh.	Bau eines ersten Hauses mit heute noch erhaltenen Kellergewölben
16. Jahrh.	Entstehung des Gutes Bossee
um 1760	Bau der Kavalierhäuser
1857–59	Umbau des Herrenhauses
1897	Zweiter Umbau
1896	Bau des Wasserturmes

Mehlbek

Kirchspiel Heiligenstedten   Kreis Steinburg
Pfarrstelle Krummendiek

Der Name Mehlbek wird im allgemeinen mit Mühlenbach erklärt, eine Deutung, die eine große Wahrscheinlichkeit für sich hat. Der Ort wird durchflossen von der Mühlenau, eine Mühle gab es hier bis 1951.
Das Gut Mehlbek ist erst in viel späterer Zeit entstanden und offensichtlich nicht mit einem einzigen Mal, sondern durch Besitz von Hufen in diesem Raum, die erst nach und nach zu dem späteren Gut zusammengewachsen sind. Die ersten Besitzer, von denen wir Genaueres wissen, sind die Herren v. Krummendieck.
Das, was Johann Rantzau auf Breitenburg 1528 kaufte, ist noch keineswegs mit dem späteren Gut Mehlbek zu vergleichen. Er erwarb vielmehr eine Reihe von Hufen, die in mehreren Dörfern verstreut lagen. Die Besitzungen wurden 1538 durch eine Schenkung König Christians III. großzügig erweitert. Aber noch im Landregister von 1543 kommt Mehlbek als eigenes Gut nicht vor.

Scheune von 1710

Die neuen Besitzer, vor allem der Feldherr Johann Rantzau und sein Sohn, der Statthalter Heinrich Rantzau, haben nach Kräften gebaut. Ob sie Bauten aus der Krummendieckschen Zeit vorgefunden haben, ist unwahrscheinlich. 1806 ging Mehlbek über an den Kammerherrn Andreas Hartwig Barthold v. Bernstorff aus einer Linie des Geschlechtes, die nicht den Grafentitel führte. Während seiner Besitzzeit, die bis 1824 dauerte, ließ er die alte Burg aus der Rantzauischen Zeit abbrechen, sie war wahrscheinlich ziemlich verfallen, weil die vorhergehenden Besitzer dort kaum gewohnt haben werden. Aber die Burgstelle ist im Gelände noch immer deutlich zu erkennen, ein kleiner kreisrunder Hügel, von breiten Wassergräben umflossen, eine anmutige hölzerne Brücke führt dorthin, und oben auf der Spitze des Hügels steht jetzt ein reizendes Teehaus.

Nach der Bernstorffschen Ära geht es mit Mehlbek nicht gut weiter, mehrere Besitzer werden genannt, von denen kaum mehr bekannt ist als ihre Namen. Erst als es 1899 dem wohlhabenden Fabrikanten Ludwig Hirschberg aus Itzehoe gelingt, das landschaftlich schöne Gut zu erwerben, treten stabile Verhältnisse ein.

Ludwig Hirschberg, † 1935, hatte drei Kinder, zwei Söhne und eine Tochter. Seine Absicht war, jedem der drei Kinder ein Gut zu hinterlassen, Wilhelm sollte Mehlbek erhalten, Ludwig das erst 1902 erworbene Perdoel im Kreise Plön, die Tochter Elisabeth das Gut Weide im Kreise Segeberg. Aber seine Wünsche gingen nicht alle in Erfüllung, Wilhelm fiel im Zweiten Weltkrieg

Mehlbek, Eingangsportal

1944, nach dem Kriege mußte Weide als Mehrfachbesitz im Zuge der Bodenreform geopfert werden. Jetzt erhielt die Tochter, vermählt mit Alfred v. Rosenberg-Lipinsky Mehlbek.
Alfred v. Rosenberg, zunächst Kavallerie-Offizier, kam aus dem Zweiten Weltkrieg als Oberst der Panzerwaffe reich dekoriert zurück und wandte sich dann der Politik zu. Jahrelang war er im Schl. Holst. Landtag als Abgeordneter, ebenso im Kreistag, hier als Fraktionsvorsitzender. Dann wurde er Kreispräsident des Kreises Steinburg. 25 Jahre lang, von 1953 bis 1978 war er in führender Position in der Schl. Holst. Landwirtschaftskammer tätig.
Das langgestreckte Wohnhaus, ein Haus aus Fachwerk von hohem Alter, das früher einmal als Unterkunft für Söldner gedient haben soll, dann die Gutsmeierei enthielt, enthält jetzt zur Linken die Wohnung des Verwalters, zur Rechten die großzügig geschnittene herrschaftliche Behausung des Besitzers.

Adeliges Gut Mehlbek

Besitzer: Alfred und Elisabeth v. Rosenberg-Lipinsky

Besitzer

1528–1616	(v.) Rantzau
1616–92	v. Ahlefeldt
1692	v. Reichenbach dann v. Reventlow
1728–1746	v. Lohendahl
1746–1766	v. Schomburg
1766–1792	Frhr. v. Meurer
1792–1824	verschiedene Besitzer
1824–1845	v. Hansen
1845–1886	Helms
seit 1899	erst Hirschberg dann die Nachkommen v. Rosenberg-Lipinsky

Gut und Bauten

1528	Bau der ersten Burg
1575	Umbau
1710	Bau der großen Scheune
1817	Abbruch der Burg
1899	Zukauf von Christinental

Osterrade

Kirchspiel Bovenau   Kreis Rendsburg-Eckernförde

Das Gut Osterrade ist erst in der Neuzeit, im 16. Jahrhundert, entstanden. Es wurde für Bertram Sehestedt, †1562, neu geschaffen.

Das Gut hat sich bis zur Gegenwart hin eine anmutige, fast möchte man sagen bezaubernde Lage bewahrt. Dicht nördlich zieht sich der Nord-Ostsee-Kanal hin, dicht südlich liegen die Reste des alten Eiderkanals und der Altwässer der Eider selber. So liegt der Hof förmlich eingebettet in still ruhende Gewässer. Mitten über den Hof läuft eine Hauptverkehrsstraße und zerschneidet den Hof, zur einen Seite liegen das Herrenhaus mit seinen Nebengebäuden, zur anderen der Wirtschaftshof. Aber da die Straße im Bogen verläuft, sieht man immer wieder aus verschiedenen Perspektiven heraus die stattlichen Gebäude durch die Bäume schimmern.

Detlev Brockdorff, †1732, ist der Erbauer des 1723 entstandenen Herrenhauses, das noch heute steht und in den spätklassizistischen Bau von Johann Friedrich Werthmann mit einbezogen worden ist.

Im Inneren des Südtraktes gelangt man über die Treppe sogleich in eine mäßig große Eingangshalle, die mit einer prachtvollen und für den kleinen Raum fast erdrückend schweren Stuckdecke geziert ist. Die Decke ist stilistisch nächst verwandt den schönen Decken auf Damp, für die als

Verfertiger Carlo Enrico Brenno genannt wird. Das Gemisch von knorpelig und teigig gezogenen Teilen mit schweren Akanthus-, mit dicken Blüten- und Früchtekränzen, von reizend ungeschickten kleinen Putten gehalten, das Ganze dennoch gestrafft durch eingezogene, eckig gebrochene und zu Voluten aufgerollte breite Profile, – das alles sind die gleichen Stilelemente eines um 1700 kurz vor Einsetzen des Régence entwickelten Hochbarock. Die Komposition ist sehr regelmäßig: um ein schwach ovales Mittelstück, das ein Freskogemälde trägt und von einem dicken Rahmen mit Blatt- und Früchtekranz umzogen ist, gruppieren sich vier in verschiedenen Stellungen den Rahmen stützende Putten, die jeder auf zwei gekreuzten, muscheligen Füllhörnern mit reichem Blütenschmuck stehen. Diese Mitteldarstellung wird straff gerahmt durch Profilbänder, die an zwei Seiten geschlossene rechtwinklige Klammern bilden, an den zwei anderen Seiten dagegen zu geknickten Voluten verstümmelt und mit Akanthuswedeln besteckt sind. Die in den Ecken außerhalb des festen Rahmens verbleibenden Räume sind durch übereck gestellte, breite Kartuschen aus lappigem Knorpelwerk gebildet, über deren oberen, teils wieder in Akanthuswedeln übergehenden Teil eine schwere naturalistische Blütengirlande sich hinzieht.
Im östlich anstoßenden Nachbarraum eine zweite, schlichtere Stuckdecke aus der gleichen Zeit.
1829 wurde Osterrade an Johann Friedrich Wehrtmann verkauft. Aus der Wehrtmannschen Zeit ist bedeutungsvoll die Errichtung des jetzigen Herrenhauses auf Osterrade. Das alte Brockdorffsche Haus wurde in den Bau mit einbezogen, der jetzt die Hauptfront nach Osten erhielt, ein ansehnli-

Deckenstuck im Altbau

cher, klassizistischer Breitbau mit zwei Geschossen und dreizehn Fensterachsen. In den drei mittleren Achsen springt die Hauptfront ein wenig zurück, so daß eine Art offener Vorhalle entsteht, die durch zwei eingestellte toskanische Rundsäulen von der Höhe beider Geschosse sowie durch einen segmentbogigen Giebelüberbau betont wird. Die Baudecken sind rustiziert gemauert, die Geschosse auf beiden Langseiten durch ein glattes Gesimsband getrennt.

Zum 1. 1. 1976 ging das Gut über an die Kurhessische Hausstiftung in Kronberg im Taunus. Seitdem wird das Gut bewirtschaftet von Panker aus und hat heute eine Größe von 440 ha landwirtschaftlicher Nutzfläche und 90 ha Wald.

Zum 1. 8. 1977 wurden das Herrenhaus mit Park und Nebengebäuden in Gesamtgröße von 20 ha an den Kaufmann Ingo Roggatz verkauft.

Adeliges Gut Osterrade

Besitzer des Gutes: Kurhessische Hausstiftung in Kronberg/Taunus
Besitzer von Herrenhaus mit Park und Nebenland: Ingo Roggatz

Besitzer		*Gut und Bauten*	
im Mittelalter	Geschlecht Dosenrode	16. Jahrh.	praedium Osterrade
vor 1500–1592	(v.) Sehestedt	16. Jahrh.	Bau eines ersten Herrenhauses
	(v.) Rantzau		
	v. Ahlefeldt	1723	Bau des alten Herrenhauses
	v. Buchwaldt		
	Herzogin Augusta	1829	Bau des jetzigen Herrenhauses unter Einziehung des Baues von 1723
	(v.) Rantzau		
1619–1715	v. Ahlefeldt		
1715–1753	(v.) Brockdorff	1836–38	Bau der Hofgebäude
	Graf v. Reventlow	1845	Abbruch der Orangerie
1772	Scheel und Hagemann		
1782	Hagemann allein		
1829	v. Hildebrandt		
1836–1917	v. Hildebrandt		
1917–1976	Fürsten von Schaumburg-Lippe		
seitdem	Kurhessische Hausstiftung		
Herrenhaus mit Park			
seit 1. 8. 77	Ingo Roggatz		

Heiligenstedten

Kirchspiel Heiligenstedten   Kreis Steinburg

Heiligenstedten ist heute ein Herrenhaus mit dem hochtrabenden Namen Schloß Heiligenstedten und hatte bis zur Gegenwart hin einen umfangreichen Grundbesitz. Die Herren und Grafen Blome, die Heiligenstedten von 1691 bis 1926 besessen haben, hatten den Besitz bedeutend vermehrt.
Im Jahre 1691 erwarb Adelheid Benedikte v. Ahlefeldt geb. Blome durch Erbschaft das Gut. Sie oder ihre Erben ließen 1717 einen Neubau errichten. Eine Bauaufnahme von 1760 macht uns mit seinem Aussehen bekannt. Auffallend ist ein Kernbau aus Fachwerk im Mittelbau, an den zwei Flügel in Massivmauerwerk nach vorne und ein weiterer Flügel mit Wirtschaftsräumen nach Westen angebaut sind. Die Fassaden zeigen Verbindungen zu Holland. Es ist möglich, daß die Fachwerkteile älteren Datums sind.
1756 wütete eine so große Sturmflut im Ort, daß wahrscheinlich die Gebäude in Mitleidenschaft gezogen worden sind. Das dürfte der Grund für den Neubau des Jahres 1769 gewesen sein. Otto Blome ließ anstelle des Torhauses zwei gleiche Gebäude für Wohnungen und Ställe mit einer offenen Durchfahrt errichten, die – wenn auch stark umgebaut – heute noch

stehen. Für den Bau des Herrenhauses selber hatte er einen Architekten großen Ranges durch seine Freundschaft mit dem Grafen Bernstorff in Kopenhagen erhalten, Nicolas Henri Jardin.

Jetzt trat an die Stelle des Hauses von 1717 ein völliger Neubau. Über einem hohen Untergeschoß erhob sich ein Stockwerk mit einer niedrig liegenden Tür. Der Mittelrisalit zum Garten an der Rückfront war dreiseitig ausgebaut mit einem kleinen Balkon. Der Bau ist sehr schlicht in schönen Proportionen gehalten.

Von diesem Hause ist in dem gegenwärtigen außer dem gewölbten Keller noch die eigenartige Treppenanlage zum Erdgeschoß erhalten. Ein Raum linker Hand hat eine Stuckdecke. Der Gartensaal hat eine achteckige Form, seine Wände sind durch Pilaster und Nischen gegliedert. Die Wandmalereien weisen auf pompejanische Vorbilder hin. Der große Park wurde nach Entwürfen des Bauherrn und des Gärtners G. F. Biesoldt in englischer Form gestaltet. Er ist über eine Brücke zugänglich, an seinem spitz zulaufenden Ende steht ein Obelisk mit dem Wappen der Familie Blome, dem Windhund.

In den Jahren von 1851 bis 1853 ließ Baron Adolf Blome das Herrenhaus von 1769 durch den Baumeister J. E. Mose in neugotischer Form völlig umge-

Saal

stalten. Ein Stockwerk wurde hinzugefügt, die Seiten des Haupthauses verlängert.
Durch diesen Umbau hat das einzigartig schöne Herrenhaus von 1769 eine entstellende Form erhalten. Glücklicherweise sind Ölbilder aus dem Anfang des 19. Jahrhunderts erhalten, die die bezaubernde Lage des Baues von 1769 in der Flußschleife der Stör zeigen und die ganze Anmut der von Jardin geschaffenen Anlage großartig wiedergeben. Es ist ein zu bedauernder Verlust für unsere heimische Architektur, daß dieser großartige Bau durch Umbauten des 19. Jahrhunderts weitgehend zerstört wurde.
1926 verkaufte Baron Adolf Blome Heiligenstedten an die Provinz Schleswig-Holstein. Die Provinzialverwaltung in Kiel ließ alsbald nach dem Ankauf das wertvolle Mobiliar versteigern, auch die großartige Bibliothek, die von den beiden Otto Blome zusammengebracht worden ist, kam unter den Hammer.
Es bleibt zu bedauern, daß es nicht möglich war, eine so wertvolle Bibliothek für das Land zu erhalten, unwiederbringlich ging vieles verloren, was nicht mehr zu ersetzen ist und nur der Auktionskatalog erinnert an die einstigen Schätze.
Seit 1958 ist Heiligenstedten Alten- und Pflegeheim, erst unter der Leitung von Frau v. Glahn, seit 1963 durch den jetzigen Pächter, Erik Mullikas.

Adeliges Gut Heiligenstedten

Herrenhaus heute im Besitze des Alten- und Pflegeheims Schloß Heiligenstedten

Besitzer

15. Jahrh.	Herren v. Krummendieck
16. Jahrh.	v. Ahlefeldt und (v.) Rantzau
seit 1691	Blome, später Barone und Lehnsgrafen Blome bis 1926
1926	Verkauf an die Provinzialverwaltung der Provinz Schleswig-Holstein
seit 1958	Alten- und Pflegeheim

Gut und Bauten

1583	1. Herrenhaus durch Franz v. Roncha
1717	Neubau eines Herrenhauses
1769	Bau des jetzigen Herrenhauses
1851–53	Umbau
nach 1926	Erweiterungsbauten im Hause

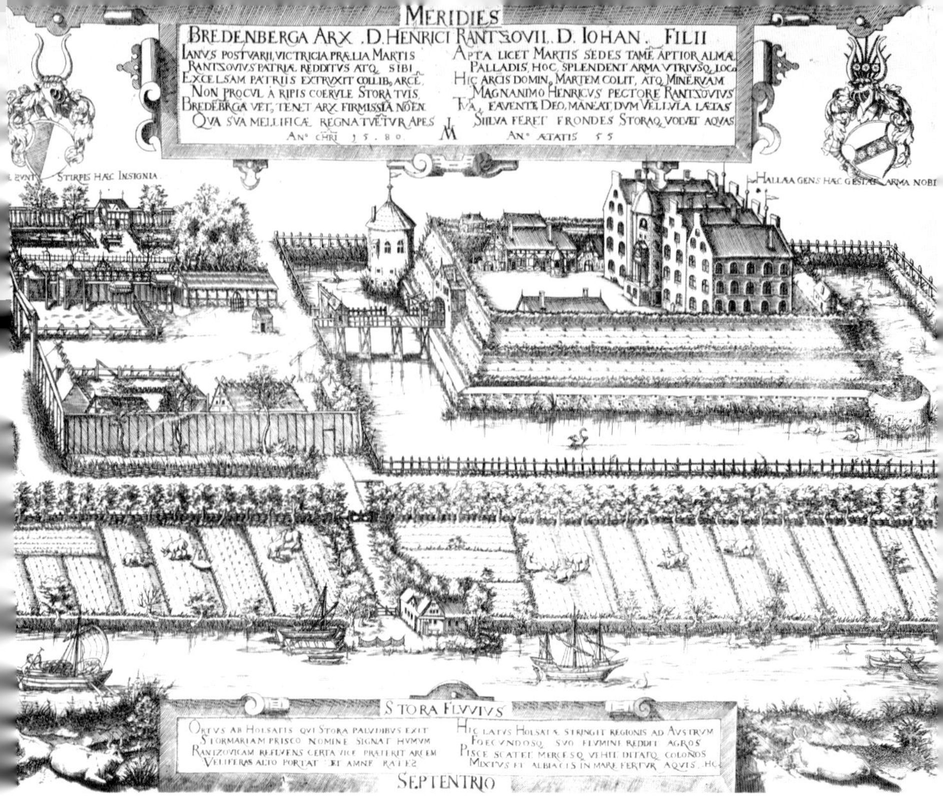

Breitenburg um 1580

BREITENBURG

Kirchspiel Münsterdorf   Kreis Steinburg

Breitenburg gehört seit jeher zu einer der bedeutendsten Besitzungen in ganz Schleswig-Holstein, gleich hervorragend durch die stolze Reihe prominenter Besitzer wie durch die Größe des Besitzes, die weit über die eines einfachen Gutes hinausragte und der daher mit Fug und Recht der Name einer Herrschaft beigelegt worden ist.
In der allgemeinen Meinung herrscht die Ansicht vor, daß Breitenburg seit jeher in Rantzauischem Besitz gewesen ist. Zutreffend ist daran nur das eine, daß Breitenburg in den über 450 Jahren seines Bestehens nicht einmal verkauft worden ist. Trotzdem ist die Besitzerfolge nicht eine einheitliche Linie, es gab im 18. Jahrhundert Jahrzehnte, in denen Breitenburg den

Grafen Castell gehört hat und erst durch Heirat der Erbtochter mit einem Rantzau aus einer anderen Linie wieder in den Besitz des Geschlechtes Rantzau gekommen ist.
Johann Rantzau begann 1531 mit dem Neubau des Herrenhauses. Er setzte zwei Häuser nebeneinander und vor die Mittelwand der beiden Häuser einen Treppenturm. Die Häuser hatten einen sehr hohen Kellersockel und waren eingeschossig mit ausgebautem Dachgeschoß. Vor diesen Häusern liegt auch heute noch ein größerer Hofplatz, der von Wall und Wassergraben umgeben war. Auf dem Bild der Rantzauischen Stammtafel sind noch kleinere Gebäude zu erkennen. Der Wirtschaftshof wird vor dieser Insel gelegen haben. Hier starb 1565 Johann Rantzau. Sein Sohn Heinrich erbte die Herrschaft und wurde zum bedeutendsten Bauherrn auf Breitenburg.
Es ist anzunehmen, daß der neue Bauherr die Bauten seines Vaters sofort erweitert hat. Jetzt entstand nach den Stichen von Lindenberg, besonders dem von 1580 nach zu urteilen, ein drittes und viertes Haus. Die beiden mittleren Häuser haben noch die spätgotischen Treppengiebel, die beiden neueren Häuser nicht. An die Stelle des alten Turmes setzte er einen neuen achteckigen mit Unterbau und Wendeltreppe. Als Architekt gilt der Dresdener Baumeister Hans Irmisch. Der Turm hatte eine reich geschmückte Fassade. 1583 ließ Heinrich Rantzau einen kleinen Obelisken und zwei fackelhaltende Löwen davor aufstellen. In dieser ersten Bauphase kamen beiderseits des Hofplatzes noch freistehende Gebäude hinzu.
Der Keller des Hauptgebäudes enthielt Wirtschaftsräume, so die Brauerei, die Bäckerei, den Milchkeller und andere. Im ersten Stock lagen vom Treppenturm zugänglich die große Diele, deren Wände mit Sprüchen und Bildern verziert waren. Links lag das Zimmer des Gutsherrn. An der Südwand befand sich anfänglich noch ein gewölbter Anbau mit der Schatzkammer und der darüber befindlichen Bibliothek. Nach hinten lagen die Apotheke und Krankenstube, ferner die Winterstube und die Küche. Rechts der Diele lagen das Frauengemach, die Schlafzimmer und das Bad. Im Obergeschoß befand sich der große Rittersaal mit einer Galerie und Prunkkamin. Nach links (gen Süden) folgte die Gemäldesammlung, in der bei Königsbesuchen der dänische König übernachtete. Nach hinten kamen die Zimmer für die Dienerschaft und die alte Kapelle. Rechts von der Diele lag das vornehmere Frauengemach, daneben die Sommereßstube.
Das oberste Geschoß hatte einen durchgehenden Korridor, von dem aus vier Schlafzimmer zugänglich waren. Alle Räume waren reich mit Gemälden, Sprüchen und Marmorsäulen geschmückt. Der Außenbau war ein schlichter Backsteinbau ohne besonderen Schmuck. Nach dem Abbruch der Schatzkammer wurde 1581 laut Inschrift auf dem Altarbild die Kapelle angebaut,

mit geschwungenem Renaissancegiebel. Sie war gewölbt und hatte einen besonderen Platz für den Hausherrn. Die zum Wohntrakt stehende Mauer hatte drei je 30 cm tiefe und 1,75 m breite Nischen. Im gleichen Gebäude liegt über der Kapelle die Bibliothek.
Der Wirtschaftshof lag östlich der Hauptinsel. An ihn schloß sich nach Süden ein großer Garten an mit Zierbeeten und Laubengängen. Als Verstärkung für die Befestigung der Schloßinsel wurden ein vorspringender Turm und eine Bastion angelegt. Den Zugang zur Zugbrücke sicherte ein festes Torhaus.
Gert Rantzau (1558–1627) erneuerte den Burggraben und baute 1623 die erste Zugbrücke über die Stör bei dem Schloß. 1626 belagerte Wallenstein das Schloß und zerstörte es gründlich. Plünderungen und Brände vernichteten den größten Teil der Gebäude, auch des Inventars. Auch im Schwedenkrieg hatte das Schloß unter weiteren Zerstörungen zu leiden.
Trotz des Krieges wurden auf Breitenburg Baumaßnahmen durchgeführt. Teilweise wurden auch Wohntrakte wieder aufgebaut, da hier der Reichsgraf Christian Rantzau bis 1663 residierte.
Durch Graf Friedrich (1761–1804) wurde die Kapelle wieder eingerichtet, nachdem sie längere Zeit als Magazin gedient hatte. 1771 wurde die Kapelle wieder geweiht.
Der Neubau anstelle des Haupthauses begann 1805 mit dem Bau eines zweistöckigen Hauses in der Mitte zwischen der Kapelle und dem Wohnbau des 18. Jahrhunderts. Dieser Neubau steht zweifellos auf den Kellern aus der Zeit Johann Rantzaus. Eine Mauer schloß den Bau beiderseits ab, hinter ihr wurden 1871–1876 Wirtschaftsräume angebaut. 1898 bis 1900 wurden

Spiegelsaal

Breitenburg

durch den Architekten A. Petersen aus Altona die Anschlußbauten rechts und links des Baues von 1805 aufgeführt. Sie enthalten im Obergeschoß die neue Bibliothek, die Gemäldegalerie und den Rittersaal mit den Ahnenbildern des Geschlechtes Rantzau. Die Verbindung zum älteren Nordflügel nimmt der Spiegelsaal ein, der 1887 angebaut wurde.
Der Hauptwohnbau wurde im 19. Jahrhundert wahrscheinlich nach Entwürfen von Graf Kuno äußerlich umgebaut. Er erhielt zwei Türme.
Nach der Niederlegung der Befestigungsanlagen wurde der sich um das Schloß ziehende Park zunächst in strengen Formen angelegt. Unter der Leitung des Gartenbaudirektors Jürgens aus Altona wurde der heutige Park von 1882 bis 1884 geschaffen.

Herrschaft (Adeliges Gut) Breitenburg

Besitzer: Breido Graf zu Rantzau

altes Haus Breitenburg

1526 Johann Rantzau
1565 Heinrich Rantzau
1599 Gert Rantzau
1627 Christian Rantzau seit 1650 Reichsgraf zu Rantzau
1663 Detlev Reichsgraf zu Rantzau
1697 Christian Detlev Reichsgraf zu Rantzau
1721 Wilhelm Adolph Reichsgraf zu Rantzau
1726 Catharine Hedwig Reichsgräfin zu Rantzau, verm. mit Johann Friedrich Graf zu Castell-Rüdenhausen
1743 Friederike Eleonore Gräfin zu Castell-Rüdenhausen, verm. mit Carl Friedrich Gottlieb Graf zu Castell-Remlingen
1760 Amoene Gräfin zu Castell-Remlingen verm. mit Friedrich Graf zu Rantzau a. d. H. Ahrensburg

neues Haus Breitenburg

1760 Friedrich Graf zu Rantzau verm. mit Amoene Gräfin zu Castell-Remlingen
1802 Conrad Graf zu Rantzau
1845 Carl Graf zu Rantzau
1847 August Graf zu Rantzau
1849 Friedrich Graf zu Rantzau
1871 Kuno Graf zu Rantzau
1895 Otto Graf zu Rantzau
1910 Hans-Caspar Graf zu Rantzau
1952 Otto Graf zu Rantzau geb. 1922 jetzt dessen Sohn (Übergabe unter Lebenden) Breido Graf zu Rantzau geb. 1949

Seestermühe

Kirchspiel Seester   Kreis Pinneberg

Das große adelige Gut Seestermühe besteht seit fast einem halben Jahrtausend und hat in dieser langen Zeitspanne nur zwei Geschlechtern gehört, erst den Herren v. Ahlefeldt für rund 250 Jahre, seitdem den Grafen v. Kielmansegg, die es bis zum heutigen Tage besitzen.
Der erste selbständige Besitzer, Hans v. Ahlefeldt, dürfte auch ein erstes, vielleicht burgartiges Haus erbaut haben.
Anna Catharine v. Ahlefeldt übergab Seestermühe 1682 ihrem Vetter Hans Hinrich v. Ahlefeldt auf Deutsch-Nienhof. Er ist von allen den vielen Herren v. Ahlefeldt auf Seestermühe der einzige, über dessen Tätigkeit für das Gut vieles zu berichten ist. Er hatte den Entschluß gefaßt, in Seestermühe ein stattliches schloßartiges Herrenhaus zu errichten. Im Jahre 1713 brannte es wieder ab, noch kaum fertig, angeblich durch Brandstiftung. Noch Jahrzehnte später standen erhebliche Teile des Baues, noch in der Kielmanseggschen Zeit erwog man ernstlich den Wiederaufbau und hatte schon nach Plänen des berühmten Architekten Ernst Georg Sonnin den Baumeister Johann Laves mit der Aufstellung eines Entwurfes beauftragt. 1761 besuchte der Publicist Johann Friedrich Camerer Seestermühe und gab eine ausführliche Beschreibung der Örtlichkeit.
Es gibt bis zum heutigen Tag zwei dicht nebeneinander liegende etwa rechteckige Burginseln, beide von breiten Hausgräben umschlossen. Auf

dem einen Plateau steht das heutige Herrenhaus nebst mehreren Nebengebäuden, auf der anderen stand der palastähnliche Bau von Hans Hinrich v. Ahlefeldt. Auffallend bleibt, daß als gleichzeitig der großartige französische Garten angelegt wurde, dessen Achse nicht auf das große Herrenhaus zuführt, sondern auf die heutige bescheidenere Hofanlage. Das läßt nur den Schluß zu, daß schon damals hier Gebäude standen, die Ahlefeldt aus diesem oder jenem Grunde nicht abbrechen wollte.

Peter Hirschfeld hat den Standpunkt vertreten, daß die von Johann Laves angefertigte Zeichnung nicht den tatsächlichen Baubestand wiedergegeben habe, sondern mehr als ein Märchenschloß anzusehen sei. Ob das zutrifft, erscheint zweifelhaft. Die Angaben bei Camerer sind so detailliert, daß man eigentlich keinen Grund hat, ihnen keinen Glauben zu schenken. Höchstens die Brandreste des dritten Geschosses mögen voller Einfallsreichtum hinzugefügt sein, sonst entsprechen seine sehr sorgfältigen Angaben bezüglich des Gartens weitgehend der Wirklichkeit. Dieser Garten erstreckt sich als vierzeilige Lindenallee vom heutigen Herrenhaus nach Süden und gehört zu den schönsten und bedeutendsten Gartenanlagen, die wir in Holstein besitzen. Zwischen den fast 700 m langen Alleen sind oder waren mehrere Wasserbassins angelegt, die übrigen Teile trugen Rasen. An den Ufern der Wasserbecken standen barocke Sandstein- oder Bleifiguren, von denen heute nur noch vereinzelte Reste übriggeblieben sind. Camerer beschreibt sehr naiv die eine Allee von Süden nach Norden wie folgt:

> „Auf der linken Seite, wenn ich herunter gehe, sind Irrgärten, und allerley niedliche Spaziergänge, welche Verliebten besonders angenehm seyn können."

Sie heißt auch heute noch Liebesallee.

Am Ende der beiden Alleen steht ein reizender kleiner Baukörper, heute als Teehäuschen bezeichnet. Heute ist der Pavillon am Ende des Parks ein verputzter Backsteinbau über quer-rechteckigem Grundriß mit breit abgeschrägten Ecken. Das Gebäude hat eine lebhafte Gliederung durch gebrochene Eckpilaster, hoch-rechteckige Fenster an den sechs Schmalseiten und quer-rechteckige Blenden unter den Fenstern und gleichfalls darüber. Die breitere Vorderfront hat ein rechteckiges Portal zwischen schmalen Pilastern und Fenstern, die entsprechende Rückseite ist ungegliedert. Das Häuschen hat eine Windfahne mit ausgestanzter Inschrift: FCvK 1818, danach zu urteilen ist dieses heutige Gebäude in diesem Jahre erbaut worden. Die Wandgliederung des nicht unterteilten Raumes ist stark zerstört, die Flachkuppel in Resten erhalten.

Das heutige Herrenhaus, das der Überlieferung nach aus dem Steinmaterial der Flügelbauten des 1713 abgebrannten Hauses errichtet worden ist, dürfte zunächst als Verwalterhaus gedient haben und ist erst allmählich durch Anbauten und Erweiterungsbauten zu dem heutigen Zustand vergrößert worden. Auf der Rückseite ist ein zweigeschossiger Anbau vorgenommen, an der Vorderfront ein neuer Giebel. Nach Umbauten im 19. und 20. Jahrhundert stellt sich jetzt ein eingeschossiger Bau mit zweigeschossigem Mittelteil dar, an der Rückseite zwei Anbauten.
Im Inneren ist bemerkenswert die Gemäldegalerie, die Portraits aus fast allen Generationen des Geschlechts Kielmansegg enthält, angefangen mit dem lebensgroßen Portrait des Kanzlers Johann Adolph Kielmann v. Kielmannseck von Jürgen Ovens bis hin zur Gegenwart.

Zimmer mit Ahnenbildern

Außen vor der Brücke steht das später als Schule benutzte Armenhaus, eine eingeschossige Dreiflügelanlage im Backsteinrohbau mit großen Rundbogenfenstern aus dem Jahre 1645.
1952 wurde das Gebäude unter Beibehaltung der äußeren Form renoviert und für die Schulklassen zu einer modernen Volksschule ausgebaut. Der Trakt, der bisher die Wohnungen der Bedürftigen enthielt, wurde in den Schulbau einbezogen.

Adeliges Gut Seestermühe

Besitzer: Georg Ludwig Graf v. Kielmansegg

Besitzer

im Mittelalter Teil der Grafschaft Stade, rechtselbische Vogtei unter dem Erzbischof von Bremen	
1494	Erwerb der gesamten Haseldorfer Marsch durch den Ritter Hans v. Ahlefeldt
1551	Erbteilung, der Enkel Hans v. Ahlefeldt Besitzer von Seestermühe
seitdem bis 1752	Herren v. Ahlefeldt
seit 1681 bis 1720	Hans-Hinrich v. Ahlefeldt
dann	dessen Witwe Mette v. Ahlefeldt, geb. Freiherrin v. Kielmansegg, †1748
1752	Erwerb von Seestermühe durch den Grafen Georg Ludwig v. Kielmansegg
seitdem	Grafen v. Kielmansegg

Gut und Bauten

13. Jahrh.	Burgen der Bischöfe Johann und Burchard von Lübeck
1357	alles durch Sturmflut verschwunden
nach 1551	Bau einer ersten Burg durch Hans v. Ahlefeldt
1645–1653	Bau des Armenhauses
um 1700	Bau des großen Schlosses durch Hans Hinrich v. Ahlefeldt und Anlage des barocken Gartens
1713	Brand des Schlosses
um 1750	Bau des Teehauses
um 1765	Aufbaupläne des Schlosses
1818	Neubau des Teehauses
1835	Umbau des Armenhauses
18. Jahrh.	Bau des jetzigen Herrenhauses mit Erweiterungsbauten im 19. und 20. Jahrhundert
1904	Bau eines Mausoleums in der Nähe des Hofes

Haseldorf

Kirchspiel Haseldorf Kreis Pinneberg

Die Geschichte Haseldorfs reicht in sehr weite Zeiten zurück, bis hin zur Jahrtausendwende. Schon sehr früh, etwa seit der Mitte des 12. Jahrhunderts, tauchen die ersten Rittergeschlechter auf, die Ritter de Haselthorpe mit ihren Nachfolgern, den Herren v. Barmstede, wahrscheinlich auch Verwandten. Sie sitzen auf der Burg in Haseldorf, man erkennt noch heute deutlich den Burgplatz mit Wall und Graben.
Wir wissen im allgemeinen sehr wenig über die Lebensführung des Ritters im Mittelalter. Im Falle von Haseldorf sind wir in der glücklichen Lage, das Rechnungsbuch des Schreibers Joachim Hagen von 1495 bis 1501 zu besitzen, das weitgehende Schlüsse auf die Art des täglichen Lebens auf einer holsteinischen Burg des Mittelalters zuläßt.
Die Familie v. Ahlefeldt verkauft Haseldorf im Jahre 1731. Käufer waren die beiden Brüder Johann Erich und Heinrich Andreas v. Schilden.
Seitdem sind bis zur Gegenwart hin, die beiden Güter Haseldorf und Haselau vereinigt geblieben, auch in der gleichen Familie v. Schilden.
Bei nur wenigen unserer Güter ist die Baugeschichte so voller Interesse wie von Haseldorf. Zunächst sticht ins Auge die räumlich äußerst enge Verbindung von Ritterburg und Kirche, nur durch den weiten Platz getrennt, der das heutige Herrenhaus mit seinen Nebengebäuden aufnimmt, wohl an der Stelle der einstigen Vorburg. So kann man hier unschwer die Bildung eines seit vielen Jahrhunderten bestehenden Patronats beobachten, als Ausdruck

der Schutzfunktion gegenüber einer erst eben entstandenen und vielfach bedrohten Kirche.

Die Baugeschichte eines so alten Herrensitzes ist naturgemäß äußerst vielseitig. Der runde Platz der alten Burg im Osten des jetzigen Herrenhauses besteht aus einem äußeren Ringgraben, einem Erdwall, einem kleineren Ringgraben von unterschiedlicher Breite und einem Plateau, auf dem das Mausoleum steht, das 1884 hier in schönen klassizistischen Formen erbaut worden ist.

Die Erbauer der ältesten Burganlage dürften die Ritter v. Haselthorpe sein, die seit 1187 hier bezeugt sind, diese Burg soll vor 1259 zerstört worden sein. 1317 baute das Erzstift Bremen eine neue Burg. 1345 wird ein Schloß in Haseldorf urkundlich erwähnt. Die Reste dieser alten Burg sind mit Sicherheit vor 1744 abgebrochen worden.

Salon

Was dann erbaut worden ist, ist unsicher; ob noch auf der Stelle des alten Burgplatzes oder auf dem Gelände der heutigen Hofanlage. 1657 steckten schwedische Truppen dieses Herrenhaus in Brand. 1679 wird durch Wilhelm v. Ahlefeldt ein neues Haus erbaut und das alte repariert, was man nur so verstehen kann, daß nicht zwei Häuser erbaut wurden, sondern daß die Reste des noch stehenden Hauses gründlich umgebaut und ausgebaut wurden. Dieses neue Gebäude war zweigeschossig mit Satteldach. Auf Gutsplänen von 1714 und 1760 ist ein langgestrecktes Gebäude dargestellt. 1770 wird ein neues Wohnhaus erwähnt, von dem jedoch nichts Näheres bekannt ist.
1804 erfolgt der Bau des jetzigen Herrenhauses nach dem Entwurf des Landbaumeisters Christian Friedrich Hansen für Hans Heinrich v. Schilden. Baupläne hierüber befinden sich im Gutsarchiv. Das Haus ist ein breitgelagerter eingeschossiger, geschlämmter Backsteinbau, mit einem zweigeschossigen Risalit in der Mitte.
Von der Vorhalle kommt man geradeaus in den Gartensaal. Die Wände sind hier in Stuckmarmor gehalten, die Flächen grau, die Pilaster rosa, die Auflagen gelb und rosa, die Stuckreliefs in Weiß. Diese Reliefs stellen reizvolle Blütengehänge dar, teilweise auch antike Genreszenen, Musikinstrumente und Vasen mit Blüten und Früchten.
Hier scheiden vier ionische Säulen einen rechteckigen Mittelraum von seitlichen Raumabteilungen. Rechts anschließend befindet sich der große Wohnraum, dessen Wände in hellem und grauem Stuckmarmor gehalten sind. Zur linken Seite befindet sich der Speiseraum.
Im Inneren sind viele Gemälde von hervorragenden Künstlern ihrer Zeit, in der Hauptsache Porträts, darunter das stattliche Ölgemälde des Herzogs Adolf v. Holstein-Gottorp von 1586, Tobias Gemperle zugeschrieben.
Auf dem Gutshof steht nach Nordwesten ein langgestrecktes Kavalierhaus vom Ende des 18. Jahrhunderts, an der Nordostseite das Museum aus dem letzten Drittel des 18. Jahrhunderts. Hier befand sich das Gutsarchiv, das jedoch vor einigen Jahren in das Landesarchiv nach Schloß Gottorf verlagert worden ist. Im übrigen enthält das Museum Truhen und Waffen und eine bemerkenswerte Kostümsammlung, insbesondere von Herrenkleidung aus dem 18. Jahrhundert. Das Gutsarchiv hat seine besondere Geschichte. Es befand sich im 19. Jahrhundert in einem unbeschreiblichen Zustand. Als der große Genealoge Louis Bobé sich um 1892 anschickte, im Auftrage des Lehnsgrafen v. Ahlefeldt auf Tranekjær auf Langeland eine Geschichte des Geschlechts v. Ahlefeldt zu schreiben, die dann in 6 Bänden von 1897 bis 1912 erschienen ist, führte ihn sein Weg zunächst nach Haseldorf. Der Gutsherr, damals der Kammerherr v. Oppen-Schilden, empfing ihn freund-

Haseldorf, Gartensaal

lich, erklärte ihm aber, er müsse zunächst das Archiv ordnen. Bobé machte sich ans Werk, eine Arbeit, die ihn zwei Jahre lang beschäftigen sollte und bei der ihm so beglückende Funde gelangen wie die Memoiren des Geheimen Raths Detlev v. Ahlefeldt, die er alsbald sowohl auf Dänisch wie auf Deutsch herausgab.
Das Dachgeschoß des Herrenhauses wurde gegen Ende des 19. Jahrhunderts mit großen und kleinen Dachgauben ausgebaut, die Freitreppe erst um diese Zeit angelegt.

Adeliges Gut Haseldorf

Besitzerin: Renata Dallwitz-Wegner
Prinzessin v. Schönaich-Carolath-Schilden

Besitzer		*Gut und Bauten*	
im 12. und 13. Jahrh.		um 1220	Bau einer ersten Burg
	Ritter v. Haselthorpe	vor 1259	Zerstörung dieser Burg
	und Ritter v. Barmstede	1317	Bau einer neuen Burg durch das Erzstift Bremen
1494–1731	v. Ahlefeldt		
seit 1731	v. Schilden		
	dann deren Nachkommen	vor 1744	Reste dieser Burg abgebrochen
	v. Schilden-Huitfeldt		
	Friccius-v. Schilden	um 1500	Neubau eines Herrenhauses
	v. Oppen-Schilden		
	Prinzen v. Schönaich-Carolath-Schilden	1657	durch Feuer vernichtet
		1677	Neubau eines Hauses und Reparatur des alten Hauses
		1770	neues Wohnhaus erwähnt
		1804	Bau des jetzigen Herrenhauses mit Erweiterungsbauten gegen Ende des 19. Jahrhunderts

Glasau

Kirchspiel Sarau   Kreis Segeberg

Über die ältere Geschichte des adeligen Gutes Glasau gibt es kaum Nachrichten. Aus der Lage der 1837 abgebrochenen Wasserburg kann man auf eine mittelalterliche Bauanlage vor dem 15. Jahrhundert schließen. Die beiden kleinen Flüßchen, die Glasau und die Sarau, vereinigen sich unterhalb des Hofes zur eigentlichen Trave. Dieser Winkel zwischen den beiden Wasserläufen hat die geeignete Stelle zur Anlage einer befestigten Burg geboten.
Über die älteren Besitzer von Glasau weiß man nicht allzu viel. 1456 wird der Ritter Bartold v. Bersebek als solcher genannt. Er ist Vertreter einer bereits früh ausgestorbenen ritterschaftlichen Familie. Am Beginn des 16. Jahrhunderts besitzt die Familie Walstorp das Gut.
Wappengleich sind sie mit der Familie v. Reventlow, so daß sie als ein Zweig dieses in Holstein weit verbreiteten ritterschaftlichen Geschlechts angesehen werden können.
Mitte des 16. Jahrhunderts geht der Besitz durch Verkauf an die Familie v. der Wisch, die heute ausgestorben ist. Bezeugt ist, daß Detlev und Otto v. der Wisch im Jahre 1535 den Lehensbrief von Glasau erhalten. Heraus-

Gartenfront

ragend in dieser Familie ist der Diplomat, Claus v. der Wisch. Nach seinem Tod, 1612, wird in der Kirche von Sarau eine sehr große aus Kalksandstein bestehende Platte angebracht, auf der von seinem Leben und seinen Taten berichtet wird und die heute noch zu den besterhaltenen Epitaphien aus dieser Zeit rechnet.

1631 wird das Gut an Heinrich v. Ahlefeldt auf Lehmkuhlen verkauft. Dieser hat zu seinen schon vorhandenen zahlreichen Gütern Glasau hinzu gekauft, veräußert es aber bereits 1636 an Heinrich v. Buchwaldt.

Glasau ist das typische Beispiel eines Walzengutes, so benannt nach seinem häufigen Besitzwechsel in der frühen Neuzeit. Es bleibt bis 1675 in der Familie v. Buchwaldt.

Der Besitz kommt dann in die Hände der aus der Altmark stammenden Familie v. Eickstedt, die im Dienste der dänischen Könige gestanden hat. Valentin v. Eickstedt, der seit 1693 nach dem Tod des Vaters Glasau besessen hat, stirbt 1718 in Kopenhagen als kgl. dänischer Geheimer Rat. Dessen Enkel erbt die Baronie Wintersborg auf Lolland und wird dänischer Lehnsbaron.

1699 wird Glasau deshalb verkauft und kommt nun für mehr als zwei Jahrhunderte in die Hände der Familie v. Reventlow, die auf Altenhof bei Eckernförde residierte. Glasau wird eines der zahlreichen Nebengüter. Dennoch ist Glasau in dieser Familie sehr beliebt gewesen. Viele Mitglieder der Familie sind in der Familiengruft zu Sarau beigesetzt worden.

1935 wird Glasau abermals verkauft und kommt an die Familie v. Hoff, die zuvor das adelige Gut Putlos im jetzigen Kreis Ostholstein besessen hat. Die Familie hat sich von Putlos trennen müssen, da der Staat gerade auf dieses Besitztum, an der Küste gelegen, Anspruch erhoben hat, um einen militärischen Schießübungsplatz dort einzurichten.
Nachdem 1837 das von Claus v. Buchwaldt im 17. Jahrhundert erbaute Wohnhaus abgebrochen worden ist, wird in dem gegenüberliegenden Hofgebäude eine Wohnung für die Besitzer eingerichtet. Dieser Bau, der mit 70 Metern besonders lang ist, der aber besonderer Schmuckelemente entbehrt, schließt die Hofanlage sehr gut ab. Dieses Gebäude ist ein sehr ansehnliches Bauwerk von zwei Stockwerken Höhe, vollkommen schlicht in seiner äußeren Gestaltung. Es ist errichtet auf einem Sockel von schweren Quadersteinen und hat ein großes Walmdach. Vermutlich stammt es aus dem Anfang des 18. Jahrhunderts. Nach der Hofseite zu ist es weiß gekalkt, alles übrige besteht aus einem reinen, roten Mauerwerk. Es wird die Meierei genannt, weil einst in einem Teil eine solche untergebracht war.
An dieses lange Gebäude schließt sich nach Süden hin ein recht ansehnliches Verwaltergebäude aus Backsteinen mit Frontispice von 1879 an, nach Osten

Speisesaal mit Pariser Tapeten um 1910

ein weißgekalkter Bau für Hofarbeiter, anscheinend 1819 erbaut. Nach Norden hat die alte Burg gelegen.
Vom Hofe führt eine schöne Lindenallee dicht neben der alten Burgstelle zu einem kleinen Hügel, der eine große Linde trägt, die ungefähr 300 Jahre alt sein wird. 1907 wird das jetzige Herrenhaus erbaut, sicherlich von einem guten Architekten, vielleicht von Paul Schultze-Naumburg. Dieses Herrenhaus ist von einem Freund und Vetter der Familie, dem Freiherrn Ernst v. Heintze, gebaut und auch bewohnt worden. Darin ist auch der Grund zu suchen, weshalb dieses Haus nicht auf dem Hof, sondern fast villenartig außerhalb der Hofanlage, unmittelbar an der Landstraße entstanden ist. Dieses neue Herrenhaus ist ein zweistöckiger, schlichter Backsteinbau mit vorgezogenen Risaliten an der Gartenfront. Zur Linken befindet sich ein einstöckiger Anbau mit Durchfahrt. Das Haus ist so gestaltet worden, daß es im rechten Flügel die Herrenzimmer enthält, im linken die Salons der Hausfrau. Diese beiden inneren Teile sind verbunden durch einen langen schmalen Eßsaal, der beachtenswert ist wegen der dort angebrachten schönen französischen Landschaftstapeten aus der Zeit der Erbauung des Hauses.

Adeliges Gut Glasau

Besitzer: Siegbot v. Hoff

Besitzer

1455	Bartold v. Bersebek
1514–1533	v. Walstorp
1533–1631	v. der Wisch
1631–1699	v. Ahlefeldt
	v. Buchwaldt
	v. Eickstedt
1699–1935	v. Reventlow
seit 1767	Grafen v. Reventlow
seit 1935	v. Hoff

Gut und Bauten

Im Mittelalter vermutlich eine Wasserburg im Winkel zwischen den Flüßchen Sarau und Glasau

1661	Bau eines neuen Herrenhauses an dieser Stelle durch Claus v. Buchwaldt
ca. 1800	Bau der sog. Meierei
1811	Bau des Verwaltungshauses
1837	Abbruch des Hauses von Claus v. Buchwaldt von 1661
1907	Bau des jetzigen Herrenhauses

Seedorf

Kirchspiel Schlamersdorf Kreis Segeberg

Das adelige Gut Seedorf mit seiner Lindenallee ist einer der ältesten Sitze der alten holsteinischen ritterschaftlichen Familie der Herren Blome. Der Außenwall und Graben der im 15. Jahrhundert gegründeten Hofanlage ist teilweise noch erhalten. Außenwall und Graben von Seedorf grenzen direkt an den gleichnamigen See. Hans Blome, der 1572 die Besitzfolge von Seedorf antritt, ist wahrscheinlich Erbauer der alten Befestigungsanlage sowie auch des großen Torhauses, das 1580 begonnen und 1582 gerichtet wurde. Die hohe dreistöckige Backsteinfassade dieses Baus wird nach holländischer Art durch geputzte Bänder gegliedert. Backstein ersetzt hier den sonst üblichen Sandstein. Zwei schlanke Treppentürme rahmen den Bau ein. Zu beiden Seiten der Durchfahrt befinden sich durch Feldsteine gerahmte Schießscharten. Das zweite Geschoß des Torhauses enthält zur Feldseite zwei Räume mit gewaltigen Kaminen. Im selben Geschoß befindet sich der große Rittersaal mit seinen schweren Deckenbalken. Nach seiner in den letzten Jahren erfolgten Renovierung ist er für kulturelle Veranstaltungen hergerichtet worden. Bemerkenswert ist die Dachkonstruktion mit ihren Kniestöcken aus Krummspannern. Eine noch vorhandene Glocke trägt

Seedorf, Torhaus

die Jahreszahl 1583. Als Baumeister des Torhauses werden Peter v. Mastricht oder Herkules Oberberg angenommen.
Das zum alten Torhaus dazugehörende Herrenhaus ist nicht mehr erhalten. Man kann nur auf Grund der Sockel aus Granit des jetzigen, aus späterer Zeit stammenden Herrenhauses, und der Gewölbe des Kellers auf die Größe des alten Herrenhauses Rückschlüsse ziehen.
Das Innere des 1697 errichteten Herrenhauses ist im 18. und 19. Jahrhundert stark verändert worden und erhält um 1829 sein heute klassizistisches Aussehen. Schön ist das Treppenhaus mit seinen zarten Stukkaturen. Im Obergeschoß liegt zur Gartenseite ein größerer Saal mit schönen Rokoko-Stukkaturen von J. H. v. Motz aus dem Jahre 1758. In einem neben diesem Saal liegenden Zimmer sind gleichfalls Stuckarbeiten aus dieser Zeit erhalten. Nur die Wand zum Garten ist etwas später erneuert worden. Im Vorraum des ersten Geschosses des Herrenhauses sind die Wände mit klassizistischen Motiven bemalt. Die Außenseite des ganzen Gebäudes ist ursprünglich, wie es jetzt noch an der Seite erkennbar ist, mit einer Bemalung, große Quadersteine darstellend, gegliedert.
Außer dem alten Torhaus steht die ehemalige Orangerie. Sie wird im Jahre 1709 von dem damaligen Besitzer Hans Blome gebaut. Das Portal des einstöckigen Gebäudes der Orangerie ist reich mit Akanthus geschmückt. Ebenso befindet sich dort das Blomesche Wappen, ein aufgerichteter Hund, ein Windspiel. Derselbe Bauherr, Hans Blome, läßt bereits in den Jahren von 1704 bis 1708, heute noch vorhandene Statuen von dem Kieler Bildhauer Hans Cretz anfertigen. Für zahlreiche Gewächse sowie auch für Bilder hat er bedeutende Summen ausgegeben. Ein Familienmitglied der Blome, der späteren dänischen Lehnsgrafen, veräußert das adelige Gut Seedorf noch im 18. Jahrhundert.
Es wechselt dann mehrfach seine Besitzer bis es schließlich 1914 in die Hand der Grafen v. Westphalen gelangt, die in Ostholstein auf dem adeligen Gut Rixdorf seit dem 18. Jahrhundert ansässig sind. Noch weitere vorhandene Wirtschafts- und Wohngebäude auf dem Hof stammen aus der zweiten Hälfte des 18. Jahrhunderts. Sie sind zum Teil im 20. Jahrhundert modernisiert worden. Das Herrenhaus Seedorf ist heute vermietet und dient kulturellen Zwecken. Sehr verdient um Renovierungsmaßnahmen in jüngster Zeit hat sich Professor E. Maronn gemacht, der in Seedorf Konzerte veranstaltet.

Adeliges Gut Seedorf

Besitzer: Clemens August Graf v. Westphalen

Besitzer		*Gut und Bauten*
1462	v. Buchwaldt	Herrenhaus a. d. 16. Jhdt.
1480	(v.) Blome	Äußeres des Herrenhauses aus dem
1722	Grafen v. Dernath	Anfang des 19. Jhdts.
1738	v. Hahn	1583 Torhaus
1764	v. Buchwaldt	1709 Orangerie
1819	Fürst zu Schwarzburg-Rudolstadt	Innere Renovierung in jüngster Zeit
1914	Graf v. Westphalen	

Gartensaal

Rohlstorf

Kirchspiel Warder Kreis Segeberg

Das zu den adeligen Gütern gehörende Rohlstorf, im einstigen Preetzer Güterdistrikt gelegen, ist im Mittelalter mit dem adeligen Gut Wensin verbunden gewesen und liegt am Wardersee. Die älteste Geschichte dieses Besitzes, der einst Rolevstorpe geheißen hat, ist in Dunkel gehüllt. Als lehnsfähiges und adeliges Gut wird es im 16. Jahrhundert genannt. Bis zum Beginn des 17. Jahrhunderts befindet sich Rohlstorf in der Hand der im nämlichen Jahrhundert ausgestorbenen ritterschaftlichen Familie v. Wensin, die im Wappen eine Lanzenspitze führt und im Segeberger Kreis verbreitet gewesen ist. Der Ritter Gosche v. Wensin ist der letzte Lehnsmann dieser Familie, der im Besitz von Rohlstorf gewesen ist.
1601 fällt es zurück an den Lehnsträger, den dänischen König Christian IV., der es dem schwedischen General und Kommandanten von Kalmar, Christian Suhm, im Jahre 1614 als Lehen übergibt. Dieser bleibt allerdings nur für vier Jahre im Besitz von Rohlstorf, da er von seinen eigenen Leuten 1618 erschlagen wird.
Der Sohn aus morganatischer Ehe Christians IV., Christian Ulrich v. Güldenlöwe, ist daraufhin Inhaber des Gutes. Güldenlöwe und dessen

wiederum illegitimer Sohn, Woldemar Frhr. v. Löwendahl, Marschall von Frankreich, sind zeitweise Besitzer auch anderer holsteinischer Güter wie z. B. Bothkamp. Ebenfalls ist Güldenlöwe wie Suhm nicht allzulang im Besitz von Rohlstorf. Er fällt im Kriege und nach seinem Tode übernimmt das Gut die dänisch-königliche Verwaltung. Und wieder wechselt Rohlstorf die Besitzer bis es 1661 an die Familie v. Brockdorff kommt. In dieser Familie verbleibt Rohlstorf bis 1797. Es folgen in der kommenden Zeit wieder mehrere Familien. Namen wie Roßberg, Heise, Arnemann tauchen in der Besitzliste auf. 1846 wird Kuno Graf zu Rantzau aus Breitenburg Besitzer des Gutes. Er läßt 1850 ein Herrenhaus zweistöckig mit Turm und zwei großen Flügeln fast neu erbauen, anscheinend unter Verwendung älterer Bauteile. Über ältere Bauten ist sonst weiter nichts bekannt.
Graf Kuno zu Rantzau ist ein bauinteressierter Herr gewesen. Zahlreiche Bauentwürfe, im Breitenburger Archiv vorhanden, und der Umbau des

Wirtschaftsgebäude

Rohlstorf, Gartenfront

Hauses Parade 1 in Lübeck, das sogenannte Rantzauschloß, sind von ihm errichtet worden.

Nebengebäude auf dem Hof in Rohlstorf gehen ebenfalls auf diese Zeit zurück, zum Teil auf älteren Fundamenten aufbauend, die im Laufe der letzten hundert Jahre weiter verändert wurden. Seit dem Jahre 1899 befindet sich Rohlstorf im Besitz der Familie der Freiherrn v. Stumm.

1912 wurde das von Graf Rantzau erbaute Herrenhaus abgerissen und durch einen großen Neubau in alten barocken Stilformen, vielleicht nach dem Vorbild von Borstel, ersetzt. Dieses Haus dient heute als Internat. Nach dem letzten Weltkrieg ist für den Besitzer in mehreren Abschnitten das abgebrannte Verwalterhaus wieder aufgebaut worden.

Zu Rohlstorf haben in früherer Zeit, wie bei anderen adeligen Gütern zum Teil auch nachweisbar, zahlreiche „Pertinenzen", d. h. Meierhöfe, Dörfer und lokale Rechte, wie z. B. das Fischereirecht auf dem Wardersee, gehört.

Adeliges Gut Rohlstorf

Besitzer: Philipp v. Stumm

Besitzer

Bis Ende des 16. Jhdts.	v. Wensin
1601	Christian IV. v. Dänemark
1614–1618	Christian Suhm, dän. General
1620	Christian Ulrich Güldenlöwe
bis 1661	zahlreiche Besitzer
1661	v. Brockdorff
1797	Roßberg
1846	Graf zu Rantzau
1898	Frhr. v. Stumm

Gut und Bauten

1850	Herrenhaus (unter Verwendung älterer Teile eines zerstörten Baues)
1912	Herrenhaus abgerissen und ein neues Haus gebaut

Stockseehof

Kirchspiel Bornhöved   Kreis Segeberg

Das in der Nähe des gleichnamigen Sees gelegene Gut wird 1543 als adeliges Gut im Besitz der alten ritterschaftlichen Familie v. Reventlow erwähnt, die hier bis zur Mitte des 17. Jahrhunderts gesessen hat.
Stockseehof war der Haupthof des adeligen Gutes, eine alte Burganlage ist nachgewiesen, ein altes Herrenhaus hat dort bis 1793 gestanden. Auf einer Flurkarte von 1775 (Major J. Bruyn) ist die Lage des Hauses auf einer rechteckigen Insel, umgeben von einem Burggraben, zu erkennen. Insel und Graben bestehen noch. Die Insel ist jetzt durch einen Damm mit dem übrigen Park verbunden worden.
Nachdem das aus Mecklenburg bekannte ritterschaftliche Geschlecht v. d. Lancken und dann die holsteinische ritterschaftliche Familie v. Brockdorff auf Stockseehof ansässig gewesen sind, geht das Gut im Jahre 1649 an Herzog Joachim Ernst v. Holstein-Plön. Stockseehof wird hierdurch zeitweilig zu einem fürstlichen Kammergut der Herzöge von Plön.

Nach Erlöschen der herzoglichen Linie am Ende des 18. Jahrhunderts wird das alte Herrenhaus abgerissen und ein neues Haus am Rande des Hofes errichtet.
Im 19. Jahrhundert sind Baron v. Alten aus Groß-Goltern bei Hannover und sodann der bekannte Landwirt Rudolf Behr, der den Betrieb bemergelt hat, die Eigentümer.
1926 wird das Gut durch die Hamburger Bankier- und Reeder-Familie Baur erworben. 1962 erfolgt hinter dem alten Herrenhaus der Bau des jetzigen Hauses durch den auch von Schierensee bekannten Architekten Peter Eberwein.
Mit dem Bau des stattlichen neuen Hauses in Stockseehof nach dem Konzept des Bauherrn, Dr. Friedrich Baur, ist zielbewußt ein Weg beschritten

Salon

worden, der alte Wohnkultur mit den Bedürfnissen der Neuzeit, der betriebliche Erfordernisse mit zweckmäßiger Raumgestaltung zu verbinden weiß.
Das neue Herrenhaus auf Stockseehof ist in seiner Gestaltung ein schlichtes Haus, welches sich an klassizistische Bauten anlehnt. Vorbilder waren vor allem die Baurschen Häuser in Hamburg (Palmaille, Baurscher Park in Blankenese u. a.), von den bekannten Baumeistern C. F. und J. M. Hansen erbaut.
Die Halle wird von einer Treppe beherrscht, die der des Stammhauses in der Palmaille ähnelt. Bilder und Möbel stammen zum größten Teil aus diesen Baurschen Häusern in Hamburg.
Die modernen Wirtschaftsgebäude sind Bauten des 20. Jahrhunderts, konzipiert von dem bekannten Hamburger Architekten Erich Elingius in den zwanziger und dreißiger Jahren. Auf dem Hof wird viehlose Ackerwirtschaft und eine 25 ha große Schattenmorellen-Anlage betrieben.

Adeliges Gut Stockseehof

Besitzer: Dr. Friedrich G. Baur

Besitzer

1543	v. Reventlow
1631	v. d. Lancken
1640	v. Brockdorff
1649	Herzöge von Holstein-Plön
1841	Baron v. Alten
1860	Behr
1926	Baur

Gut und Bauten

1543	als Adeliges Gut genannt
1649	Fürstliches Kammergut. Alter Burggraben noch vorhanden
1793	Abbruch des Herrenhauses und Neubau
1927/32	Hofbauten, insbesondere Verwaltung, durch Erich Elingius, Hamburg
1961/62	Neues Herrenhaus durch Peter Eberwein

WENSIN

Kirchspiel Warder   Kreis Segeberg

Das zu den adeligen Gütern gehörige Wensin am Wardersee gehört bis in das 15. Jahrhundert der gleichnamigen Familie, die im 17. Jahrhundert ausgestorben ist. 1421 wird Hinrich v. Buchwaldt als Besitzer von Wensin genannt. Bis zur Mitte des 17. Jahrhunderts verbleibt das Gut bei dieser Familie. Als Friedrich v. Buchwaldt Besitzer von Wensin ist, brennt am 23. August 1625 der gesamte Hof ab. Dieser hat aus einem Herrenhaus, einem kleinen Torhaus, einer Scheune und einem Kuhstall bestanden. Das abgebrannte Herrenhaus, Umbau einer alten Burg, hat nicht an der Stelle des jetzigen Hofes gelegen, sondern in einer Niederung bei Garbeck, in gesicherter Lage gegen Feinde, dort bekannt als Schierau. Der damalige Wirtschaftshof hat eine Fläche von durchschnittlich 115 m Länge und 55 m Breite besessen. Er ist von einem Graben umgeben gewesen. Im östlichen Drittel hat das burgähnliche Herrenhaus, das aus zwei aneinandergebauten Häusern mit davorstehendem Turm bestanden hat, gelegen. Diese bis in das

16. Jahrhundert so typische Bauweise ist in reiner Form nur noch in dem im Ostholsteinischen gelegenen adeligen Gut Wahlstorf erhalten und dokumentiert baugeschichtlich sehr treffend den Übergang von der Grundherrschaft zur Gutswirtschaft im ostelbischen Raum zu dieser Zeit.
1976 in Wensin durchgeführte Grabungsarbeiten des Landesamtes für Vor- und Frühgeschichte Schleswig haben aufschlußreiche Ergebnisse erbracht. In der ehemaligen Burganlage sind im vorderen Kellergeschoß Schießscharten eingebaut gewesen. Die Fundamente aus Feldsteinen haben innen eine Verblendung aus Klostersteinen. Die dahinterliegende Haushälfte hat mit dem Fußboden höher gelegen und hat drei Räume mit Fußböden aus Ziegelplatten und Klosterformatsteinen besessen. Nach den bisherigen Keramikfunden zu urteilen, ist dieser Bau um 1500 angelegt worden.
1635 erwirbt Joachim v. Brockdorff das Gut und verlegt den Hof an die jetzige Stelle. Der Kaufpreis für das Gut hat 60000 Reichstaler betragen. Er läßt 1642 das noch heute stehende Herrenhaus errichten. Die Inschrifttafel am Portal mit dem Brockdorffschen Fischwappen und den Wappen seiner

Portal

Gudewerth-Schrank

Frauen aus den ritterschaftlichen Familien v. Pogwisch und v. Rantzau wurde bei einem späteren Umbau unter Joachim v. Brockdorff, der von 1732 bis 1763 gelebt hat, in ein reiches Sandsteinportal eingefügt.
Der Neubau von 1642 ist, wie der Vorgängerbau in der Schierau, ein spätmittelalterlich wirkendes, zweigeteiltes Haus mit Doppeldach und Treppengiebeln, zeigt aber schon im Gegensatz zu Wahlstorf den genannten zeitlichen Übergangscharakter an.
Das Haus steht auf einem Pfahlrost und ist ein Backsteinbau. An der Langseite im Westen ist 1776 ein sandsteinernes Rokokoportal mit schräggestellten Pilastern angebaut worden. An der hinteren Seite befinden sich zwei Abtrittpfeiler. Im Inneren dieses Hauses gab es ursprünglich zwei Wendeltreppen. 1867 sind vor dem Haupteingang durch den damaligen Besitzer Wilhelm Schwerdtfeger Ausgrabungen durchgeführt worden. Hierbei hat sich gezeigt, daß ursprünglich noch ein etwa 6 m breiter Vorbau fast quadratisch vor dem Haus gestanden hat. Eigenartige Mauerzüge im Keller deuten noch jetzt darauf hin, daß das Haus einst an der Vorderseite eine andere Fassade besessen hat. Von der Erstausstattung der Räume sind noch Reste einer reich geschnitzten Täfelung, wahrscheinlich von Hans Gudewerth dem Jüngeren, heute als Schränke verarbeitet, vorhanden. Aus

der Brockdorffschen Zeit, die bis zur Mitte des 18. Jahrhunderts gedauert hat, sind noch Stuckdecken und Kamine mit Initialen vorhanden. Im Obergeschoß sind die Wände mit gemalten Leinwandtapeten, auf denen Jahreszeitallegorien zu sehen sind, bekleidet. Der Saal unten rechts ist 1976 restauriert worden.
Auch der für seinen Reichtum bekannte Wulf Hinrich v. Thienen hat Ende des 18. Jhdts. am Innenausbau arbeiten lassen. Ein Kavalierhaus wird 1727 erstellt, eine Meierei ein Jahrhundert später. Diese brennt 1877 ab, wird dann wieder neu aufgebaut. Auch die übrigen Wirtschaftsgebäude stammen aus der Zeit der Familie Schwerdtfeger, die nahezu ein Jahrhundert im Besitz von Wensin war, bis es im Jahre 1887 in den Besitz der Familie Hastedt gelangt. Im Jahre 1902 ist noch ein großer Speicher gebaut worden.
Zwischen der Straße und dem See sowie hinter dem Herrenhaus liegt der Park, in dem noch große Alleen von einstiger Schönheit zeugen, ebenso eine schmiedeeiserne zweiflügelige Pforte mit Spiralranken aus der ersten Hälfte des 18. Jahrhunderts.
Im Hause sind in neuerer Zeit einige kleine Umbauten vorgenommen worden. Bereits 1882 ist die Diele verändert worden. Die Wände werden mit Täfelungen bekleidet und eine neue Treppe mit schmiedeeisernem Geländer wird eingezogen. Von 1915 bis 1920 werden im Erdgeschoß weitere Räume, so eine Garderobe und das Speisezimmer ebenfalls mit Täfelungen, die durch Schnitzereien belebt sind, ausgestattet.

Adeliges Gut Wensin

Besitzer: Hans-Christian Hastedt

Besitzer		*Gut und Bauten*	
Bis ins 15. Jhdt.	Ritter v. Wensin	Adeliges Gut in dem Preetzer Güterdistrikt.	
1421	Heinrich v. Buchwaldt (unterbrochen für kurze Zeit im 16. Jhdt. v. Ahlefeldt)	Alte Burganlage i. d. Schierau	
1635	v. Brockdorff	1625	Hof abgebrannt
1768	Wulf Hinrich v. Thienen	1642	Bau d. neuen Herrenhauses durch Joachim v. Brockdorff
1800	Schwerdtfeger	ca. 1776	Rokoko-Sandsteinportal
1887	Hastedt	1727	Kavalierhaus
		1807	Meierei
		1877	abgebrannt
		Wirtschaftsgebäude aus dem 19. Jhdt.	

Pronstorf

Kirchspiel Pronstorf   Kreis Segeberg

Das am Pronstorfer See (Wardersee) gelegene adelige Gut wird bereits 1307 als Rittersitz genannt und befindet sich unmittelbar in der Nähe eines alten wendischen Heiligtums, das dem Gott Prone geweiht gewesen ist. Für den Beginn des 14. Jahrhunderts ist der Bau einer kleinen Burg, eventuell einer Motte anzunehmen. Pronstorf ist einer der Stammsitze der alten ritterschaftlichen Familie v. Buchwaldt. Der Besitz ist, abgesehen von einer kurzen Unterbrechung, bis in das 20. Jahrhundert hinein in dieser Familie geblieben. Es ist dann im Erbgang an die holsteinisch-ritterschaftliche Familie der Grafen zu Rantzau gelangt. Zur Besitzzeit von Joachim v. Buchwaldt wird das Gut Pronstorf 1627 geplündert und zum Teil zerstört. 1643 haben die Schweden während des 30jährigen Krieges den gesamten Hof bis auf das Herrenhaus niedergebrannt. Nach Beendigung des Krieges werden durch den Sohn, Kaspar v. Buchwaldt, der Hof und die Gebäude wieder aufgebaut. 1654 wird eine neue Scheune errichtet, die 1953 abgebrannt ist. Alte Hofgebäude existieren in Pronstorf heute nicht mehr.

1688 läßt Henning v. Buchwaldt ein genaues Inventar vom alten Herrenhaus aufnehmen. Aus ihm kann man noch auf die Größe des einst vorhandenen Gebäudes schließen. In der Inventarliste heißt es: An eine größere Hausdiele stößt zunächst die gelbweiße Kammer an. Dann folgt die große Stube als Speise- und Wohnraum, daneben wird noch eine kleine Speisekammer genannt. Weiter wird eine Kammer aufgeführt mit grünweißen Tapeten. Daneben ein Cabinet, in dem der Trauerschmuck des Hauses aufbewahrt worden ist. Hier haben auch Truhen mit Dokumenten gestanden. In demselben Geschoß, so heißt es, liegt dann ebenfalls noch die „lange Stube". Weiterhin ist eine schwarz-weiße Kammer genannt, wahrscheinlich das Schlafgemach der Hausfrau. Weiterhin wird ein Raum für die Frauen zum Arbeiten aufgeführt. Auch das Vorhandensein eines Turmes ist bezeugt. Im oberen Stockwerk des Gebäudes wird eine Schulstube und eine Kleiderkammer in der Inventarliste aufgeführt. Die Küche hat wie üblich im Keller gelegen, ebenso eine Fleischkammer.

Auffallend in dieser bemerkenswerten Inventarliste ist der Hinweis auf die Vielzahl der Gemälde. Es werden aufgezählt „19 aufgewundene Conterfeiten, 6 allerhand Schildereien, ein alt Conterfeit und ein alt Gemälde". Als Erbauer dieses Hauses werden Hinrich v. Ahlefeldt oder Henneke v. Bockwoldt, in der niederdeutschen Namensform der Buchwaldt, genannt.

Das alte Haus soll nordwestlich vom jetzigen Herrenhaus gelegen haben.

1714 wird ein Brauhaus auf Pronstorf erbaut. Es hat die Wappen von Hinrich v. Buchwaldt und seiner Frau getragen. Dieses Haus, das 1859 abgebrochen worden ist, wird nach Verfall des alten Hauses als Wohnstätte gedient haben, bis ein neues Herrenhaus 1728 vollendet gewesen ist. Das alte Brauhaus hat zwei geräumige Vordielen, jede mit einer Tür zum Hof besessen. Rings um die Dielen haben Stuben und Kammern gelegen. Die Südseite hat man unterkellert. Für den 1728 fertiggestellten Neubau ist ein Teil des noch vorhandenen alten Hausgrabens zugeschüttet worden.

Dieses neue barocke Herrenhaus aus Backstein gehört mit zu den schönsten Bauten im Lande. Den Baumeister kennt man nicht. Vermutungen verweisen auf den Baumeister Hansen, aber auch auf J. N. Kuhn oder R. M. Dallin, der, wie so viele, nach dem Tode Karls XII. (1718) brotlos gewordene schwedische Artillerie-Offiziere, als Baumeister im Ostseeraum gewirkt hat. Zwei Backsteingeschosse stehen auf einem kräftigen Unterbau. Der Mittelrisalit und zwei Seitenrisalite springen knapp vor. Ziegelsteinpilaster mit Sandsteinbasen und hölzernen Kapitellen rahmen die Fenster beider Geschosse ein. Über einem hohen Holzgesims lagert das mächtige Mansardendach. Bis auf die Portalumrahmung und Freiteppe handelt es sich um einen einheitlichen, gut durchdachten Baukörper. 1780 wird durch Caspar v.

Pronstorf, Gartensaal

Buchwaldt der Eutiner Hofbaumeister Peter Richter beauftragt, das Portal zu verändern. Das Sandsteinportal mit der zweiläufigen Treppe stammt aus dieser Zeit. Das Treppenhaus ist verlegt worden, die Küche vergrößert und mit einem Tonnengewölbe versehen.
Die Räume liegen beiderseits der Diele und des Gartensaals. 1806 wird die Ausstattung klassizistisch geändert und mit Gemälden dieser Zeit, die unter anderem römische Götterbilder darstellen, ausstaffiert. Der Gartensaal erhält Tapeten mit Darstellungen von italienischen Landschaften, Früchten und Blumenstilleben in Supraporten. In der Bibliothek über der Diele werden in die Wandfelder in Stuckreliefs antike Szenen eingelassen. Die Stukkaturen sind nahe verwandt mit denen, die später der Baumeister Chr. Fr. Hansen in Altona hat anbringen lassen. In der Diele steht eine Truhe, die Hans Gudewerdth dem Älteren zugeschrieben wird. In ihrer Außenwand befinden sich geschnitzte Bildwerke, die den Amtmann Caspar v. Buchwaldt und seine Frau darstellen sollen.
An der Seite des Herrenhauses steht noch ein sogenanntes Nebenhaus, ein altes Kavalierhaus, ebenfalls aus dem 18. Jahrhundert. Diesem gegenüber liegt ein hölzerner Gartenpavillon mit zwei Säulen. Das Torhaus des Wirtschaftshofes von 1737 ist 1914 abgebrannt. Ein neues wurde errichtet.

Adeliges Gut Pronstorf

Besitzer: Christian Graf zu Rantzau

Besitzer		*Gut und Bauten*	
seit dem 13. Jhdt.	v. Buchwaldt	1307	Rittersitz
1464–1495	König v. Dänemark	14. Jhdt.	Burg
1510	v. Ahlefeldt	1643	Hof abgebrannt
1520	v. Buchwaldt	1714	Brauhaus
1887	Grafen zu Rantzau	1726–1728	Herrenhaus (barocke Backsteinarchitektur)
		1780	durch J. P. Richter neues Sandsteinportal

Borstel

Kirchspiel Sülfeld Kreis Segeberg

Das zu den adeligen Gütern gehörende Borstel bildet im Mittelalter mit den Besitzen Jersbek und Stegen einen großen Landkomplex. Es befindet sich im 13. Jhdt. im Besitz des Geschlechts v. Borlstede, dann in den Händen des bereits in der frühen Neuzeit ausgestorbenen ritterschaftlichen Geschlechts Hummersbüttel. Schon im 15. Jahrhundert hat die Familie v. Buchwaldt von diesen ehemaligen Burgen Besitz ergriffen, nachdem hier das Geschlecht v. Borlstede genannt wird. Über 300 Jahre verbleibt Borstel in dieser Familie, das 1588 durch eine Losentscheidung von den übrigen Gütern getrennt wird. Jersbek, Stegen und Borstel werden unter den Enkeln von Jasper v. Buchwaldt getrennt und haben seit dieser Zeit ihre eigenen Schicksale.
1761 kommt Borstel durch Heirat an die mecklenburgische, ritterschaftliche Familie der Grafen von Bernstorff, die mit Übernahme dieses Besitzes in Holstein ansässig wird und sich damit die Voraussetzung schafft, in die hiesige Ritterschaft aufgenommen zu werden. Charitas Emilie, die einzige Tochter des Geheimrates und Mitgliedes des herzoglich holsteinischen Regierungs-Conseils, Friedrich v. Buchwaldt, heiratet den bekannten Staatsmann des dänischen Gesamtstaates, Johann Hartwig Ernst Graf v.

Bernstorff. Er erwirbt mit dieser Heirat ein großes Vermögen, denn Borstel gilt zu damaliger Zeit als eines der wohlsituiertesten Güter im Lande. Dennoch klagt Bernstorff, daß die Hinterlassenschaft nicht so groß wie erwartet sei und deutet dies als Folge der großen Bauausgaben. Nächster Besitzer ist der Neffe, der als Leiter des dänischen Gesamtstaates ebenso erfolgreiche Andreas Peter Graf v. Bernstorff. Nicht lang verbleibt Borstel im Besitz der Bernstorff, deren Güter sich mehr im Mecklenburgischen und Hannoverschen konzentrieren. Es folgen in kurzen Abständen mehrere Besitzer.

1838 erwirbt schließlich Graf Joseph Baudissin Borstel. In dieser Familie bleibt Borstel bis 1930.

Das adelige Gut kam dann für ein paar Jahre in den Besitz des Lübecker Fabrikanten Bölck, um 1932 aufgesiedelt zu werden. 1938 wird das Herrenhaus vom Staat übernommen und als Ausbildungsstätte für Leiterinnen des weiblichen Reichsarbeitsdienstes eingerichtet.

Unmittelbar nach dem Kriege sind in Borstel zahlreiche Ausländer sowie Flüchtlinge untergebracht. 1947 ist Borstel in der Hand des Landes Schleswig-Holstein und wird als medizinisches Forschungsinstitut (Tuberkuloseforschung) genutzt, dem eine Klinik angeschlossen ist. Seit 1963 existiert in Borstel die Stiftung „Forschungsinstitut Borstel. Institut für Experimentelle Biologie und Medizin".

Der genannte Geheimrat Friedrich v. Buchwaldt (gest. 1761) gilt als ein hochgebildeter und vermögender Mann, der die Geschicke der herzoglichen Anteile Holsteins während der sogenannten großfürstlichen Zeit mitgesteuert hat. Der holsteinische Herzog ist 1743 russischer Großfürst geworden, lebt in Rußland und besteigt 1762 als Peter III. den russischen Thron. Entsprechend ist auch das Repräsentationsbedürfnis und der Anspruch der herzoglichen Geheimen Räte gewachsen. Friedrich v. Buchwaldt baut 1751 abseits vom Wirtschaftshof das noch heute stehende Herrenhaus anstelle des 1737 wohl kleineren abgebrannten Hauses. Das neue Haus ist wahrscheinlich von dem Architekten Johann Christian Böhme erbaut worden, ohne Zweifel unter großer Mitwirkung des Besitzers und Bauherrn, wie es häufig in dieser Zeit nachzuweisen ist. Herrenhaus, Park und Lindenallee, folglich Gartenkunst und Architektur, Repräsentations-, Wohn- und Wirtschaftsansprüche harmonisieren in Borstel in vortrefflicher Weise. Das Herrenhaus kann als eines der schönsten Bauwerke unseres Landes angesehen werden.

Das Haus ist ein breit angelegter, zweigeschossiger Backsteinbau auf Granitsockel gebaut mit 15 Fensterachsen. Die Hoffront wird durch zwei polygonale Pavillonausbauten betont. Eine zweiläufige Freitreppe führt zu dem

Eckpavillon mit Deckenstuck

durch Sandsteinarchitektur stark betonten Hauptportal, das im oberen Feld ein Allianzwappen zeigt und im Mittelfeld die aufwendige Bauinschrift trägt. An der Gartenfront springt der Mittelrisalit polygonal hervor. Auch hier ist reicher Sandsteinschmuck vorhanden. Man sieht oben das gekrönte Bärenhaupt, das Wappen der Familie v. Buchwaldt. Hohe zweiteilige Fenster und darüber liegende sogenannte Ochsenaugen verweisen auf den Gartensaal. Die Raumaufteilung ist nach französischem Vorbild durchgeführt. Darauf deuten die große früher 5achsige Diele, die ovalen Eckpavillons und der oktogonale Gartensaal hin. Eigenartig ist der Verzicht auf eine aufwendige Treppe.
Im Innern haben sich nur wenige Räume in der Ausgestaltung der Bauzeit erhalten. Die Stuckarbeiten im linken Pavillon sind vermutlich von einem Italiener ausgeführt. Man schreibt sie Carlo Donato Martini zu. Die Wandtäfelung in dem Kabinett links von der Diele ist später bei deren Verkleine-

rung hierher versetzt worden. Sie ist ein seltenes Beispiel im Land. Die Schnitzarbeit mit der farbigen Fassung ist von vorzüglicher Art. Der Gartensaal muß zur Zeit Thorvaldsens umgestaltet worden sein. Neben dem Kamin aus der Rokokozeit ist die Wandgliederung klassizistisch in Stuck mit Thorvaldsen-Relief-Kopien nach den Marmororiginalen im Thorvaldsen-Museum in Kopenhagen. Über dem Kamin sind „Drei Grazien" dargestellt, in den Supraporten der „Tanz auf dem Parnaß" und „Amor mit dem Löwen", in den Wandflächen die „Vier Jahreszeiten".
Die gesamte Grundrißeinteilung des Hauses, bis hin zu den ursprünglich versteckten Gängen für die Dienerschaft, ist sehr originell. Die Innenausstattung, zum Teil aus späterer Zeit, an Stuck und Wandtäfelung vorzüglich, ist nicht mehr voll erhalten.
Heute bildet das Herrenhaus Borstel den Mittelpunkt des Forschungsinstitutes mit mehreren neuen Gebäuden auf der ehemaligen Hofanlage, die den Gesamteindruck der historischen Anlage nicht beeinträchtigen. Herrenhaus, Park und Lindenallee stehen unter Denkmal-, bzw. Landschaftsschutz. Die landwirtschaftliche Fläche des alten adeligen Gutes ist aufgesiedelt worden und der Wald verkauft.

Adeliges Gut Borstel

Besitzer: Land Schleswig-Holstein

Besitzer

Im 13. Jhdt.	v. Borlstede
im 15. Jhdt.	v. Buchwaldt
1761	Grafen v. Bernstorff
1797–1820	verschiedene Besitzer
1838	Grafen v. Baudissin
1930	Fabrikant Bölck aus Lübeck
1932	Aufsiedelung des Gutes
seit 1938	Staat übernimmt das Herrenhaus
1947	Forschungsinstitut

Gut und Bauten

1737	altes Herrenhaus abgebrannt
1743–1751	Herrenhaus (Baumeister: J. C. Böhme) Stuckarbeit, vermutlich von Carlo Donato Martini

Nütschau

Kirchspiel Oldesloe   Kreis Stormarn

Eine befestigte Burganlage ist am Beginn des 13. Jahrhunderts noch nachgewiesen; sie befindet sich am Ort einer älteren Befestigung, die als Nütschauer Schanze aus dem 9. Jahrhundert bekannt ist. Diese Verteidigungsanlage hat im Grenzbereich des Limes Saxoniae an einer Furt über die Trave gelegen. Der heute noch zweieinhalb Meter hohe Wall lehnt sich an das Steilufer an. Zwei Toröffnungen haben einst in das Innere geführt. Durch Grabungen, die nach dem Zweiten Weltkrieg durchgeführt worden sind, ist festgestellt worden, daß das Innere der Befestigungsanlage niemals längere Zeit bewohnt gewesen und daß eine spätere Burg, nach Brandspuren zu urteilen, niedergebrannt ist. Die Burg des urkundlich erwähnten Henricus de Nutzekowe (1271 und 1274) hat aller Wahrscheinlichkeit nach bereits an

jener Stelle gestanden, an der 1577 durch den großen holsteinischen Humanisten Heinrich Rantzau, laut Inschrifttafel in seinem 53. Lebensjahr das neue, noch heute stehende Renaissance Haus erbaut worden ist.
Die Besitzfolge in Nütschau ist überaus lebhaft. Nach der Erwähnung des ersten Besitzers, Heinrich v. Nutzekowe, hat der Bischof von Lübeck, in dessen Eigentum sich Nütschau als Lehengut befindet, im 15. Jahrhundert einen Ritter von Kude mit dem Besitz belehnt. Um 1500 hat die Familie v. Schack das Lehen inne, schließlich eine mecklenburgische Familie, v. Pentz, die bekannt geworden ist durch einen großen Reiterführer der Renaissancezeit, der in Holstein in Besitz von Neudorff bei Lütjenburg gewesen ist. Nach den Pentz folgen die Rantzau, unter denen das neue Herrenhaus gebaut worden ist. 1646 kommt es aus der Hand der Rantzau und wechselt über in die Hand der Familie v. Ahlefeldt. Nütschau ist bereits früh mit den

Holzschnitt von Lindeberg, 1591

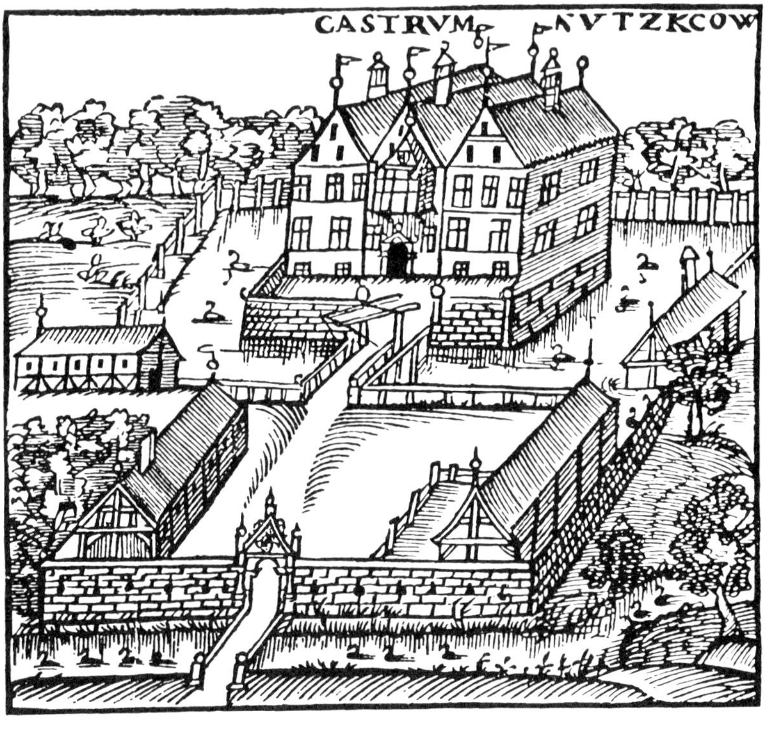

Privilegien eines sogenannten adeligen Gutes ausgezeichnet, d. h. es zählt zu jenen Gütern, die in der Landesmatrikel aufgezeichnet und mit Steuer-, Polizei- und Gerichtsrechten ausgewiesen sind. Um die Beteiligung an diesen Lehengütern ist häufig gestritten worden. Die Privilegien sind an den Besitz gebunden gewesen, nicht etwa an die Person. Nütschau gerät schließlich in die Hand von den unterschiedlich im Lande zugewanderten Familien, wie den Korff, Brömbsen, Amsinck und Schalburg; letztere hebt die Leibeigenschaft in Nütschau auf. 1801 kauft Adam Graf Moltke den Besitz, ein Mann, der sich anfangs im dänischen Gesamtstaat mit glühender Begeisterung den Ideen der französischen Revolution angeschlossen hat, um sich später um so enttäuschter von ihnen wieder abzukehren. Im 19. Jahrhundert wechselt Nütschau weiterhin die Besitzer, so z. B. finden sich die Freiherrn v. Seydlitz-Kurzbach, die auch Hasselburg besessen haben. Namen wie Duderstadt, Curtius, Dräger, Schuster folgen im 20. Jahrhundert. Die Familie Dräger aus Lübeck, bekannt in Lübeck durch die Dräger-Werke, ist heute noch Besitzer eines Teils des Gutes, das unter Dr. Heinrich Dräger auch in seiner Gesamtheit gesiedelt worden ist.

1951 ist das Herrenhaus Nütschau und der Rest des Landbesitzes durch den Bischof von Osnabrück, Dr. Wilhelm Berning, erworben worden. Benediktinermönche der Abtei Gerleve in Westfalen haben in Nütschau ein Kloster gegründet. Neben dem alten Herrenhaus richten sie ein Jugend- und Kursusheim ein zur Betreuung von katholischen Christen. Es dient heute vielen Menschen als Ort der Meditation, weit über den Kreis katholischer Christen hinausgehend. Die Anlage trägt heute den Namen Benediktiner-Priorat St. Ansgar.

Das Herrenhaus ist ein dreifaches Parallelhaus, das nach einem Holzschnitt von Lindeberg aus dem Jahre 1591 von einem Wassergraben umgeben gewesen ist. Das mittlere Haus der drei nebeneinandergestellten Häuser hat ein kleines Türmchen, das 1792 vergrößert und erneuert worden ist. Vor dem Herrenhaus liegt, ebenfalls durch Gräben geschützt, der Wirtschaftshof. Bei Renovierungsarbeiten wurden 1951 Teile der alten Holzbalkendecke unter den Stuckdecken freigelegt. Der Eingang hat sich früher zu ebener Erde befunden. Er ist später in das Erdgeschoß, erreichbar über eine zweiläufige Treppe, verlegt worden. Über dem Eingang hat ein Fachwerkerker mit dem Rantzauschen Wappen im Giebel hervorgeragt.

1873 ist das Innere durch den damaligen Besitzer, Lorenz Booth, vollkommen verändert worden. 1906 erfolgt der Anbau eines Flügels durch den neuen Besitzer Rudolf Curtius.

Nachdem das Haus 1938 enteignet worden ist – es hat einem jüdischen Ehepaar gehört –, wird es als Heim für schwererziehbare Jugendliche

Nütschau, Vorderfront

eingerichtet. 1950 wird es dem jüdischen Eigentümer zurückgegeben, der es 1951 an die katholische Kirche verkauft, die dort das Kloster für Benediktinermönche eingerichtet hat. Erwähnenswert ist im Innern ein Kamin, der aus gußeisernen Platten des 17. und 18. Jahrhunderts zusammengesetzt ist. Auf dem Gelände des Hofes werden nach 1951 und 1975 weitere Gebäude für das Kloster für die Unterbringung von Gästen und Lehrzwecke erbaut. Neben dem Herrenhaus steht ein Verwaltergebäude, das dem 19. Jahrhundert zuzuordnen ist. Das Kloster, Benediktinerpriorat St. Ansgar ist Träger der Erwachsenen- und Jugendbildungsstätte für Schleswig-Holstein. Die Nütschauer Kommunität besteht aus 8 Patres, 2 Brüdern, 3 zeitlichen Professen und 1 Postulanten.

Adeliges Gut Nütschau

Besitzer: Katholische Kirche

Besitzer

Seit Mittelalter	v. Nutzekove
15. Jhdt.	v. Kude
Um 1500	v. Schack
16. Jhdt.	v. Pentz
ca. 1550	v. Rantzau
1646	v. Ahlefeldt
18. Jhdt.	v. Korff
	v. Brömbsen
	Schalburg
1801	Graf Moltke
19. Jhdt.	u. a. Frhr. v. Seydlitz-Kurzbach
	Curtius
20. Jhdt.	Dräger
	Schuster
1951	katholische Kirche/ Benediktiner

Gut und Bauten

9. Jhdt.	Nütschauer Schanze
13. Jhdt.	befestigte Anlage (bereits 1271 erwähnt)
1577	Herrenhaus (erbaut durch Heinrich Rantzau)
1792	Vergrößerung eines Turmes
1873	Inneres des Hauses vollkommen verändert
1906	Anbau eines Flügels
nach 1951	weitere neue Hofgebäude

Fresenburg

Kirchspiel Oldesloe   Kreis Stormarn

Das zu den adeligen Gütern zählende Fresenburg, auch Alt-Fresenburg genannt, geht auf Ursprünge einer mittelalterlichen Burg zurück, von der aber nichts mehr erhalten ist. Allerdings alte Wallanlagen verweisen noch darauf. Auch von der alten Gutsanlage an der Stelle des jetzigen Hofes ist nichts mehr erhalten. Lediglich der Mittelbau des Torhauses, zweigeschossig mit einer Laterne gekrönt, stammt vom Ende des 18. Jahrhunderts.
Im 14. Jahrhundert wird eine mit dem Gut gleichnamige Familie als Eigentümer genannt. Dann finden sich die Familien v. Pogwisch, v. Ahlefeldt, schließlich die Familie v. Buchwaldt, die hier mit Unterbrechung niedersächsisch-ritterschaftlicher Familien v. d. Decken und v. Lente, besitzlich waren.
Im 18. Jahrhundert gehört Fresenburg wieder den Buchwald aus der mecklenburgischen Linie der Familie.

Im Jahre 1791 beauftragt der damalige Besitzer, der dänische Kammerherr Hugo von Buchwald den berühmten dänischen Baumeister und Architekten Christian Friedrich Hansen mit dem Neubau eines Herrenhauses. Hansen, einer der großen Baumeister des dänischen Gesamtstaates, baute mit Fresenburg zum ersten Male in den Herzogtümern. Er wählte einen Winkelbau als anderthalbgeschossigen Putzbau. Die Hauptfront geht zum Hof. Zwei nur wenig angedeutete Seitenrisalite mit je einem Fenster fassen den siebenachsigen Mittelbau ein. Zu dem schlichten Portal führt eine Granitsteintreppe. Vom Vestibül getrennt liegt die Treppe. Links erreicht man nach einem Zimmer den Festsaal. Er zeigt noch seine sparsame Dekoration der Erbauungszeit mit schlichtem Deckenstuck und Stuck mit Malerei über den Türen. Im rechten Winkelbau hat u. a. das Speisezimmer mit abgerundeten Ofennischen gelegen.

Die alten Vorentwürfe dieses Baus befinden sich in der Kunstakademie Kopenhagen.

Im 19. Jahrhundert wechselt Fresenburg wieder mehrfach den Besitzer, um schließlich 1834 in die Hand der Hamburger Familie Jenisch zu gelangen.

Das Haus war nach dem Zweiten Weltkriege, wie so viele Herrenhäuser des Landes, mit zahlreichen Flüchtlingen belegt. Seit den 60er Jahren begann man mit der Restaurierung des Herrenhauses.

Speisezimmer

Torhaus

Zu Fresenburg gehört eine Mennonitenkate, die an der Straße nach Bad Oldesloe liegt. 1543 kamen Mennoniten aus den Niederlanden. Ihr Führer, Menno Simonis, starb 1561 in Wüstenfeld bei Oldesloe. Ein Erinnerungsstein an der Kate weist auf ihn hin.

Adeliges Gut Fresenburg (Alt-Fresenburg)

Besitzer: Johan-Christian Frhr. v. Jenisch

Besitzer

14. Jhdt.	v. Fresenburg
17. Jhdt.	v. Ahlefeldt
	v. Buchwaldt
	v. der Decken
1699	v. Lente
1730	v. Buchwald
1824	Graf Moltke
1834	(Frhr. v). Jenisch

Gut und Bauten

1791	Neues Herrenhaus durch C. F. Hansen
Ende des 18. Jhdts.	Torhaus
16. Jhdt.	Mennonitenkate

Blumendorf

Kirchspiel Oldesloe   Kreis Stormarn

Im Mittelalter gehört Blumendorf als Dorf zu Fresenburg, wird aber in früher Neuzeit zu einem selbständigen adeligen Gut erhoben mit entsprechenden Privilegien. Diese Privilegien, aus Rechten und Pflichten bestehend, sind wie im Lehensystem üblich, an den Besitz gebunden. 1635 wird Blumendorf als ein adeliges Gut genannt.

Blumendorf wechselt häufig den Eigentümer. Im 17. Jahrhundert sind es die Familien v. Ahlefeldt und v. Buchwaldt, dann besitzt es die Familie v. Liliencron, 1735 erwirbt der Oberhofmarschall Jakob Levin v. Plessen das Gut. Er läßt das heute stehende Herrenhaus und die dazugehörigen Nebengebäude errichten. Das Aussehen der großen Gutsanlage ist durch perspektivische Stiche aus der Zeit kurz nach der Vollendung der Anlage überliefert.

Da Jakob Levin v. Plessen mit zu den führenden Freimaurern in Hamburg gehört, deren erste Loge dort 1737 gegründet worden ist, ist nicht auszuschließen, daß freimaurerische Elemente beim Bau wirksam wurden.
Das Herrenhaus, dessen Bau 1755 abgeschlossen wird, ist ein zweigeschossiger Putzbau aus Backstein mit Mansarddach und dreigeschossigen Mittelrisaliten.
Um 1840 wird über der Mitte des Gebäudes ein kleiner Turm mit Laterne errichtet. 1906 wird das Äußere des Herrenhauses in Anlehnung an die vorhandenen Formen neubarock überformt. Parkanlagen sind bereits im 18. Jahrhundert vorhanden.
Von Räumen aus der ersten Bauzeit, deren Beschaffenheit uns durch eine Zeichnung aus dem 18. Jahrhundert überliefert ist, ist nur der durch zwei Geschosse gehende Festsaal erhalten. Er wird, nachdem das Gut 1761 an den Grafen von Luckner übergegangen ist, fertiggestellt. Er hat eine reiche Stuckdekoration, in der das Wappen und ein Monogramm Luckners angebracht sind. Die Wände werden durch Sockel und korinthische Pilaster gegliedert.
An den Schmalseiten springen flache Balkone für Musiker vor. Auch an der Decke zeigt sich, daß es sich noch um frühe Rokokoformen aus den 60er Jahren des 18. Jahrhunderts handelt. In den Randfeldern hängen zierliche stuckierte Musikinstrumente. Es ist einer der größten und schönsten Säle in einem Herrenhaus aus dieser Zeit in Schleswig-Holstein.
Der Marschall von Frankreich, Nikolaus Graf Luckner, aus Bayern gebürtig, hat seine militärische und wirtschaftliche Fortune im Siebenjährigen Krieg in Preußen gemacht. Sein Geld legt er in Schleswig-Holstein an, indem er die adeligen Güter Blumendorf, Schulenburg und Depenau gekauft hat.

Ehemalige Orangerie

Luckners Leben endet 1794 auf der Guillotine in Paris. Sein gleichnamiger Sohn hat bereits am Ende des 18. Jahrhunderts, den physiokratischen Ideen huldigend, die sogenannte Leibeigenschaft aufgehoben, d. h. eine Rationalisierung seines landwirtschaftlichen Betriebes vorgenommen.
Nachdem es in Händen der Schimmelmann und Rodde gewesen ist, geht das Gut 1827 an den Hamburger Senator Martin Jenisch, dessen Familie in Hamburgs Freimaurerlogen ebenfalls eine führende Rolle gespielt hat.
Martin Jenisch läßt um 1830 das Vestibül klassizistisch mit einer gemalten Kuppeldecke, einer Wandgliederung durch Pilaster und zwei dorischen Säulen umformen. Der Architekt könnte F. G. Forsmann gewesen sein. Um das Jahr 1906 sind die übrigen Räume des Hauses nach dem damaligen Zeitgeschmack modernisiert worden. Mit Ausnahme der beiden Torhäuser werden von 1905 bis 1907 auch die übrigen Wirtschaftsbauten verändert.
1960 läßt sich der jetzige Eigentümer Johan-Christian Frhr. v. Jenisch unter Benutzung des alten Orangeriegebäudes durch den Hamburger Architekten Mutzenbecher ein neues zweiteiliges Wohnhaus erbauen.
Nach dem Zweiten Weltkrieg ist zunächst eine Abteilung des Oldesloer Krankenhauses im alten Herrenhaus untergebracht. Dann ist dort für einige Jahre ein Internat. Das Haus ist nun Unterkunft für einen Möbelhändler, der dort Stilmöbel verkauft.

Adeliges Gut Blumendorf

Besitzer: Johan-Christian Frhr. v. Jenisch

Besitzer		*Gut und Bauten*	
17. Jhdt.	v. Ahlefeldt	Im Mittelalter gehört Blumendorf zu Fresenburg	
	v. Buchwaldt		
1686	v. Warendorff	Seit 1635	Adeliges Gut
1715	v. Liliencron	ca. 1740	Bau eines Herrenhauses
1735	v. Plessen	1761	Umbauten im Innern des Hauses
1761	Graf Luckner	1840	Bau eines Turmes
1808	Graf Schimmelmann	1906	Äußerer Umbau mit neubarocken Formen
1809	Frhr. v. Rodde	1960	Bau eines neuen Wohnhauses
1827	(Frhr. v.) Jenisch		

AHRENSBURG

Kirchspiel Woldenhorn   Kreis Stormarn

Im Forst Hagen hat die alte Burg Ahrensburg gelegen, ehemals Arnesfelde geheißen. Dort sind noch die umfangreichen Wallanlagen und ein großer Flächenraum in der Mitte erhalten. Die Ahrensburg ist in landesherrlichem Besitz der Holsteiner Grafen und Sitz eines Vogtes. Sie kommt in der ersten Hälfte des 14. Jahrhunderts durch Tausch mit Trittau in die Hand des Cistercienser-Klosters Reinfeld. Durch die Säkularisation wird es nach der Reformation königlich. Nicht nur aus diesem genannten Grund, sondern auch wegen seiner überdimensionalen Größe hat man Ahrensburg seit der Neuzeit zu den Schlössern des Landes gerechnet.

Im Jahre 1567 kauft das seither zu den adeligen Gütern zählende Ahrensburg der Feldherr Daniel Rantzau aus Deutsch-Nienhof. Auf der im 16. Jahrhundert gemalten Stammtafel der Familie ist die alte Burg dargestellt. Dieses und das von Henninges stammende Bild zeigen einen von einem Wassergraben umgebenen hohen Wall mit einem zweistöckigen Torhaus. Die Gebäude im Innern stehen noch ganz in altsächsischer Tradition am Rand des Walles. Die innerste Fläche bleibt unbebaut.
1569 erbt, nach dem Tod des Bruders, Peter Rantzau den Besitz. Er ist ebenfalls Besitzer von Schierensee und der Troyburg. Peter Rantzau baut das noch heute stehende Schloß. Der um 1595 vollendete Bau ist, in Anlehnung an mittelalterliche Formen, mit drei nebeneinanderstehenden Häusern, durch Schweifgiebel, Horizontalbänder und die stattlichen laternenbekrönten Türme als eines der Hauptgebäude eines Renaissancebaues im Lande anzusehen.

Halle

Das Neue an dem Bau in Ahrensburg ist in der Gestaltung der einzelnen Details zu sehen. Da sind die genannten den Bau in Sockel- und Traufhöhe umziehenden Sandsteinbänder, die mehrteiligen Fenster mit heute ihrer Schmuckelemente beraubten Sandsteingewänden, auch die bereits genannten zierlichen Schweifgiebel an den drei Dächern. Die schlanken vier achtseitigen Ecktürme erhalten welsche Hauben. Ein Sandsteinwappen mit der Grafenkrone der Familie Schimmelmann befindet sich an der Nordseite.
Drei Türme nehmen die Treppen auf; einer erhält gewölbte Decken, er dient als Wachturm. Die Keller haben noch heute die alten Wölbungen. Es ist zu vermuten, daß das mittelste Haus wie in Glücksburg einen durchgehenden Saal gebildet hat, von dem aus die Kammern in den äußeren Häusern erreichbar gewesen sind. Das Innere ist nach den Beschreibungen von Heinrich Rantzau sehr reich mit Gold und Silberfarben, wahrscheinlich vergoldeten Ledertapeten, ausgestattet. Es gibt bemalte Holzdecken. Das Herrenhaus ist bis Mitte des 18. Jahrhunderts von einem breiten Wassergraben umgeben. Gegenüber dem Haupteingang, den man über eine Brücke erreicht, liegt der Wirtschaftshof oder auch Bauhof genannt. Er ist ebenfalls von Wassergräben umzogen gewesen und hat eine rechteckige Form besessen. Auf ihm stehen noch im 18. Jahrhundert zwei parallel zueinander stehende, lange Wirtschaftsbauten.
Die eigentliche Herrenhausinsel ist mit einem Wall umgeben, der ein „Pfordthaus" enthält, das noch 1614 erwähnt wird. Das Gut bleibt bis in das 18. Jahrhundert im Besitz der Familie der Grafen Rantzau. Es ist anzunehmen, daß unter dem Reichsgrafen Detlev Rantzau nach dem Nordischen Krieg, zwischen 1721 und dem Tod des Grafen 1745, noch wesentliche Ausstattungen wie in der gleichfalls durch Peter Rantzau erbauten Ahrensburger Kirche vorgenommen werden.
Nach starker Verschuldung des Gutes wird es 1759 von dem aus Pommern stammenden Hamburger Kaufmann, Heinrich Carl Schimmelmann, gekauft. Er ist als preußischer Geheimrat mit Geschäften während des Siebenjährigen Krieges zu Geld gekommen, wird ein erfolgreicher Kaufmann in Hamburg, schließlich Finanzverwalter des dänischen Staates und dänischer Lehnsgraf.
Mit ihm setzt eine neue Bauzeit in Ahrensburg ein. Das Haus ist von 1759 bis 1778 Sommersitz des dänischen Schatzmeisters. In dieser Zeit läßt Schimmelmann umfangreiche Baumaßnahmen durchführen. So wird vor allem ein weitläufiges Treppenhaus eingebaut. In der ersten Bauzeit 1762 wird das Vestibül mit abgerundeten Ecken und der Gartensaal mit den Kaminnischen und den großen Tierstilleben gestaltet. Der links liegende Speisesaal erhält 1766 eine wohl aus Paris bezogene Holztäfelung im Stil

Ahrensburg, Festsaal

Ludwigs XVI. Aus der frühen Umbauzeit stammen auch die Stuckdecken im Porzellanzimmer und im Treppenhaus. Die ersten Baumeister unter Schimmelmann sind Vater und Sohn Rosenberg. Ein großartiger umfangreicher Entwurf für die Neugestaltung des Hauses, auch am Äußeren, und weitreichende Umbauten werden dem Baumeister George Greggenhofer zugeschrieben. Der folgende, dann ständig für die ganze Familie Schimmelmann tätige Baumeister, wird Carl Gottlob Horn aus Sachsen. Eine grundlegende Erneuerung erfährt 1855 der Festsaal im Obergeschoß durch M. Scherer. Er führt noch spätklassizistische Formen aus und legt ein herrliches Parkett. Später eingebaut werden das Tapetenzimmer, das Guiseppe Pellicia für das Kieler Stadthaus des Schwiegersohnes des Grafen Carl v. Schimmelmann, Graf Fritz v. Reventlow, im 18. Jahrhundert ausgemalt hat.
Im 19. Jahrhundert ist der strenge, barocke Garten mit dem Wirtschaftshof aufgehoben und in Form eines englischen Gartens unter gewisser Wahrung alter Formen angelegt worden. Gegenüber der Landstraße wird 1845 ein neuer Marstall in dreiflügeliger Form mit Mittelrisalit und betonten Fenster- und Türachsen gebaut.
Zu den Resten der alten Gartenausstattung gehören noch zwei liegende Löwen aus Sandstein, modelliert von Ludwig v. Lücke aus den 60er Jahren des 18. Jahrhunderts.
Es ist Graf Ernst Schimmelmann, der Mitte des 19. Jahrhunderts noch einmal eine glanzvolle Zeit hervorbringt und Neuerungen am Bau veranlaßt. Ein knappes Jahrhundert später, 1932, muß sich die Familie der Grafen v. Schimmelmann aus wirtschaftlichen Gründen von Ahrensburg trennen. Es ist dem Ahrensburger Hotelier und Dipl.-Ing. Hans Schadendorff zu verdanken, daß ein großer Teil des Inventars vom Land Schleswig-Holstein angekauft und im Haus ein Museum für Adelskultur eingerichtet worden ist. Es kommt 1938 zur Gründung eines Fördervereins, um das Schloß zu erhalten. Während des Zweiten Weltkrieges wird es mit ungefähr 400 Flüchtlingen und Ausgebombten belegt und dient zeitweise auch als Lazarett. Nach dem Ende des Krieges und Auszug der britischen Militärbehörde, wiederum von Flüchtlingen belegt, dient es im Erdgeschoß bis 1954 als Berufsschule. 1955, besonders durch die Initiative des Landes, ist das Museum wieder eröffnet worden.
Seitdem wird auf Veranlassung des Landeskonservators manche Untersuchung durchgeführt und bauliche Beratung gegeben. So erfolgt z. B. ein neuer weißer Anstrich des Gebäudes und die Freilegung der ursprünglichen Malerei eines alten großen Archivschrankes im Dachgeschoß.

Adeliges Gut Ahrensburg

Besitzer: Land Schleswig-Holstein

Besitzer	
1567	v. Rantzau
1758	Grafen v. Schimmelmann
1933	Staat, nach dem Kriege das Land Schleswig-Holstein, Kreis Stormarn und die Stadt Ahrensburg

Gut und Bauten

Burg im frühen Mittelalter

1580–1596	Neubau des Schlosses
1614	Pfordthaus noch erwähnt
1721–1745	Ausstattung mit seinen Umbauten
seit 1759	neue Bauzeit unter den Grafen Schimmelmann (u. a. Treppenhaus)
1762	Vestibül
1766	Speisesaal erhält Holztäfelung im Stil Ludwigs XVI. Umbauten durch G. Greggenhofer, neue Umbauten durch Carl Gottlob Horn
1845	Neuer Marstall
1855	Umbau des Festsaals durch M. Scherer. Tapetenzimmer eingebaut, von G. Pellicia ausgemalt
um 1860	weitere Umbauten auf dem neugotischen Torhaus (1960 abgebrochen)
1939/1955	Museum schleswig-holsteinischer Adelskultur
1981	Beginn einer umfassenden Instandsetzung des Schlosses
1983	Wiederöffnung des Hausgrabens

Jersbek

Kirchspiel Bargteheide Kreis Stormarn

Das zu den adeligen Gütern Holsteins gehörende Jersbek ist im Mittelalter, damals noch verbunden mit dem Gut Stegen, in der Hand der als Raubritter bekannten Familie v. Hummersbüttel. Anschließend ist es für über 300 Jahre im Besitz der Familie v. Buchwaldt. 1725 kommt es durch Heirat in die Familie v. Ahlefeldt. Bendix v. Ahlefeldt, der die letzte Buchwaldt auf Jersbek geheiratet hat, spielt als Künstler eine große Rolle im Hamburger Kulturleben. Er leitet von 1722 bis 1726 die Oper in Hamburg. In Jersbek umgibt er sich mit Künstlern und Gelehrten, Sängern und Schauspielern. Der Dichter Friedrich von Hagedorn, der in Jersbek zeitweilig wohnt, macht auf ihn begeisterte Verse und der Komponist Filippo Finazzi bekommt ein Haus in Jersbek geschenkt und verbringt lange Jahre dort. Bendix v.

Ahlefeldt gehört zu den Gründungsmitgliedern der ersten Freimaurerloge in Deutschland, die 1737 in Hamburg aufgebaut worden ist. Die Freimaurerei hat sich von Hamburg aus über den ganzen deutschen, süd-, ost- und nordeuropäischen Bereich verbreitet.
In der Zeit von Bendix v. Ahlefeldt wird in Jersbek ein großer barocker französischer Garten angelegt, der zu den schönsten Anlagen im Lande zählt.
Von der alten 1588 begründeten Gutsanlage ist nichts mehr zu finden. Erst in der Mitte des 17. Jahrhunderts werden durch Hans Adolf v. Buchwaldt Neubauten durchgeführt. Zu den ältesten Bauten dieser Anlage kann man das um 1650 aus Backsteinen erbaute Herrenhaus rechnen. Es ist ein Doppelhaus, zweigeschossig mit vier Schweifgiebeln. An der Südseite befindet sich als einziger Schmuck der Erbauungszeit zwischen den Giebeln eine Kaske als Wasserspeier.
Das Innere des Hauses ist mehrfach verändert worden. Axial zum Herrenhaus steht ein Torhaus, das 1678 gebaut worden ist und eine tonnengewölbte Durchfahrt und einen achteckigen Dachreiter aufweist.
Anfang des 18. Jahrhunderts gibt es in Jersbek einen Baumeister, der daselbst geboren ist. Er heißt Jasper Carstens und lebt von 1705 bis 1749. Als dieser spätere, bekannte Baumeister geboren wurde, gehört Jersbek noch Jasper v. Buchwaldt.
In der Zeit von Bendix v. Ahlefeldt wird der genannte große Park geschaffen, der sich um eine Baumachse nach Norden weit ins Land erstreckt hat. Hauptanziehungspunkt des Parkes ist das um 1739 von Carstens erbaute

Sphinx, ehemals vor dem Lustschlößchen

Lustschlößchen gewesen, das zu Anfang des 19. Jahrhunderts abgetragen worden ist. Es hat in der Mitte einen achteckigen Raum mit reichem dekorativem Schmuck enthalten und beiderseits davon Kabinette. Dieses Lustschlößchen ist für Theateraufführungen genutzt worden. Inwieweit bei Dekorationen im Schlößchen und im Bau selbst Freimaurersymbolik Eingang gefunden hat, kann nur vermutet werden. Das Blumenparterre und die Laubengänge im Park sind reich mit Statuen und Vasen gechmückt gewesen. Vor dem Herrenhaus stehen noch heute die wieder zusammengefügten Reste von zwei Götterfiguren, ein Sockel mit mehreren Putten und Vasen und Sphinxe, wie sie auch in der Freimaurer-Symbolik des 18. Jahrhunderts eine Rolle spielen. Die gesamte Anlage ist auf verschiedenen Zeichnungen und Stichen zu erkennen. Der bedeutendste Stich mit dem Herrenhaus ist von G. Sonnin gezeichnet und von Chr. Fritzsch 1747 gestochen. Bei aufmerksamer Betrachtung des Herrenhauses auf diesem Stich und den Lageplänen aus dem Jahre 1741 erkennt man, daß von Bendix v. Ahlefeldt auch am Herrenhaus Veränderungen vorgenommen worden sind. Der Vorderbau ist rechts vom Portal bis zum Burggraben hin verlängert worden und an das hintere Haus wird rechtwinkelig dazu am Südende ein Flügel angebaut. Die Nordgiebel werden unter einem einzigen zusammengezogen. Ob die auf dem Stich gezeigten Fensterumrahmungen durchgeführt worden sind, kann man heute nicht mehr feststellen. An dem Giebel, an den sich der Anbau anschließt, sind deutlich Änderungen im Mauerwerk zu erkennen. Diese Anbauten sind wieder abgerissen worden.

1762 gehört Jersbek Baron Georg Ludwig v. Oberg, ebenfalls einem der führenden Freimaurer Hamburgs. Oberg hat eine Tochter von Bendix v. Ahlefeldt zur Frau gehabt.

Am Ende des 18. Jahrhunderts gelangte Jersbek in die Hand von Paschen v. Cossel, der bekannt geworden ist als Führer der nichtrezipierten, der nicht zur Ritterschaft gehörigen, doch im Lande besitzlichen Familien. Cossel fordert als Besitzer eines adeligen Gutes seine Aufnahme in die Ritterschaft. Bekannt als ein um Sozialreformen bemühter Mann, wendet er sich gegen die sofortige Aufhebung der Leibeigenschaft. Auch Cossel ist im übrigen eifriger Freimaurer, sowohl direktes Mitglied Hamburger als auch Kieler Logen.

An die Zeit von Paschen v. Cossel erinnert in Jersbek dessen Grabmal im dortigen Wald. Bei seinem Tod ist dort eine Titanenfigur aus dem ehemaligen Park aufgestellt. Sie steht innerhalb eines aus Steinen gebildeten Kreises, in denen Reste von Grabsteinen liegen. Diese alte Titanenfigur ist heute umgestürzt und zerbrochen. Auf einer Steinplatte zu Füßen des Grabes sind Worte eingemeißelt, die auf das Freimaurerische bei Cossel

verweisen: „Dem Unbekannt Bekannten, dem Unsichtbar Sichtbaren, dem Worte ewige Anbetung."
Als Bildhauer vorhandener Sandsteinfiguren wird Ludwig v. Lücke vermutet.
Nachdem der Besitz 1840 an die Familie der Grafen Reventlow kommt, wird 1849 am vorderen Haus linker Hand ein niedriger Turm angebaut. Eine weitere Vergrößerung des Herrenhauses geschieht 1869/71. Der Kieler Architekt H. G. Krüger setzt an der Rückfront einen Saalbau an.
Der Wirtschaftshof liegt abseits vom Herrenhaus. Von den älteren Gebäuden steht nur noch das Fachwerkhaus der früheren Pächter. Die Wirtschaftsgebäude werden 1878 nach einem Brand neu aufgebaut.
Von den Reventlow ging Jersbek als Erbe in den Besitz der Familie v. Bethmann Hollweg über.

Adeliges Gut Jersbek

Besitzer: Cay v. Bethmann Hollweg

Besitzer

Mittelalter	v. Hummersbüttel
Seit Beginn des 15. Jhrdts.	v. Buchwaldt
1725	v. Ahlefeldt
1761	v. Oberg
1774	v. Cossel
1818	Thierry
1840	Grafen v. Reventlow
im Erbgang	v. Bethmann Hollweg

Gut und Bauten

1588	Gutsanlage
1650	Bau eines Herrenhauses
1678	Torhaus mit achteckigem Dachreiter
1705–1749	Baumeister Jasper Carstens – Umbauten. In dieser Zeit auch Park durch Ahlefeldt
1739	Lustschlößchen durch Jasper Carstens. Sandsteinfiguren durch L. v. Lücke
1849	Einbau eines Turmes am Herrenhaus
1869/71	Umbauten durch H. G. Krüger
1873	Fideikommiß
nach 1879	neue Wirtschaftsgebäude

Schloss Reinbek

Kirchspiel Reinbek   Kreis Stormarn

Auf dem Gelände des seit der Zeit der Reformation zu dem herzoglichen Besitz zählenden ehemaligen Klosters Reinbek wird auf Veranlassung von Herzog Adolf von Holstein-Gottorp, bald nach Vollendung des Kieler Schlosses (1569), ein Schloßbau in Angriff genommen. Der Bau wird auf dem Boden des 1534 zerstörten Nonnenklosters der Cistercienser errichtet. Fünf Jahre, von 1572 bis 1577, ist an dem Schloß Reinbek gebaut worden. Der Baumeister ist unbekannt. Der Bau ist auch beispielgebend für das Husumer Schloß gewesen, das aber in dieser Reinheit des niederländisch beeinflußten Renaissancestils nicht mehr erhalten ist. Die älteste Darstellung des Reinbeker Schlosses ist auf einer Karte der Zeit um 1600 zu sehen, die sich im Staatsarchiv Hamburg befindet.
Der Bau ist eine dreiflügelige, zweigeschossige Anlage. Dem südlichen Seitenflügel ist an der westlichen Schmalseite ein kleiner Querbau mit zwei halbrunden Zwillingstürmchen vorgelagert. Zum ursprünglichen Bau haben drei Treppentürme gehört, von denen noch zwei erhalten sind. Die Haupttreppe hat im südöstlichen Winkel gelegen. Der jetzige Turmaufbau

stammt mit seiner Laterne aus dem Jahr 1706. Einen besonderen Schmuck haben die leicht unsymmetrisch verteilten Bogenarkaden im Hof am Mittelbau und Nordflügel gebildet. Die linke, nördliche Arkade ist bereits 1768 zum Teil vermauert worden, später auch die östliche Arkade. 1981 sind sie wieder freigelegt worden. Die schlanken Sandsteinsäulen tragen toskanische Kapitelle, die gleichen, wie sie am Kieler Schloß angebracht gewesen sind.
Die Gliederung der Backsteinfassaden wird durch Sandsteinbänder und die Umrahmung der Fenster durch Sandsteingewände betont, in Anlehnung an niederländische Bauten. Der schmale Querbau hat im Erdgeschoß die Kapelle beherbergt, die ein rechteckiger, schlichter Raum mit flacher Holzbalkendecke gewesen und um 1620 ausgestattet worden ist. Dort ist bis 1901 noch Gottesdienst gehalten worden. Einige Gegenstände sind nach dem Neubau der Ortskirche dorthin übernommen worden, so einige Schnitzfiguren von Altar und Kanzel, die von H. Heidtrieder geschaffen worden sind. Zur Zeit der Witwenschaft der Herzogin Christine, hat das Schloß Jacob v. der Wordt 1589 ausgemalt.
Reinbek hat seit jener Zeit im holsteinisch herzoglichen Hause als Witwensitz gegolten und die Einkünfte des Amtes sind zum Teil der Witwe zugekommen, z. B. Herzogin Christine (†1604) und Herzogin Augusta (†1639). Dieser Tatbestand wird auch dazu beigetragen haben, daß die Fürstin Johanna Elisabeth von Anhalt-Zerbst, die aus dem Hause Holstein-Gottorp stammt, mit ihrer Tochter Sophie-Friederike 1743 unter dem Namen einer Gräfin Reinbek nach Rußland reist. Sie fährt dorthin, um die Tochter ihrem jungen Gemahl, dem Großfürsten Peter aus dem Hause Holstein-Gottorp, dem späteren Zaren Peter III., zuzuführen. Sophie Friederike wird selber, nach dem frühen Tode ihres Mannes, russische Zarin und regiert von 1762 bis 1796 als Katharina II.
Vielfach müssen zu früherer Zeit am Schloß Reparaturen durchgeführt worden sein. Aus alten Rechnungen ist viel über die Gestalt des Baues zu verschiedenen Zeiten zu erfahren. So besitzt er 1697 ein Schieferdach. 1707 wird eine durchgreifende Reparatur des Schlosses durchgeführt. Im Nordischen Krieg hat der Bau sehr zu leiden, Einquartierungen der zahlreich durch das Land ziehenden fremden Truppen tragen ihr Teil dazu bei. Aus der Zeit von 1776 existiert eine Zeichnung mit der Gartenfront und dem Obergeschoß, von F. H. Hansen als Baumeister, der seinerzeit auch für den Umbau des Kieler Schlosses Vorschläge gemacht hat.
Nach dem Tauschvertrag von Zarskoje Selo (1773), in dem festgesetzt wird, daß die herzoglichen Ämter königliche werden und Reinbek Sitz des jeweiligen Amtmannes, werden zahlreiche Nebengebäude notwendig, die auf einem erhaltenen Plan aufgeführt werden.

Schloß Reinbek, Innenhof

Zwischen die beiden Schloßflügel werden Wachhäuser gebaut, so daß nur eine Durchfahrt frei bleibt. Vor dem Schloß auf dem Wirtschaftshof hat linker Hand das Haus des Amtsschreibers gelegen, hinter ihm ein kleiner Garten, der durch den Reitstall und eine Scheune begrenzt wird. Weiter westlich in Richtung zur Bille folgen dann ein kleines Viehhaus und ein Speicher. Gegenüber des Amtsschreiberhauses haben das Brauhaus und daran anschließend in Richtung zum Südflügel des Schlosses die große Wassermühle gelegen. Zwei Dämme und drei Durchlässe regeln den Wasserstand im Mühlenteich. Hinter dem Schloß hat nach einem Inventar von 1723 der Garten aus der Renaissancezeit mit neun quadratischen Beeten gelegen, in denen vier hölzerne Pyramiden gestanden haben. Die Quartiere oder auch Beete sind ringsherum mit bepflanzten Laubengängen besetzt gewesen. In späterer Zeit erhält der Garten den Charakter eines englischen Parks.

1874 wird das Schloß in private Hand verkauft, nachdem es bis dahin als Amtssitz des jeweiligen Amtmannes gedient hat. In der preußischen Zeit, 1867 bis 1873, ist es Sitz des preußischen Landrates, solange Reinbek Amtssitz des Kreises gewesen ist.

1874 erwirbt es der Gutsbesitzer Lingmann, doch unmittelbar darauf verkauft er Reinbek weiter an Heinrich August und Wilhelm Specht, die aus dem Schloß ein Hotel machen. Zu diesem Zweck wird ein neugotischer Vorbau geschaffen, um ein neues Treppenhaus aufzunehmen. Die Kapelle wird unterteilt und zu Gästezimmern eingerichtet. Reinbek wechselt dann aber weiterhin die Besitzer. 1919 erwirbt Margarete Freiin v. Patow das Schloß und richtet ein christliches Erholungsheim ein.

1939 übernimmt die Stadt Hamburg das Schloß, um dort auf Anordnung aus Berlin das Reichsinstitut für ausländische und koloniale Forstwirtschaft einzurichten. Es wird aus der berühmten sächsischen Forstakademie Tharandt nun nach Reinbek verlegt. Baulich wird besonders stark im Nordflügel eingegriffen, um dort Laboratorien zu schaffen. Nach dem Kriege wird das Institut in die Bundesforschungsanstalt für Forst- und Holzwirtschaft umgewandelt. Nach dem Auszug der Bundesanstalt in Neubauten wird das Schloß am 21. 12. 1972 zu gleichen Teilen von der Stadt Hamburg an den Kreis Stormarn und an die Stadt Reinbek verkauft. Am Reinbeker Schloß werden seit 1977 durchgreifende Renovierungsarbeiten durchgeführt. Dabei sind nach der Abnahme jüngerer Stuckdecken an den Balken und Feldern ornamentale Malereien aus der Erbauungszeit entdeckt worden. Zahlreiche und intensive Restaurierungsarbeiten haben stattgefunden und zum Teil ursprüngliche, aus dem 16. Jahrhundert stammende Bauteile freilegen können.

Schloß Reinbek

Besitzer: Kreis Stormarn, Stadt Reinbek

Besitzer

Seit dem 13. Jhdt.	Cistercienser Kloster für Nonnen
Seit 1528	König Friedrich I. v. Dänemark
	Hrzge v. Holstein-Gottorp
1773	Könige v. Dänemark
1767	Preuß. Staat
1874	Lingmann
1875	Specht
1919	Freiin v. Patow
1939	Stadt Hamburg
1972	Kreis Stormarn, Stadt Reinbek

Gut und Bauten

Cistercienser Nonnen-Kloster

1534	zerstört
1572–1577	Bau des Renaissanceschlosses
1589	Ausmalung durch Jacob v. der Wordt
1620/21	Einbau der Schloßkapelle, erhalten bis 1901
1690	älteste Darstellung
1706	Turmerneuerung
1768	Arkaden zum Teil vermauert
1707	Reparatur des Schlosses
1874	Umbau für Hotel
seit 1977	umfassende Renovierungsarbeiten

Niendorf bei Lübeck

Kirchspiel Genin   Hansestadt Lübeck

Das zu den alten Lübschen Gütern gehörende Niendorf ist nicht zu verwechseln mit den gleichnamigen Gütern im Kreis Herzogtum Lauenburg, die zum Unterschied Niendorf an der Stecknitz und Niendorf am Schaalsee genannt werden. Niendorf wird bereits im frühen Mittelalter als Besitz der Familie v. Moisling angezeigt, die auf einem gleichnamigen Gut ihren Hauptsitz gehabt hat. Es ist möglich, daß es sich bei dieser Familie um die, im Lübeck angrenzenden Raum weit verbreitete, ritterschaftliche Familie v. Hummersbüttel gehandelt hat.
1377 wird das Gut an den Lübecker Ratsherren Hermann v. Ossenbrügge verkauft. Weitere zahlreiche Besitzer sind für die nächsten 300 Jahre zumeist Lübecker Familien. Sehr deutlich wird am Beispiel dieses Gutes, wie eng die Geschichte des Landes mit der Stadt verzahnt gewesen ist.
Um Niendorf wird mehrfach gestritten, zwischen der Ritterschaft des Landes, dem Herzog v. Holstein-Gottorp und dem dänischen König als

Lehensherr sowie der freien Reichsstadt Lübeck, die sich schließlich an den Kaiser wendet und den Schutz des Reiches für ihre Güter, auch für Niendorf erhält. Dieser Schutz wird von Kaiser Maximilian II. 1570 bestätigt. Niendorf befindet sich zu jener Zeit in der Hand der Familie v. Brömbsen, die uns mehrfach im Lauenburgischen, Hannoverschen und in Schleswig-Holstein als Besitzer von Gütern begegnet. Auch in der Gütergeschichte von Lübeck macht sich die politische Lockerung des Reiches im turbulenten 17. Jahrhundert bemerkbar. Der kaiserliche Schutz für die Lübschen Güter steht zwar auf dem Papier, aber in der politischen Realität nützt er wenig und so begibt sich die Stadt Lübeck schließlich unter den Schutz des dänischen Königs, um so vor den Ansprüchen des Herzogs v. Holstein-Gottorp geschützt zu sein.
Niendorf wechselt auch im 18. Jahrhundert mehrfach den Besitzer. 1760 befindet sich das Gut in der Hand des bekannten Hofmarschalls des dänischen Königs, Graf Adam Moltke, der ebenfalls Besitzer des adeligen Gutes Nütschau im heutigen Kreis Segeberg ist. Es folgen dann wiederum Lübekker Familien, 1761 v. Bartels, 1771 Braunstorf, 1791 Pauli, dann Stötzer und v. Lowtzow aus Mecklenburg.
1802 gelangt Niendorf in die Hand der Familie v. Heintze. Bei dieser Familie verbleibt der Besitz bis zum Jahre 1907, um dann an die Stadt Lübeck verkauft zu werden.
1975 kommt Niendorf schließlich in die Hand von Dr. med. Werner Rieck, der das Herrenhaus übernimmt und das verwahrloste Haus unter unermüdlichem Einsatz renoviert hat.
Das einst 1000 ha große Gut ist heute zum größten Teil gesiedelt, ein Resthof, der vom Herrenhaus getrennt ist, ist ein Saatzuchtbetrieb. Noch im Jahre 1844 hat Josias v. Heintze ein Fideikommiß gebildet, zu dem das Gut Niendorf und das Dorf Reecke gehört haben. Der ganze Besitz wird zusammengefaßt unter der Bezeichnung Fideikommiß Weißenrode. Die Stadt Lübeck bestätigt diese Einrichtung im nämlichen Jahre.
Das jetzige Herrenhaus ist wahrscheinlich zwischen 1761 und 1763 erbaut worden. Es ist möglich, daß ältere Fundamente benutzt worden sind. Als ausführender Architekt wird J. A. Soherr angenommen. Zu diesem Bau gehört das Erdgeschoß, das hohe Obergeschoß und ein Mansarddach.
1771 werden durch den neuen Eigentümer, J. H. Braunstorf, Umbauten vorgenommen. Es werden eine zweigeschossige Treppenhalle eingebaut und das Portal erhöht. Das darüberliegende Fenster wird durch einen Sandsteinrahmen mit dem Portal verbunden. Die Jahreszahl 1771 wird eingemeißelt.
Aus der ersten Bauphase stammen die reich geschmückten Räume im Obergeschoß. Vor allem der Saal und die beiden an der linken Seite liegenden Räume. Mit dem Einbau der Treppe erfolgt die Ausmalung eines

Raumes im Südwesten. Die Paneel- und Türfüllungen werden mit Landschaften, Kriegsszenen und Bildern aus dem täglichen Leben in leichter Rokokomanier bemalt. Der anschließende südöstliche Raum erhält eine gemalte Wandgliederung mit korinthischen Pfeilern und marmorierten Feldern. Die bemalte Decke stammt aus dem ersten Viertel des 19. Jahrhunderts.

Der große Saal hat eine oktogonale Form mit Stuckdekoration. Die drei Supraportenreliefs sind nach Frühwerken von Thorvaldsen gearbeitet. In einer Wandnische steht ein schöner großer klassizistischer Ofen.

Im 19. Jahrhundert wird das Haus, nun im Besitz der Familie v. Heintze, aufgestockt und das Dach vereinfacht. Aus dieser Zeit stammt der Abschlußfries am Mittelrisalit. Auch im Innern werden durch die Heintze schon in den 40er Jahren, besonders im Treppenhaus, figürliche Darstellun-

Großer Saal

gen mit Motiven von Thorvaldsen angebracht. Von besonderer Schönheit sind hier zwei große klassizistische Vasen aus Alabaster mit Reliefs von Vögeln und Darstellungen aus dem Landleben.
Erwähnenswert sind die Parkettfußböden in schönen Musterungen in drei Räumen.
Die Räume im südlichen Erdgeschoßteil und im Obergeschoß des Herrenhauses werden heute durch den Eigentümer bewohnt. Der übrige Anteil des Hauses ist zu vier modernen Komfortwohnungen umgebaut worden. Im ehemaligen Gärtnerhaus sind Garagen eingebaut worden. Der Park mit den beiden großen Alleen wird von allen fünf Einwohnerparteien genutzt.
Der frühere Wirtschaftshof ist abgetrennt worden. Auf diesem Gelände steht die ehemalige Gruftkapelle der Familie v. Heintze, die in der Mitte des 19. Jahrhunderts in neugotischer Form erbaut worden ist. In den Giebeln sind auf Konsolen Nachbildungen gotischer Figuren angebracht. Die Konsole auf der Rückseite stammt wahrscheinlich aus einem alten gotischen Gebäude.

Lübsches Gut Niendorf

Besitzer: Dr. med. Werner Rieck

Besitzer		*Gut und Bauten*	
13. Jhdt.	v. Moisling	1761/63	Bau des neuen Herrenhauses. Baumeister J. A. Soherr
1377	v. Ossenbrügge mehrere Besitzer aus Lübeck	1771	Umbauten
1671	v. Wickede	19. Jhdt.	Umbauten. Motive im Treppenhaus nach Thorvaldsen
1703	v. Brömbsen	1974	umfassende Renovierungsarbeiten
1759	Graf v. Moltke	1844	Fideikommiß Weißenrode aus den Gütern Niendorf und Reecke gebildet. Wirtschaftshof verpachtet an Saatgutgesellschaft, gesiedelt. Herrenhaus, Park und Wirtschaftshof sind heute getrennt, haben verschiedene Besitzer
1762	v. Bartels		
1771	Braunstorf		
1782	Pauli		
1791	Stötzer		
1798	v. Lowtzow		
1802	v. Heintze		
1907	Stadt Lübeck		
1975	Dr. med. W. Rieck		

Kastorf

Kirchspiel Siebenbäumen   Kreis Herzogtum Lauenburg

Die Nachrichten über Kastorf gehen in sehr frühe Zeiten zurück. Es gibt aus dem Jahre 1283 eine Urkunde, aus der hervorgeht, daß der Bischof von Ratzeburg die Kirchspieleinteilung geändert hat, bis dahin hat Kastorf zum Kirchspiel Berkenthin gehört, ist dann aber zu dem Kirchspiel Siebenbäumen umgelegt worden.

Die ältesten Besitzer sind die Ritter v. Crumesse, die im Norden des Herzogtums Lauenburg größere Besitzungen haben. 1377 verkaufen zwei Brüder v. Crumesse Kastorf. Es sind der Ritter Egbardus und der Knappe Hennicke.

Kastorf, das aus Gut und Dorf besteht, wechselt dann wiederholt seinen Besitzer. Es beruht hier darauf, daß Kastorf kein Lehengut ist, sondern ein Allodialgut, mithin Verkäufe ohne Zustimmung des Landesherrn erfolgen können.

Seit 1597 sitzt die Familie v. Wickede auf Kastorf und zwar in 6 Generationen bis 1745. Die Herren von Wickede, die zum Uradel gehören, stammen ab von einem Erbsassengeschlecht v. Wickede mit einem gleichnamigen Stammhaus bei Dortmund. Ein Zweig siedelt im Anfang des 14. Jahrhunderts nach Lübeck über und gehört dort der adeligen Zirkelgesellschaft an, die sich 1397 aus Anlaß des Besuches Kaiser Karls IV. konstituierte und aus deren Reihen die bedeutendsten einheimischen Geschlechter die Bürgermeister stellten. Die Stammreihe beginnt mit Hermann v. Wickede, † Lübeck 1367, Besitzer von Alt-Lauerhof bei Lübeck und Zweitem Bürgermeister der Stadt Lübeck.

1745 macht die Witwe des letzten Herrn v. Wickede auf Kastorf Konkurs, wenige Jahre später, 1749 kauft der spätere Generalleutnant Christian Ludwig Freiherr v. Hammerstein, † 1759, das Gut an, nachdem er die adeligen Güter Krummendiek, Groß-Campen und Rahde im westlichen Holstein kurz besessen, diese aber nach dem Tode seiner Frau, geb. v. Ahlefeldt, im Jahre 1744 wieder veräußert hat.

Hammerstein hinterließ einen Sohn, Hans Christian, und einen Enkel, Hans Detlev. Dieser letzte ist der bedeutendste der drei Generationen. Er ist großbritannischer Oberst und später Gesandter am Bundestag in Frankfurt gewesen. Hans Detlev Frhr. v. Hammerstein ist der Bau des Herrenhauses in Kastorf zu verdanken. Dieser Bau, der in den Jahren 1801–1802 entstanden ist, geht auf einen Entwurf des berühmten dänischen Baumeisters Christian Friedrich Hansen zurück, der Bau selber wird offenbar in Abwesenheit v. Hammersteins durch seinen Vetter Friedrich August von dem Bussche aufgeführt und zwar durch den Baumeister Christian Josef Lillie. Lillie hat später das klassizistische Herrenhaus auf Gudow erbaut.

Der Bau in Kastorf war wohlgelungen und für ein kleineres Gut äußerst passend in der Größe. Die Freiherren v. Hammerstein trennen sich 1820 von dem Gut, es folgen dann kurzfristig verschiedene Besitzer. 1878 geht das Gut auf die Familie Vorwerk, Kaufherren aus Hamburg, über.

Das Gut Kastorf verkauft die Familie Vorwerk im Jahre 1920 an die Schleswig-Holsteinische Höfebank. 1930 löst die Höfebank das Gut auf, legt zunächst drei größere Siedlungen an und weist jedem Siedler eines der schönen alten Hofgebäude als Wirtschaftsgebäude zu. In der Folge sind eine große Zahl von äußerst unschönen Flachbauten entstanden, denen ein Teil des schönen alten Parkes geopfert worden ist, so daß diese neuen Siedlungshäuser bis dicht an das Herrenhaus heranreichen. Das Herrenhaus selber ist in verschiedene Mietwohnungen aufgeteilt worden, durch unschöne Fenster und häßliche Außenaufgänge in seinem formschönen Ansehen verschandelt. 1969 kauft der Maler und Dozent an der Hochschule für Bildende

Künste in Hamburg, Professor Kai Sudeck den Rest von Kastorf an, der nunmehr nur aus dem Herrenhaus und einem Teil des Parkes besteht.
Professor Sudeck hat in jahrelanger Arbeit das Herrenhaus wieder in seinen ursprünglichen Zustand zurückgeführt, so daß es heute zu einem der schönsten Herrenhäuser des Landes gerechnet werden kann. Sämtliche Fassaden wurden mit neuem Anstrich versehen, die alte Raumaufteilung wieder hergestellt, Schäden am Dach beseitigt, die südwestliche Schmalseite in den ursprünglichen Zustand zurückversetzt, d. h. ein häßlicher halbverglaster Treppenaufgang wieder entfernt, an Stelle einer zusätzlichen Tür ein Fenster eingesetzt, wie es ganz offensichtlich früher dort gewesen sein muß, denn im Garten fand sich noch der Original-Gesimsstein, der nun wieder seinen alten Platz erhalten hat. An der Südecke der Gartenfront des Hauses ist der rustizierte Eckrisalit erneuert worden, der offenbar im Laufe der Kriegs- oder Nachkriegsjahre entfernt worden ist. Als Anstrichfarbe wird ein mit Umbra und Ocker abgemischtes warmes Weiß-Grau gewählt, Eckrisalite sowie Profile des überdachten Porticus der Gartenseite werden durch ein helleres abgemischtes Weiß hervorgehoben. Fensterrahmen und Türen erhalten einen Anstrich von mittelheller grau-blauer Farbe mit weißer Rahmung.
Auch die Überreste des Parkes sind in den letzten Jahren wieder in ihren ursprünglichen Zustand versetzt, Hecken angelegt, Rasenflächen neu geschaffen und Bäume gepflanzt worden.

Adeliges Gericht Kastorf

Besitzer: Prof. Kai Sudeck

Besitzer

bis 1377	Ritter v. Crumesse
1377–1597	verschiedene Besitzer
1597–1745	v. Wickede
1749–1820	Freiherren v. Hammerstein
1820–1878	verschiedene Besitzer
1878–1928	Vorwerk
1928	Höfebank
nach 1930	Gut aufgesiedelt
1969	Herrenhaus mit Rest des Parks durch Prof. Kai Sudeck erworben

Gut und Bauten

18. Jhdt.	Wirtschaftsgebäude durch Hammerstein
1801–02	Herrenhaus
nach 1969	Restaurierung des Herrenhauses

Kastorf, Blick durch den Saal

Steinhorst

Kirchspiel Sandesneben Kreis Herzogtum Lauenburg

Das erst in späterer Zeit zu den adeligen Gütern Holsteins zählende Steinhorst, zeigt eine wechselvolle Geschichte. Die längste Zeit ist es Sitz des Amtmannes des gleichnamigen Amtes gewesen. Im Mittelalter zählt es zu den lauenburgischen Ämtern, dann zu den holsteinischen, schließlich gelangt es wieder zu Lauenburg. Im 18. Jahrhundert gehört Steinhorst zeitweilig zu den adeligen Gütern Holsteins. Die Geschichte von Steinhorst ist geprägt von Besitzansprüchen der Herzöge von Holstein-Gottorp und der Herzöge von Lauenburg. Das alte Steinhorst wird im frühen Mittelalter als Dorf genannt. Besitzer ist die ritterschaftliche Familie v. Borstele. 1315 werden von diesem Dorf einige Hufen an den Bischof v. Ratzeburg gegeben. Zwei an verschiedenen Orten gelegene Burganlagen sind bezeugt. Die eine aus der späteren Zeit ist wahrscheinlich auf dem heutigen Wirtschaftshof gelegen gewesen. Da unmittelbar an Steinhorst vorbei die alte Heerstraße

von Lübeck nach Hamburg geführt hat, ist diese von Steinhorst beherrscht worden. Die Burg hat als kriegerischer Sitz von Raubrittern gegolten, vermutlich ist sie in der Hand der damals verbreiteten Familie v. Zülen gewesen. Auch der Name eines Ritters v. Steinhorst taucht auf. Die Burg wird gemeinsam von dem Herzog v. Lauenburg, dem Grafen v. Holstein und der Stadt Lübeck 1349 zerstört. Steinhorst gelangt im Laufe der frühen Neuzeit an die Familie v. Buchwaldt, wechselt über in die Hand des Herzogs v. Lauenburg. Herzog Franz I. v. Lauenburg hat das hochverschuldete Amt dem Holsteiner, Friedrich v. Brockdorff, verpfändet.
Nach unendlichen Querelen gelangt Steinhorst, 1557, durch Kauf in die Hand von Herzog Adolf v. Holstein-Gottorp. Von 1557 bis 1691 ist es damit herzoglich-holsteinisches Amt gewesen, bereits 1661 wird es allerdings wiederum, für damalige Zeit nicht unüblich, an einen Vertreter der schleswig-holsteinischen Ritterschaft verpfändet. Friedrich v. Ahlefeldt übernimmt die Ämter Tremsbüttel und Steinhorst, gekauft hat er Steinhorst nicht. Erst 1691 gelangt es in private Hand. Magnus v. Wedderkop, 1637 in Husum als Sohn eines Schmiedes geboren, macht eine große Karriere – ähnlich wie sein Landsmann Johann Adolph Kielmann, der der Stammvater der Grafen Kielmansegg ist. Als Politiker des Herzogs machen beide eine steile politische Karriere, kaufen sich im Lande an, werden vom Kaiser geadelt und werden schließlich in die schleswig-holsteinische Ritterschaft rezipiert, nachdem sie im Lande mit immatrikulierten Gütern besitzlich geworden sind. Beide besitzen sie adelige Güter in Holstein. Magnus v. Wedderkop kauft 1691 Steinhorst, bereits als Besitzer von Moisling und des Gutes Tangstedt im heutigen Kreis Stormarn, wo auch sein Sohn Gottfried v. Wedderkop 1693 geboren ist.
Magnus v. Wedderkop ist Präsident des holsteinischen Regierungsconseil, sein politischer Gegenspieler, Georg Frhr. v. Schlitz, gen. v. Goerz, läßt ihn 1709 gefangen setzen und in der Festung Tönning einsperren. Erst 1714 wird er dort durch die Dänen befreit, in deren Dienste er dann tritt, wie ebenfalls der Sohn, der 1721 mit dem großartigen Bau in Steinhorst beginnt. Bemerkenswert ist, mit welchem Repräsentationsbedürfnis der junge Wedderkop, der als dänischer Diplomat in England und Frankreich lange Zeit gelebt hat, mit dem bekannten Baumeister aus Hamburg, Johann Nikolaus Kuhn, das prachtvolle, barocke Backsteinhaus in Schnelligkeit entstehen läßt. Gottfried v. Wedderkop ist verheiratet mit einer Cousine Pincier, deren Vater als Pincier Frhr. v. Königstein vom schwedischen König geadelt worden ist. Auch er hat im Dienst des Herzogs, wie Wedderkop und Kielmann, der vom Kaiser geadelt v. Kielmansegg heißt, eine steile politische Karriere gemacht. Ebenfalls die Mutter von Gottfried v. Wedderkop ist

eine Pincier Freiin v. Königstein und sein Bruder heiratet die Schwester seiner Frau.

Ein enger Kreis neuer Beamtenfamilien in Holstein schließt sich hier zusammen. Sie sind zumeist landfremd oder kommen aus anderen sozialen Schichten, gehören nicht zur Ritterschaft und haben ein starkes Repräsentationsbedürfnis. In der ersten Hälfte des 18. Jahrhunderts bestimmen sie die Politik im Herzogtum Holstein-Gottorf, die unter Vormundschaft der Bischöfe von Eutin gestanden hat. Bereits in der zweiten Generation sind diese Familien zumeist in der Ritterschaft des Landes integriert. Diese Familien bestimmen den Herrenhausbau zu Anfang des 18. Jahrhunderts in Holstein in nicht unbeträchtlichem Maße. In einer Geschichte über Steinhorst von Volker Konerding heißt es, daß die reiche private Bautätigkeit, die in diesen Jahren von Mitgliedern der vormundschaftlichen Regierung ausgegangen sei, sich auch in Steinhorst niedergeschlagen habe. An erster Stelle sind neben Wedderkop, Baron Goerz und Graf Dernath mit ihren Repräsentationsbauten zu nennen, die vor allem auch Stadtpalais in Hamburg und Schleswig gebaut haben. Diese beiden letztgenannten Männer stammen nicht aus Holstein, haben aber beide in die mächtigsten Familien des Landes eingeheiratet. Der erste hat eine Reventlow, der zweite eine Rantzau zur Frau.

Vor diesem gezeichneten Hintergrund ist der Bau in Steinhorst zu sehen. Und so setzt es nicht in Erstaunen, daß sich Gottfried v. Wedderkop mit seinem Repräsentationsbau finanziell übernommen hat. Bereits 1739 muß er Steinhorst verkaufen, nachdem er in mehreren Versuchen, durch Verpfändungen an den Herzog v. Lauenburg und gleichzeitigen Kurfürsten v. Hannover, großbritannischen König sowie den sich ebenfalls so betitelten Herzog v. Lauenburg, König v. Dänemark, fast einen internationalen Konflikt heraufbeschworen hat. Im Endeffekt, 1739, gelangt Steinhorst wiederum zum Herzogtum Lauenburg unter der Schirmherrschaft Hannovers. Steinhorst wird Sitz eines hannoverschen Amtmannes, deren einer mit Namen Schwarzkopf eine nicht geringe Rolle bei der Verkoppelung der Landwirtschaft im Amte spielt. Der landwirtschaftliche Gutsbetrieb gehörte seitdem zum Domanialbesitz. Heute ist er eine Domäne des Kreises Herzogtum Lauenburg. Der Wirtschaftshof mit dem stattlichen Pächterwohnhaus, in klassizistischer Manier um die Jahrhundertwende errichtet, liegt neben dem Herrenhaus. Pächter ist seit 1894 die Familie Jansen.

Das Herrenhaus in Steinhorst ist sowohl in der ganzen hannoverschen Zeit, dann unter dänischer Hoheit, seit dem Jahre 1815, Sitz des Amtmannes gewesen. Während der dann folgenden preußischen Zeit, d. h. genau seit 1876, wird im Herrenhaus Steinhorst ein Amtsgericht eingerichtet. Das ist

es bis zum Jahre 1956 geblieben, allerdings hat Steinhorst nach dem Zweiten Weltkrieg zahlreiche Flüchtlinge beherbergt, so daß das Innere des Hauses äußerst verwohnt gewesen ist. Seit 1956 ist Steinhorst im ganzen ein Mietshaus geworden. 1973 hat es die Hamburger Firma Schwarzkopf erworben und eine umfassende Renovierung des Herrenhauses in den Jahren von 1976 bis 1978 vorgenommen. Das Herrenhaus dient heute als Standort für die museale Präsentation der reichen, kulturgeschichtlichen Sammlung über die Geschichte der Schönheitspflege im Abendland und als Tagungsstätte für Schulungszwecke der Firma.
Das von dem Hamburger Baumeister, Johann Nikolaus Kuhn, gebaute Haus, unter dem Bauherren Gottfried v. Wedderkop, ist ein Ziegelrohbau, der 1722 fertiggestellt worden ist. Dar barocke Backsteinbau mit seinem hohen Mansardwalmdach erhebt sich zweigeschossig mit vierflügeligen Fenstern auf hohem Kellersockel. Das zweite Geschoß ist mit halb so großen Fenstern als Mezzaningeschoß gebildet. Die Hauptfronten sind neunachsig. Ein angedeuteter dreiachsiger Mittelrisalit, dreieckig übergiebelt, hebt die Mitte der Fassaden hervor. Eine zweiläufige Treppe führt an der Hofseite zum Eingang, eine gußeiserne Treppe an der Gartenseite ist im 19. Jahrhundert angefügt worden. Die Portale schmücken jeweilig das Wappen der Familie v. Wedderkop, ein halbierter, aufgerichteter Löwe.

Westlicher Saal

Das Innere entspricht der harmonischen Aufteilung des Äußeren. Stuck und Akanthuswerk schmücken die Räume, deren Farbigkeit hervorsticht. Auffallend sind ebenfalls die durch Kupfer, Bronze und Gold verfeinerten Stuckornamente. Ein Raum ist mit Delfter Kacheln aus dem 18. Jahrhundert an den Wänden ausstaffiert.
Johann Andreas Haupt hat den Garten und Park in französischem Stil angelegt. Dessen Reste mit Parterre und Alleen, mit Rondell und Bosquette sowie dem Waldquartier sind wieder gut erkennbar, so daß das Herrenhaus Steinhorst heute in barocker Monumentalität auf den Beschauer wirkt.

Adeliges Gut, Amt Steinhorst

Besitzer: Firma Hans Schwarzkopf GmbH

Besitzer

1315 bis ins	v. Borstele
15. Jhdt.	v. Zülen
16. Jhdt.	Hrzg. v. Lauenburg v. Buchwaldt Hrzg. v. Lauenburg verpfändet das Amt an Fr. v. Brockdorff, dann an Fr. v. Ahlefeldt
1575–1691	Hrzg. v. Holstein-Gottorp
1691	v. Wedderkop
1739	Könige v. Großbritannien, Kurfürsten v. Hannover
1815	König v. Dänemark
1865	Preußen
1945	Land Schleswig-Holstein
1973	Firma Schwarzkopf

Gut und Bauten

Zwei nicht genau lokalisierbare Burganlagen des Mittelalters

1349	Zerstörung auch der jüngeren Burg
Im 30jähr. Krieg	Hofanlage vernichtet
1722	Bau des heutigen Herrenhauses. Backsteinbarock durch Johann Nikolaus Kuhn. Französischer Park und Garten durch Johann Andreas Haupt. Abwechselnd Amt, adeliges Gut, Amt, Gericht, Mietwohnung
19. Jhdt.	Treppenanbau
1976–1978	erhebliche Renovierungsarbeiten des stark verwohnten Hauses. Erneuerung des alten barocken Parks

Wirtschaftshof seit dem 19. Jhdt. Domanialbesitz. Seit 1894 ist die Familie Jansen Pächter. Stattliches Pächterwohnhaus um die Jahrhundertwende in klassizistischer Manier

Steinhorst, Vorderfront

Kogel

Kirchspiel Sterley   Kreis Herzogtum Lauenburg

Das adelige Gericht Kogel, ehemals Cowale geheißen, ist ein Mannlehengut gewesen. Bemerkenswert ist bei diesem Lehengut, daß ein dazugehöriger Hof bereits im Mittelalter als Allodialgut aufgeführt wird, d. h. im Gegensatz zum Lehen sich im Privatbesitz des Eigentümers befindet. Im Mittelalter sind die meisten Güter im Kolonialgebiet des nord- und ostdeutschen Raumes Lehengüter gewesen. Das Allodialgut, das dem freien Mann gehörige, hängt ethymologisch mit dem Wort Adel zusammen. Das Lehen, das feudum, setzt ein enges zweiseitiges Vertragsverhältnis zwischen Lehenherr und dem Lehenträger voraus, das ebenso zweiseitig zu verstehen ist und verstanden worden ist von der sich herausbildenden Ritterschaft, die in

einem Lehenverhältnis zum Landesherren gestanden hat. Lehenherr und Lehenträger haben beide Pflichten und Rechte gegeneinander. Der sich regional zwar unterschiedlich entwickelnde, doch im Laufe des 18., endgültig im 19. Jahrhundert sich mehr und mehr herausschälende allodiale Zustand vieler ehemaliger Lehengüter, führt zu einem anderen Vasallitätsverhältnis zwischen Landständen und Landesfürst, wie es in Preußen gut nachzuweisen ist. Dort werden sämtliche alte Lehengüter bereits 1717 für allodial erklärt, keineswegs zur Freude der alten landständischen ritterschaftlichen Familien, denn aus dem doppelseitigen Vasallitätsverhältnis wird in der Folge ein einseitiges Abhängigkeitsverhältnis dem absoluten Souverän gegenüber. Die Auflösung des Lehensystems bedeutet zwar die Übertragung des Eigentums an den Landbesitz, aber unter gleichzeitiger Aufgabe politischer Rechte. Theodor Fontane hat in seinem Roman „Der Stechlin" darauf hingewiesen. Im Kreis Herzogtum Lauenburg hat sich das alte Vasallitätsverhältnis länger gehalten, weil das Bewußtsein der Lehenfähigkeit bis in das 19. Jahrhundert noch vorhanden gewesen ist. Die Verhältnisse der Ritterschaft des Landes sind dafür Zeugnis. Die Lauenburger haben dem dänischen König, der von 1815 bis 1865 als Herzog v. Lauenburg Lehenherr gewesen ist, den Treueid geschworen und bei der Erhebung der Deutschen während der 48er Revolution, wie sie in Schleswig stattfand, bleiben die Lauenburger unter der Führung der Ritterschaft neutral. Erst 1867 wird mit der Einverleibung in Preußen der Lehnsverband aufgehoben.
So ist es als äußerst bemerkenswert hervorzuheben, daß ein Teil des alten adeligen Gerichts Kogel bereits im Mittelalter Allodialbesitz gewesen ist und die Bedeutung dessen weit über den materiellen Rahmen hinausweist.
Als älteste ritterschaftliche Familie ist in Kogel die Familie v. Witte bezeugt, die wahrscheinlich mit der ritterschaftlichen Familie v. Wackerbarth identisch ist. Daß der Ritter Otto Albus als erster Lehenträger 1230 zu derselben Familie gehört, ist anzunehmen. Die Wackerbarth haben über 500 Jahre auf Kogel gesessen. Zahlreiche Vertreter dieser Familie spielen eine politische Rolle in der Geschichte des Landes, aber auch außerhalb desselben, so der berühmte General der Artillerie, August v. Wackerbarth (1642–1734), der Reichsgraf des Heiligen Römischen Reiches Deutscher Nation geworden ist. Er ist Freund des sächsischen Kurfürsten und polnischen Königs, August des Starken, dessen prächtige Bauten er betreut hat. Unter der Schirmherrschaft von Wackerbarth ist auch der Zwinger in Dresden gebaut worden.
Im Jahre 1853 wird nach dem Tod des letzten Wackerbarth auf Kogel das adelige Gericht und Lehengut vom damaligen Herzog v. Lauenburg, dem dänischen König Friedrich VIII., an einen Bülow, Sohn des kgl. Generaladjutanten, verliehen. Dies ist wohl eines der letzten Beispiele für den

Heimfall eines Lehens an die Krone in Deutschland. In der Hand der Bülow bleibt Kogel bis zum Jahre 1917.
Im Jahre 1917 ist Kogel an einen tüchtigen Mann, Friedrich Walter Loos, verkauft worden. Friedrich Walter Loos hat bis zu seinem Kauf von Kogel ein bewegtes Schicksal hinter sich gehabt. Als aktiver Soldat der kaiserlichen Marineinfanterie ist er beim Boxeraufstand 1900 in China. Er wird verwundet, kommt schließlich zur Erholung nach Mecklenburg und findet Interesse an der Landwirtschaft. Als Generalbevollmächtigter der Mecklenburgischen Güter eines Herrn v. d. Lühe gelangt er zu beruflichem Erfolg und 1917

Halle

kann er im Mecklenburg angrenzenden Herzogtum Lauenburg Kogel erwerben. Der Enkel ist heute Besitzer des Gutes.
Aus der Zeit der Wackerbarth, aus dem 18. Jahrhundert, stammt die Hofanlage. Eine alte Burganlage ist bezeugt. Reste eines Burggrabens sind vorhanden. Die für das alte adelige Gericht so wesentliche Gerichtsbarkeit findet Ausdruck in einem eigenen Gerichtsgebäude. In Kogel ist ein solches aus dem 18. Jahrhundert noch vorhanden. Es ist im hannoverschen Fachwerkstil gebaut. Das Herrenhaus ist zweigeschossig, ist aus massivem Stein gebaut und entstand auf alter Grundlage aus dem 18. Jahrhundert in der heutigen Form nach 1917 durch Friedrich Walter Loos. Es ist eine dreiflügelige Anlage mit einem Mansarddach. Zwei Flügel sind zur Parkseite angebaut worden. Das Interieur präsentiert sich mit Eichentäfelung als Beispiel einer Wohnkultur dieser Epoche. Die gesamte Hofanlage in der heutigen Form ist von Friedrich Walter Loos konzipiert worden und ist nach seinen Plänen entstanden.

Adeliges Gericht Kogel

Besitzer: Jürgen Meyer-Loos

Besitzer

14. Jhdt.	v. Witte aus dem Geschlecht v. Wackerbarth
15. Jhdt.	v. Wackerbarth
1853	v. Bülow
1917	Loos
	dessen Erben Meyer-Loos

Gut und Bauten

Alte Burganlage bezeugt.
Gräben vorhanden.
Hofanlage aus der Zeit der Wackerbarth.

18. Jhdt.	Gerichtsgebäude in Fachwerk, in hannoverschem Stil
18. Jhdt.	Herrenhaus erbaut
Nach 1918	großer Umbau

Niendorf am Schaalsee

Kirchspiel Seedorf   Kreis Herzogtum Lauenburg

Das in unmittelbarer Nähe des Schaalsees, an dieser Stelle Niendorfer Binnensee genannt, gelegene adelige Gericht Niendorf ist seit dem Mittelalter ein Allodialgut gewesen. Im Gegensatz zum Lehengut hat damit der jeweilige Besitzer im Mittelalter und in der frühen Neuzeit bereits die Möglichkeit gehabt, das Gut unabhängig vom Landesherren zu veräußern. In der späten Neuzeit verwischen sich die Unterschiede zwischen Lehenbesitz und Allodialbesitz, nachdem das Lehensystem aufgehört hat zu bestehen. Sehr früh ist in Niendorf ein Fideikommiß eingerichtet worden. Der Besitzer hat weder einen Teil des Gutes noch das gesamte verkaufen können. Er ist der Familie gegenüber verantwortlich. Man hat mit der Einrichtung der Fideikommisse seit dem 17. Jahrhundert der sich vermehrenden Spekulation mit Gütern Einhalt zu gebieten versucht. Zweck ist es, den Gutsbesitz der Familie zu erhalten, nicht der einzelne als Eigentümer ist entscheidend; dieser hat hinter der Familie zurückzutreten.

Nach 1918 wird auf Grundlage der Weimarer Verfassung durch Landesgesetzgebung die Auflösung des Fideikommißwesens eingeleitet und endgültig 1939 durch ein Gesetz der Nationalsozialisten abgeschafft.
Das adelige Gericht Niendorf befindet sich im Mittelalter, bereits 1181 erwähnt, in der Hand der alten, heute ausgestorbenen ritterschaftlichen Familie v. Berkentin oder Parkentin, seit 1336 im Besitz der Familie v. Zülen, die im nördlichen und östlichen Teil des Herzogtums, ebenfalls zu dieser Zeit, weit verbreitet gewesen ist.
1445 fällt Niendorf an das Kloster Marienwohlde, verbleibt dort ein Jahrhundert und wird im Zuge der letzten Maßnahmen der Säkularisation, nach Zerstörung des Klosters, 1546, wieder an die Familie v. Zülen zurückverkauft. Diese tritt aber bald darauf den Besitz an den Herzog v. Lauenburg ab. Bereits 1571 verkauft Herzog Franz I. Niendorf an Lüder v. Lützow auf Dutzow, eine Familie die eng an das Fürstenhaus gebunden ist und vergeblich das an Gudow gebundene Erblandmarschallamt im Herzogtum Lauenburg angestrebt hat. Die Lützow bleiben im Besitz des alten adeligen Gerichts bis zum Jahre 1625. Danach gelangt es wiederum in die Familie v. Berkentin, schließlich durch Heirat in die Familie v. Schack, die auch zu den ältesten, im Lauenburgischen ansässigen Familien zählt. Bemerkenswert ist, daß Niendorf in der zweiten Hälfte des 17. Jahrhunderts in den Besitz von Lübecker Familien des Stadtpatriziats kommt, die sich seit dieser Zeit, wie auch Hamburger Familien, im westlichen Ostseeraum auszubreiten beginnen. 1667 erwirbt der Landrat v. Wickede den Besitz, dessen Familie im Lande angesessen und bereits auch zur Ritterschaft des Landes gehört, der den Kontakt nach Lübeck aber keineswegs abgebrochen hat. Von den Wickede geht das Gut an die Familie v. Höveln, gleichfalls eine Lübecker Patrizierfamilie, die dem heutigen Besucher von Lübeck gegenwärtig ist, durch den bekannten Hövelngang in der Altstadt von Lübeck. Kleine übermauerte Gäßchen führen in die blumengeschmückten, romantischen mittelalterlichen Hinterhöfe der Altstadt. Diese Gäßchen tragen Namen alter Patrizierfamilien, über jedem Gäßchen sind die Wappen der Familien angebracht.
Von 1710 bis 1770 bleibt Niendorf bei den Höveln, dann wird der Besitz zu einem Spekulationsobjekt. Zwei Jahre ist es in der Hand des hannoverschen Amtmannes Nanne. Er veräußert es mit großem Gewinn an den Hamburger Kaufherrn Schuldt, der schließlich ein Fideikommiß einrichtet.
Seit 1790 ist Niendorf zusammen mit Goldensee in einer Hand. Der Besitzer wohnt in Goldensee.
1884 erhält Oscar-Ferdinand Walcke-Schuldt von Kaiser Wilhelm I. – in seiner Eigenschaft als König von Preußen – für seine verdienstvolle Tätigkeit

die preußische Nobilitierung. Bei den Walcke-Schuldt bleibt Niendorf bis 1930. Im nämlichen Jahr erwirbt der aus St. Petersburg stammende Bankier Dr. Vogel das Gut. Die Erben Vogel veräußern Niendorf 1966 an den Hamburger Bankier und Kaufherrn Friedrich-Wilhelm Sloman, der es noch heute besitzt.
Sowohl eine alte Burganlage als auch ein altes herzogliches Jagdschloß sind bezeugt; die erstere hat einst westlich der heutigen Hofanlage gelegen. Das noch jetzt stehende Wohnhaus ist von Carl v. Höveln im Jahre 1762 erbaut, 1844 in starkem Maße umgebaut und im Jahre 1907 innen und außen renoviert worden. Es ist ein großes, massives Gebäude. Im Innern befindet sich eine quer durchs Haus gehende Halle mit Marmorfußboden und einer prächtigen doppelläufigen Treppe des 18. Jahrhunderts. Das Walmdach ist mit Ziegeln aus eigenen Brennereien gedeckt worden, wie es zu damaliger Zeit keineswegs eine Ausnahme bedeutet hat.
Die schöne, symmetrische Hofanlage mit den beiden gleichartigen Reetdachscheunen stammt aus dem Anfang des 19. Jahrhunderts.

Diele

Die Besitzer von Niendorf haben lange Zeit in dem zum Gut gehörigen Hof Goldensee gewohnt. Das verputzte Herrenhaus in Goldensee soll 1810 nach Plänen von Karl Friedrich Schinkel umgebaut worden sein. Neben schönen Dekorationen befand sich dort eine berühmte Bibliothek. 1976 ist das Haus wegen Baufälligkeit abgerissen worden. Goldensee ist 1930 von den Walcke-Schuldt an die Familie Rautenberg gelangt.

Adeliges Gericht Niendorf am Schaalsee

Besitzer: Friedrich-Wilhelm Sloman

Besitzer

1181	v. Berkentin
1336	v. Zülen
1445	Kloster Marienwohlde
1446	v. Zülen
dann	Hrzg. v. Lauenburg
1571	v. Lützow
1625	v. Berkentin
ca. 1650	v. Schack
1667	v. Wickede
1710	v. Höveln (Hövell)
1770	Nanne
1772	Schuldt, dessen Erben v. Walcke-Schuldt
1930	Vogel / Goldensee: Rautenberg
1966	Sloman

Gut und Bauten

Alte Burganlage. Altes herzogliches Jagdschloß

1762	Neues Herrenhaus in hannoverschem Fachwerk mit Walmdach
1840	Umbauten
1907	Renovierung innen und außen

Goldensee: erbaut Ende des 18. Jhdts.

1810	Umbauten nach Plänen von Schinkel
1976	Abbruch

Gross Zecher

Kirchspiel Seedorf Kreis Herzogtum Lauenburg

Das alte adelige Gericht Zecher gehört zu den Mannlehengütern im Herzogtum Lauenburg und liegt in reizvoller Gegend am Schaalsee. Leheninhaber dieses alten Besitzes, einst Tsachere geheißen, ist im frühen 14. Jahrhundert die gerade im Osten des Herzogtums weit verbreitete, ritterschaftliche Familie v. Zülen, die sich wie auch an anderen Orten nach dem Besitz, hier v. Zecher, genannt hat. Im Mittelalter ist eine Burganlage nachgewiesen. Das Lehen wird im 15. Jahrhundert dem ebenfalls zu den alten ritterschaftlichen Familien zählenden Geschlecht v. Berkentin oder Parkentin übertragen.
1497 sind sie als Besitzer nachgewiesen. Seit dem Jahre 1681 ist Groß Zecher im Besitz der Familie v. Witzendorff, die sich bereits ein Jahrzehnt später ebenfalls im Besitz des adeligen Gerichts Seedorf befindet. Diese Güter haben über hundertundfünfzig Jahre dieselben Besitzer gehabt. Die Familie v. Witzendorff stammt aus Lüneburg, wie die ebenfalls mehrfach als Besitzer anderer Güter nachzuweisende Familie v. Brömbsen. Die Witzendorff gehören zu den alten Ratsfamilien. Ebenso wie die weitere im Lauenburgischen ansässige Familie v. Wickede, die zum Lübecker Stadtpatriziat gehört, wird hier dokumentiert, daß der Übergang vom Stadtpatriziat der mächtigen Handelsstädte zum ritterschaftlichen, landsässigen Adel im Mit-

telalter und in der frühen Neuzeit bereits vorhanden ist. Sehr schnell werden diese Familien in die Ritterschaft des Landes rezipiert und spielen wie die Witzendorff in derselben bald eine führende Rolle.
Bereits der erste Besitzer, Hieronymus v. Witzendorff, gehört 1701 zur ritterschaftlichen Kommission, die mit dem Herzog v. Braunschweig und Lüneburg über die Bestätigung der Privilegien verhandelt.
Keineswegs erst im 18. oder 19. Jahrhundert fassen vermögende Kaufleute aus Hamburg und anderen Städten Fuß im Lande.
Die Witzendorff bilden aus Groß Zecher ein Fideikommiß und verhindern damit dem einzelnen der Familie, Teile des Besitzes oder gar den ganzen Besitz zu veräußern. Der einzelne ist der Familie sowie der Gesamtheit des Corps der Ritterschaft und damit der Gesamtheit des Landes verpflichtet. Die seit dem 17. Jahrhundert auftretenden Fideikommisse haben bis nach 1918 Bestand gehabt, dann müssen die noch bestehenden nach gesetzlicher Bestimmung aufgelöst werden. Das Fideikommiß von Groß Zecher ist mit Seedorf verbunden gewesen. Allerdings hat bereits vorher ein altes Fideikommiß in Groß Zecher bestanden, das aus den Gütern Groß Zecher, Marienstedt und Berkenthin zusammengesetzt gewesen ist.
Nach Aussterben der alten Witzendorff-Linie in Zecher 1890, kommt der Besitzkomplex in verschiedene Hände, Seedorf an die Familie Lindemann, Zecher bleibt in Witzendorffscher Hand, in deren Besitz es sich noch heute befindet.
Die Familie Witzendorff ist mit der Geschichte des Herzogtums Lauenburg eng verwoben, wie es bei den meisten ritterschaftlichen Familien des Landes nachzuweisen ist. Viele Vertreter der Familie v. Witzendorff spielen eine Rolle in der Geschichte des Landes, im Dienst der Landesfürsten, vor allem innerhalb der Ritterschaft. So hat zum Beispiel noch der Landrat Ottokar v. Witzendorff in der Landespolitik eine wichtige Bedeutung bei den Verhandlungen der Übergabe des Herzogtums an Preußen in den 60er Jahren des 19. Jahrhunderts innegehabt.
In Groß Zecher ist ein altes Herrenhaus aus dem Anfang des 18. Jahrhunderts abgerissen worden. Es ist um 1730 erbaut worden. An Stelle dessen ist auf dem unmittelbar am See gelegenen Hof am Anfang des 19. Jahrhunderts ein neues Herrenhaus errichtet worden. Das klassizistische, eingeschossige, massive Haus, das im Mittelrisalit zweigeschossig mit Pilastern und Flachgiebel ist, hat einst einen schönen Park im englischen Stil besessen. Die Lage im Schaalsee auf der Halbinsel Zecherer Werder ist von einmaliger Schönheit.
Am Ende des 19. Jahrhunderts ist der Vorderfront eine Freitreppe mit einer überdachten Veranda im Schweizer Stil vorgesetzt worden.

Ein alter zweigeschossiger Flügelbau in hannoverschem Fachwerk aus dem 17. Jahrhundert ist an der Hinterfront zu sehen, den das neue Herrenhaus verdeckt. Vor dem Hause stehen mächtige alte Fachwerkscheunen mit Reetdach.
Der Besitzer wohnt in einem Forsthaus im Wald.

Adeliges Gericht Groß Zecher

Besitzer: Harald von Witzendorff

Besitzer

1497	v. Berkentin
1343	v. Zülen, gen. v. Zecher
1681	v. Witzendorff

Gut und Bauten

Alte Burganlage auf einer vorgelagerten Insel

1730	Herrenhaus später abgerissen
Anfang des 19. Jhdts.	Neubau des Herrenhauses in klassizistischem Stil
Ende des 19. Jhdts.	Veranda im Schweizer Stil
Anfang des 19. Jhdts.	Auf dem Wirtschaftshof Fachwerkscheunen

Gudow

Kirchspiel Gudow   Kreis Herzogtum Lauenburg

Das zu den alten Lehengütern zählende, am gleichnamigen See gelegene adelige Gericht Gudow gehört zu den bedeutendsten Gütern nicht nur im Kreis Herzogtum Lauenburg, sondern im ganzen Land Schleswig-Holstein. Bereits im 14. Jahrhundert hat eine Burganlage existiert. Besitzer sind zunächst die Wulf, ein altes lauenburgisches Rittergeschlecht. Dann gelangt der Besitz an den Herzog. 1278 gibt Herzog Johann I. Gudow mit zum Wittum seiner Frau.

1334 kauft Marquard v. Zecher Gudow.

Die Familie v. Zecher, so benannt nach dem gleichnamigen adeligen Gericht, gehört zur Familie v. Zülen, die bis 1470 im Besitz von Gudow ist. Bereits im 15. Jahrhundert ist das Amt des Erblandmarschalls vom Herzogtum Lauenburg, des ersten Mannes der Ritterschaft, an das Lehengut und adelige Gericht Gudow gebunden. Deutlich wird am Beispiel Gudow – nicht nur für das Herzogtum Lauenburg gültig –, in wie starkem Maße der Besitz des adeligen Gutes, oder hier des adeligen Gerichtes, und die landständische Ritterschaft, die den Landtag stellt und gemeinsam mit dem Landesfürsten das Land regiert, zusammenhängen.

Das Landmarschallamt, als Führungsposition in der Ritterschaft, erregt später – in den Zeiten des beginnenden Absolutismus – das Interesse des Herzogs. In den Jahren nach 1595 versucht Herzog Franz II. das Gut Gudow einzuziehen und das Marschallamt mit einem seiner Gefolgsleute, Barthold v. Lützow, zu besetzen. Am Widerstande der Ritterschaft und dem Spruch des Reichskammergerichts, vor dem Joachim v. Bülow bis 1642 prozessiert, scheitert dieses Vorhaben jedoch.
Das Amt des Erblandmarschalls bleibt weiterhin bei Gudow. Als Gudow 1470 durch Kauf in die Hand der im ostelbischen Raum weit verbreiteten Familie v. Bülow kommt, ist das Erblandmarschallamt auf diese Familie mit übergegangen. Auch der heutige Besitzer von Gudow führt den Titel eines Erblandmarschalls. Seit über 500 Jahren ist die Familie damit in Gudow angesessen und hat dem Besitz ihren Stempel aufgedrückt. Zahlreiche Bülow haben im politisch-historischen Geschehen im nord-ostdeutschen Raum ihre Spuren hinterlassen. Auch Bülow aus Gudow sind dabei, wie der barocke Reitergeneral Jacob v. Bülow des 17. Jahrhunderts, der, wie so viele andere jener Zeit, abwechselnd unter verschiedenen Fahnen gefochten hat. Er dient in Brandenburg, Schweden und Dänemark.
Doch die Hauptaufgabe lag „zu Hause“. Denn der Ritterschaft und an ihrer Spitze dem Landmarschall gelang es stets durch geschickte Verhandlungen

Salon

Armenstift

die Privilegien des Landes gegen neue Herren durchzusetzen. So 1702 gegenüber Braunschweig – Lüneburg, 1816 gegen Dänemark und 1865 gegen Preußen. Erst nach behutsamer Anpassung wird Lauenburg 1876 in Preußen einverleibt.

Zum adeligen Gericht Gudow haben zahlreiche „Pertinenzen" gehört: Dörfer, Seen, Rechte an verschiedensten Einkünften, wie Mühlen- und Brauereirechte, sind an den Besitz gebunden gewesen – durchaus üblich auch für andere in der Landesmatrikel aufgenommene Güter, die mit ihrer Gerichtshoheit einen eigenen Verwaltungsbezirk dargestellt haben. In Gudow sind besonders viele Pertinenzen nachweisbar. Daraus entstehende Pflichten sind auch in Gudow, wie auf anderen adeligen Gerichten, und adeligen Gütern in Holstein, sehr ernst genommen worden. Zum Beispiel die Conversationspflicht führt in Gudow zu der so typischen Einrichtung eines Armenhauses, einer Altenversorgungsstiftung, die mit ihrer Stiftung, 1707, bis heute im Dorf besteht.

Ein breites soziales Netz für diese Menschen in dem Verwaltungsbezirk des adeligen Gerichts ist gegeben, das bei Beschreibung der bäuerlichen Untertänigkeitsverhältnisse zumeist nicht beachtet wird. Zumal hier sehr genau regional zu unterscheiden ist, was damit eigentlich gemeint ist, Schollen-

Gudow, Kabinett

pflichtigkeit oder einfache Gutsuntertänigkeit. Die Schollenpflichtigkeit existierte im Herzogtum Lauenburg nicht, d. h. ein Bauer, der seine Pachtung durch Zahlung ablöste, konnte wegziehen.
1708 errichtet Joachim Werner v. Bülow in Gudow ein Fideikommiß, d. h. der jeweilige Besitzer kann weder das Gut, noch einen Teil der „Pertinenzen" veräußern. Der einzelne ist hier der Gesamtheit der Familie, der Gemeinschaft verpflichtet. Es ist Ausdruck ritterschaftlich tradierter Familiengesinnung. Das besondere in der Gudower Erbfolge besteht in der Kavelung, in dem Losen um die Erbfolge, wie es noch 1926 geschehen ist. Es gibt dazu aus Holz gedrechselte Eicheln, deren Spitze man abschrauben kann. Eine Eichel enthält das Wort: Gudow cum pertinentiis (mit Zubehör), die anderen sind leer.
Die von den Zülen errichtete alte Burganlage befand sich auf dem jetzigen Wirtschaftshof am Gudower See und ist 1341 zerstört, aber sogleich wieder aufgebaut worden. 1349 erfolgt eine neue Zerstörung und das Verbot zum Wiederaufbau. 1483 wird die Burg restauriert und das »Lange Haus« gebaut. Im Erdgeschoß liegen ein Saal und andere Räume, oben Wohnräume. Ebenfalls wird ein Wirtschaftshof angelegt. Zwischen 1537 und 1564 erfolgt der Neubau eines Herrenhauses, vierstöckig mit vier Ecktürmen. Die Befestigungsanlagen haben zwei Schloßgräben und zwei Torhäuser. Im Wasser hat ein Palisadenzaun gestanden. 1596 wird das Haus im Rahmen der Streitigkeiten mit dem Herzog beschossen und erleidet schwere Schäden.
Unter Jacob v. Bülow, dem Reitergeneral, wird das Herrenhaus 1656 abgebrochen und ein Neubau fertiggestellt. Er ist ein bescheidener, zweistöckiger Fachwerkbau mit rechtem Seitenflügel gewesen, in dem die Gerichtsstube und die Wirtschaftsräume untergebracht sind. Unter Adolf Gottlieb v. Bülow wird 1826 nach Entwürfen des bekannten Baumeisters Christian Joseph Lillie aus Dänemark abseits vom Wirtschaftshof, nicht axial zu diesem, mit Blick auf den See, bei dem sogenannten Jägerberg ein zweigeschossiger Neubau errichtet. Die Pläne befinden sich im Gutsarchiv. Es ist ein spätklassizistischer Bau mit rustiziertem Kellersockel und niedrigem Walmdach. Vor der Tür an der Seeseite liegt eine zweiläufige Freitreppe. Über dem mittleren Frontabschnitt befindet sich eine Attika mit dem Baudatum 1826 in römischen Zahlen. Die Gartenfront zeigt zwei schmale, nur angedeutete Seitenrisalite. Die Diele ist querrechteckig mit zwei dorischen Säulen angelegt und ist an der Decke durch Schmuck reich versehen mit Falttuchornamenten und kleinen Rosetten, die in diagonalen Kassetten sitzen. Über den seitlichen Türen sind zwei Rundmedaillons mit figürlichen Darstellungen. Neben dem Saal hinter der Diele liegt ein runder Salon mit

Flachkuppel und vier Nischen. 1879 wird an der östlichen Schmalseite des Hauses eine Veranda eingebaut. Klassizistischer Bau des Herrenhauses und klassizistisches Interieur stimmen in Gudow in seltener Harmonie überein. Die Zufahrt zum Herrenhaus wird durch zwei gleichartige Torhäuschen begrenzt. Im Dorf steht das Gebäude des bereits erwähnten Armenstifts; mit Wappen und Bauinschrift, des Stifters Otto Dietrich v. Bülow.
In der alten romanischen Kirche, an der das Gut das Patronat hat, ist der mittelalterliche Hochaltar von den Bülow restauriert und der Kirche neu gestiftet worden. An den Wänden eingelassen stehen ihre Grabsteine, ein großes Epitaph aus Holz aus dem Jahre 1588 stellt einen Bülow mit seinen vielen Kindern dar, im Hintergrund das von dem General Jacob v. Bülow 1665 erbaute Schloß.

Adeliges Gericht Gudow

Besitzer: Detlev Werner v. Bülow, Erblandmarschall

Besitzer

13. Jhdt.	Wulf v. Schwarzenbek
1334	v. Zecher
	v. Gudow, mit der Familie v. Zülen identisch
anschließend	Herzog v. Lauenburg
Seit 1470	Erblandmarschall v. Bülow

Gut und Bauten

1334	Burganlage erwähnt
1341	zerstört. Neuaufbau
1349	abermalige Zerstörung
1483	Burg restauriert. Bau des „Langen Hauses"
Zwischen 1537 u. 1564	Neubau eines Herrenhauses. Vierstöckig mit vier Ecktürmen
1596	Brauhaus. Neubau beschossen, schwer beschädigt
1656	Fachwerkherrenhaus. Anfang des 19. Jhdts. abgerissen
1708	Fideikommiß
1826	Neubau des klassizistischen Herrenhauses durch J. C. Lillie

Basthorst

Kirchspiel Basthorst   Kreis Herzogtum Lauenburg

Das zu den alten adeligen Gerichten zählende Lehengut Basthorst ist ein Kunkellehen gewesen, d. h. im Gegensatz zu den Mannlehen auch in weiblicher Linie vererbbar. Diese Lehengüter sind daher selten an die Lehenherren heimgefallen, Basthorst bildet dafür ein gutes Beispiel. Bereits im Mittelalter ist die zu den ältesten Familien des Herzogtums Lauenburg gehörende Familie v. Schack auf dem adeligen Gericht Basthorst ansässig gewesen. Sie hat sich von diesem Besitz aus nach Mecklenburg, Schleswig-Holstein und Dänemark verbreitet. Der Familienname Schack taucht auffallenderweise in diesen Gegenden ebenfalls auch als Vorname in ritterschaftlichen Familien auf. Die Schack sind in Basthorst seit dem Jahre 1361 ansässig, 1211 bereits auf dem späteren adeligen Gericht Gülzow nachgewiesen. Über 300 Jahre verbleibt die Familie v. Schack in Basthorst. 1611 erwirbt der vorletzte Besitzer, Christoph v. Schack, das Gut Unewatt in Angeln, heiratet eine Tochter aus einem nordschleswigschen Heermannengeschlecht, Anna Petersen, gen. v. Deden, und hat mit ihr dreizehn Kinder, darunter als zwölftes Kind den Sohn Hans, der als dänischer Reichsfeldherr berühmt wird und der Begründer der gräflichen Linie, der Grafen Schack auf Schak-

kenburg wird. Nach dem Tode von Christoph v. Schack, 1615, hat seine Witwe auf Grund von Schulden zahlreiche Prozesse gegen Gläubiger, auch den Landesherrn, geführt.
Für kurze Zeit übernimmt Basthorst ein Vetter, Oberst und Gouverneur von Lübeck Hartwig Asche v. Schack, dessen Witwe aber Basthorst 1648 veräußern muß, offiziell „aus Noth wegen des erbärmlichen Kriegswesens." Der eigentliche Grund für den Verkauf von Basthorst 1648 war der Duelltod von Hartwig Asche v. Schack, der 1645 im Duell mit dem Gottorfischen Jägermeister Otto v. Blome fiel. Dieser kam ebenfalls dabei zu Tode. Die Tochter Blome heiratet 3 Jahre später den nachmaligen Feldherrn Hans v. Schack, den Brudersohn von Hartwig Asche. Käufer des Gutes ist Peter v. Uffeln, Repräsentant einer niederländischen Kaufherrenfamilie, die sich im Hamburger Raum, in Schleswig Holstein und im Herzogtum Lauenburg angesiedelt hat. Peter v. Uffeln besitzt auch das adelige Gericht Thurow sowie für einige Zeit das adelige Gericht Gülzow. In Schleswig-Holstein ist die Familie ebenfalls besitzlich geworden und heiratet in alte landangesessene Familien ein. Sie spielt in holsteinisch herzoglichen Diensten noch zu Beginn des 18. Jahrhunderts eine politische Rolle. Basthorst bleibt bis zum Anfang des 18. Jahrhunderts in der Hand der Familie v. Uffeln. Da keine männlichen Erben vorhanden sind, geht das Kunkellehen über an einen Neffen aus Mecklenburg, an Georg Detlev v. Plessen, der 1730 gestorben ist. 30 Jahre später entgeht das adelige Gericht Basthorst wieder dem Heimfall an den Lehenherren. Der Sohn Georg Detlevs v. Plessen, Heinrich Detlev, der sich v. Pleß schreibt, verschwindet auf ungeklärte Weise. Im Winter 1770 verließ er bei sehr hohem Schnee den Hof und kehrte nicht wieder zurück. Basthorst geht zunächst auf seine Schwester über, die mit Schack v. Buchwald auf Johannstorf, aus der mecklenburgischen Linie des in Schleswig-Holstein weitverbreiteten Geschlechts, das sich hier mit dt schreibt, verheiratet gewesen ist. Nächster Besitzer ist ihr weiterer Bruder, der Obrist Bartold Dominicus v. Pleß. Schack v. Buchwald ist Kammerherr und Landrat. 1800/1801 wird in seinem Auftrag die Verkoppelung im adeligen Gericht Basthorst durchgeführt. Eine Schwester von Schack v. Buchwald, Amalie Sophie v. Buchwald, die Hofdame der damaligen Königin Karoline Mathilde war und dann mit dem Ritter, Großkreuz von Dannebrog, Kammerherren, Oberpräsident von Kopenhagen Ulrich Adolf Graf v. Holstein a. d. H. Holsteinborg verheiratet war, hatte einen Sohn. Der Sohn aus dieser Ehe wurde Erbe von Basthorst. Der Kammerherr und Rittmeister in der Garde, Christian Detlev Graf v. Holstein war ebenfalls mit einer Buchwald aus Mecklenburg verheiratet. Aus dieser Ehe gibt es wieder nur eine Tochter, die im Jahre 1846 mit Basthorst vom Herzog v. Lauenburg, zu

damaliger Zeit der König v. Dänemark, belehnt wird. Verheiratet ist sie mit Josef Frhr. v. Brusselle-Schaubeck, Rittmeister in einem k.u.k. Dragonerregiment. Er ist Repräsentant einer Familie, die aus Lothringen stammt und am württembergischen Hof gedient hat. Von dieser Familie geht das alte adelige Gericht Basthorst nach drei Generationen im Erbgang über an die Familie der Freiherrn v. Ruffin, die aus dem Tridentinischen stammen und am bayerischen Hof Dienst getan haben.
Die alte Lehenfolge ist heute längst Historie, aber formal ist Basthorst im Jahre 1867 noch ein letztesmal als Lehen vergeben worden, und zwar durch den neuen Herzog v. Lauenburg, den preußischen König. Die Urkunde spricht in mittelalterlicher Formulierung die Belehnung aus: „Mit Rusch und Busch, wie es der Wind überwehet und die Sonne bescheinet." Bemerkenswert ist, daß seit der Besitzübernahme durch Otto Frhr. v. Brusselle-Schaubeck und seine Erben, das protestantische Kirchenpatronat mit Katholiken besetzt ist. Es bedeutet praktizierte Ökumene seit 80 Jahren.
Das heutige Herrenhaus ist während der Plessenschen Zeit im 18. Jahrhundert gebaut worden. Ein genaues Datum existiert nicht. Zunächst wird der Längstrakt mit den vorgezogenen, quadratischen Eckbauten errichtet worden sein. Das Haus ist leicht gebaut, ohne Keller und mit verhältnismäßig dünnen Wänden. Es ist daher wahrscheinlich, daß dieses Herrenhaus mehr als ein Jagdhaus gedacht war, als Ergänzung zu den zahlreichen Plessenschen Besitzungen in Mecklenburg.
Dieses Haus ist nicht das erste Herrenhaus am adeligen Gericht Basthorst. Von der älteren Anlage des Gutes ist auf einer Flurkarte, aus dem Jahre 1777, deutlich die Lage des Gutshofes mit einem Herrenhaus zu erkennen. Auf einem fast quadratischen Platz, der von Burggräben umgeben und in dessen

Bibliothekszimmer

Winkel bastionsartige Vorsprünge gewesen sind, liegt auch das heutige Herrenhaus.

1750, also zur Zeit der Familie v. Plessen, sind es polnische Truppen gewesen, die, wie schon etwa ein Jahrhundert zuvor, den Hof vernichtet haben. Dieses Mal geht alles in Flammen auf.

Es ist wahrscheinlich, daß das heutige Herrenhaus bald darauf erbaut worden ist als ein einfacher Bau aus Fachwerk und mit Reet gedeckt. Die alte Heerstraße von Lübeck nach Hamburg hat in der Nähe von Basthorst gelegen. Daher muß die einstige Anlage als eine befestigte Burg mit der Aufgabe des Schutzes des wichtigen Handelsweges angesehen werden. Bis zum Jahre 1908 ist das heutige Herrenhaus mit Reet gedeckt gewesen.

Der vorletzte Besitzer hat das Haus erweitert. 1956 erfolgt an das alte Haus ein Anbau, der nun Hauptwohntrakt der Familie ist. Das Herrenhaus hat einen dreiflügelartigen Charakter erhalten, obwohl die beiden Flügel ungleich breit und ungleich lang sind. In dem jetzigen Wohntrakt erreicht man über eine Diele mit einem gut geschnitzten Treppengeländer das Wohnzimmer, rechts daneben das Speisezimmer mit Nebenraum. Familienbilder und Möbel stammen zum größten Teil aus Bayern.

Von den Wirtschaftsgebäuden stehen noch ein Kornboden aus dem Jahre 1771 und eine Scheune aus dem Jahre 1862. Andere Gebäude sind zum Teil jüngeren Datums. Ihre Dächer sind geschickt dem Dach des Herrenhauses mit seinen auffallend großen geschwungenen Gauben angepaßt.

Adeliges Gericht Basthorst

Besitzer: Enno Frhr. v. Ruffin

Besitzer		*Gut und Bauten*	
1361–1648	v. Schack	Im Mittelalter Anlage einer befestigten Burganlage mit vier bastionsartig vorspringenden Ecken, vermutlich auch damals Bau einer ersten Wasserburg	
seit 1648	stets im Erbgang als Kunkellehen auch über weibliche Mitglieder der Familien vererbt	Nach 1750	Bau des jetzigen Herrenhauses
	v. Plessen/(v. Pleß)	1956	Erweiterung zum Dreiflügelbau
	v. Buchwald		
	Graf v. Holstein-Holsteinborg		
	Frhr. v. Brusselle-Schaubeck		
	Frhr. v. Ruffin		

Wotersen

Kirchspiel Siebeneichen   Kreis Herzogtum Lauenburg

Das adelige Gericht Wotersen ist ein Mannlehengut. In dem alten Ort Wotartze ist die Gerichtsbarkeit bei der Familie v. Schack gewesen und es gehört zu dem adeligen Gericht Basthorst. Im Jahre 1408 ist bereits die ebenfalls zu den alten Lauenburgischen Familien gehörende Familie v. Daldorf, deren Stammsitz, gleichen Namens, im Lauenburgischen liegt, in Wotersen mit eigener Gerichtsbarkeit nachzuweisen. Diese Familie hat das Gut bis zum Ende des 17. Jahrhunderts in ihrer Hand. Im Jahre 1672 besitzt es für kurze Zeit pfandweise die Familie v. Falkenberg, von der es der General Valentin Johann v. Daldorf einlöst. Dieser war ein berühmter Feldherr unter Karl XII. von Schweden. Er machte während des Nordischen Krieges als enger Vertrauter des Königs dessen sämtliche Feldzüge nach Rußland und die Flucht in die Türkei mit, bis er 1715 vor Stralsund fiel. Mit seinem Neffen ist kurz darauf das alte Geschlecht erloschen. 1717 folgt dann die Familie v. Bernstorff in der Besitzerreihe.
Diese zur mecklenburgischen Ritterschaft gehörende Familie breitet sich seit Beginn des 18. Jahrhunderts im hannoverschen, schleswig-holsteinischen, dänischen sowie im lauenburgischen Raum aus. In Mecklenburg ist es der Höhepunkt der Auseinandersetzung zwischen landständischer Ritterschaft

und Landesfürst, die Mitte des Jahrhunderts, 1755, mit dem Landesgrundgesetzlichen Erbvergleich, zugunsten der Ritterschaft, ihren Abschluß findet. Daß dieser Ausgang für die mecklenburgische Ritterschaft so günstig verläuft, ist nicht zuletzt Andreas Gottlieb v. Bernstorff zu verdanken, der im Dienste des Kurfürsten v. Hannover sowohl für die mecklenburgische Ritterschaft, als auch für seinen fürstlichen Herrn in Hannover zu kämpfen versteht. Andreas Gottlieb v. Bernstorff heiratet die Tochter des hannoverschen Kanzlers, Sinold Schütz und tritt dessen Nachfolge im Amt als Kanzler an. Er wird einer der einflußreichsten Männer am hannoverschen Hof, dessen Politik europäische Maßstäbe annimmt, nachdem 1714 mit Georg I. die Kurfürsten v. Hannover in Personalunion großbritannische Könige werden. So ist es nicht verwunderlich, daß Andreas Gottlieb v. Bernstorff versucht, im hannoverschen Regierungsbereich auch besitzlich zu werden, außerhalb seiner mecklenburgischen Besitzungen. 1717 erwirbt er daher Wotersen mit umliegenden Höfen, den sogenannten Pertinenzen, im Herzogtum Lauenburg, im Hannoverschen selbst Gartow. 1740 folgt das ebenfalls in Lauenburg gelegene Gut Stintenbarg, das heute zur DDR gehört. Seit dieser Zeit ist Wotersen wie auch Gartow in der Hand dieser Familie geblieben, die im 18. Jahrhundert in entscheidendem Maße die Politik Hannovers, dann jene des dänischen Gesamtstaates geprägt hat. Im 19. und 20. Jahrhundert hat die Familie namhafte deutsche Diplomaten gestellt.

Aus Wotersen wird 1720 ein Fideikommiß. 1737 kommt der spätere dänische Außenminister (seit 1751), Johann Hartwig Ernst v. Bernstorff (seit 1767 Graf), der politische Zögling und Neffe von Andreas Gottlieb v. Bernstorff, in den Besitz des Fideikommiß. Johann Hartwig Ernst v. Bernstorff bekommt in Holstein durch Heirat den alten Buchwaldtschen Besitz Borstel hinzu. Er hat keine Kinder. Und so wird gleichfalls ein Neffe, der auch politisch in die Fußstapfen des Onkels wiederum tritt, Andreas Peter Graf v. Bernstorff, Erbe der mecklenburgischen, holsteinischen, hannoverschen, inzwischen auch dänischen sowie lauenburgischen Besitzungen.

Bemerkenswert ist, daß Johann Hartwig Ernst Graf v. Bernstorff, da er zumeist in politischen Geschäften in Dänemark weilt, seine Besitze von seinem Bruder, Andreas Gottlieb (nicht zu verwechseln mit dem Onkel) bewirtschaften läßt.

Johann Hartwig Ernst Graf v. Bernstorff, ein überaus kultivierter Mann mit großen Kenntnissen, der nicht nur dadurch bekannt geworden ist, daß er die Grundlage der Bauernbefreiung im Norden Europas gelegt hat – er ging 1764 auf seinem Besitz Bernstorf bei Kopenhagen beispielgebend voran –, hat, wie sein Neffe Andreas Gottlieb, die Politik des dänischen Gesamtstaa-

Wotersen, Mittelbau von der Hofseite

tes im 18. Jahrhundert, die weit über die Grenzen hinausgestrahlt hat, im wesentlichen bestimmt. Man spricht nicht zu Unrecht für diese Zeit in diesem geographischen Raum vom Bernstorffschen Zeitalter.

J. H. E. Graf Bernstorff ist mehr Staatsmann, Politiker und Diplomat gewesen, weniger Landwirt. Das geht aus der Korrespondenz mit seinem Bruder hervor, der als Landwirt die Bernstorffschen Güter betreut hat.

1736 entsteht ein wunderschöner barocker Neubau des Herrenhauses in Wotersen. Er ist von Joachim Engelke v. Bernstorff, dem Vater von Johann Hartwig Ernst, 1736 erbaut worden. Joachim Engelke v. Bernstorff hat als Neffe und Erbe die Lieblingstochter von Andreas Gottlieb geheiratet, nachdem diesem 2 Söhne gestorben waren.

Baumeister von Wotersen ist Paul Heumann aus dem Hannoverschen. Da die alten Gebäude in Wotersen im Dreißigjährigen Krieg vollkommen zerstört worden sind, danach Gebäude nur notdürftig bestanden haben, hat der 1726 verstorbene Andreas Gottlieb der Ältere v. Bernstorff bereits zahlreiche Pläne anfertigen lassen für eine neue Gutsanlage, mit Wirtschaftsgebäuden und dem Plan eines Herrenhausbaues, die aber zu seiner Zeit nicht mehr zur Ausführung gekommen sind. Dieser, auch private kluge

Treppenhaus

Haushalter, hat seiner Nachkommenschaft weise Regeln in einem Familienstatut hinterlassen, in dem er aufgezeichnet hat, wie man am besten im Leben zurecht kommen soll.
Mit seiner weiträumigen Dreiflügelanlage ist das 1736 erbaute Herrenhaus, das endgültig erst 1772 fertiggestellt ist, in der geschickten Ausnutzung der Geländeunterschiede und der großartigen Ausstattung im Innern, einer der bedeutendsten Barockbauten des Landes. In Wotersen ist das ansteigende Terrain in barocker Raffinesse für den Bau genutzt worden. So sind die Hofseite des Mittelbaus dreigeschossig und die Gartenseite zweigeschossig ausgebaut. Zwei ebenfalls zweigeschossige schlichte Seitengebäude flankieren den Ehrenhof. Mittelgebäude und Nebenbauten sind durch flachgedeckte Bauten verbunden.
Auch der Mittelbau ist einfach gestaltet. Nur ein Mittelrisalit, der flach übergiebelt ist, sowie die regelmäßigen, um 1859 entstandenen Fensterachsen gliedern den Bau. Der Giebel enthält das große, farbig gefaßte Sandsteinwappen der Familie.
Über der Eingangstür erinnert eine Inschrift an den Erbauer. Auch die zweigeschossige Gartenfront ist nur durch den Mittelgiebel, geschmückt mit Schweifwerk, betont. Eine Veranda ist im späten 19. Jahrhundert vorgebaut worden.
Porträts des 18. Jahrhunderts von Dynasten jener Zeit und der Bernstorffschen Familie prägen das Innere des Hauses. Neben dem Vestibül besticht eine stattliche Treppe.
Wotersen enthält ein bedeutendes Archiv, von dem wesentliche Teile in Kopenhagen liegen.

Adeliges Gericht Wotersen

Besitzer: Nikolas Graf v. Bernstorff

Besitzer		*Gut und Bauten*	
14. Jhdt.	v. Schack	Mittelalterliche Burganlage.	
1408	v. Daldorf	Im 30jährigen Krieg zerstört	
1672	v. Falkenberg (Pfandbesitzer)	1737	Neubau des jetzigen barocken Herrenhauses vollendet
1717	v. Bernstorff		
seit 1767	Grafen v. Bernstorff	19. Jhdt.	Anbau einer Veranda
		18./19. Jhdt.	Hofgebäude

Friedrichsruh

Kirchspiel Brunstorf   Kreis Herzogtum Lauenburg

Ein altes adeliges Gericht als Gutsbezirk hat in Friedrichsruh nicht existiert. Bestimmt wird die Geschichte des Ortes Friedrichsruh, im alten Amt Schwarzenbek gelegen, durch den ausgedehnten Sachsenwald mit seinen wertvollen Buchenbeständen. Dieser hat die Grenze zwischen den Sachsen und den Wenden gebildet. Im Jahre 1228 gibt der Erzbischof von Bremen diesen Waldbezirk den Herzögen v. Sachsen-Lauenburg zu Lehen. So entsteht der Name Sachsenwald. Im Grenzbereich zu Hamburg liegend, bildet der Sachsenwald in den kommenden Jahrhunderten einen Streitpunkt zwischen der Stadt Hamburg und den Herzögen. Die mächtige Stadt Lübeck stellt ebenfalls Gebietsansprüche. Prozesse werden geführt, die sich nahezu ein halbes Jahrhundert hinziehen. Da die beiden Städte freie Reichsstädte sind, finden diese Prozesse am Reichskammergericht statt. Jede Seite stellt

Besitzansprüche für „ewige Zeiten". 1684 entscheidet das Kammergericht zugunsten der Stadt Hamburg, der nun ein großer Teil des Sachsenwaldes zugesprochen wird. Die Herzöge können aber dennoch das „vornehmbste Kleynod und Schatz in diesem Fürstenthumb", wie es in einer amtlichen Ordnung bereits von 1656 des Herzogs Julius Heinrich heißt, zum großen Teil behalten.

Ein Herrenhaus, bzw. ein Schloß hat hier nicht bestanden. Graf Friedrich Karl August zur Lippe Biesterfeld, der, zeitweilig hannoverscher Statthalter von Lauenburg, nach Hamburg gezogen ist, mietet im August 1763 ein im Sachsenwald stehendes Forsthaus. Im Jahre 1766 kauft er dieses Forsthaus, weil er die Jagd im Sachsenwald langfristig gepachtet hat. Graf Friedrich August zur Lippe Biesterfeld lebt dort ein einsames Leben. Die Bezeichnung Friedrichsruh taucht bereits in seinen Korrespondenzen in den 60er Jahren auf. 1767 baut er das Forsthaus zu einem kleinen Jagdschlößchen aus.

Fürst Bismarck in Friedrichsruh, Gemälde von G. Koch (1884)

Nach seinem Tod wird Friedrichsruh von seinen Erben im Jahre 1781 sogleich an den Hamburger Kaufmann, Jan Abraham Willinek, verkauft. Ein Portrait von Graf Friedrich Karl August zur Lippe Biesterfeld, gemalt von Johann August Tischbein, das sich im Besitz des Hamburgischen Staates befindet, hängt gegenwärtig als Leihgabe im Bismarckschen Museum in Friedrichsruh. Das Jagdschlößchen wird im Nachlaßinventar von 1781 wie folgt beschrieben: „Ein Landhaus, vorhin das alte Forsthaus oder die Waldschenke genannt, gelegen im Sachsenwalde im Amte Schwarzenbek ohnweit der sogenannten Aumühle, bestehend aus dem Wohnhause, einem Back- oder Waschhause und Wagenremise". Dieses Landhaus, oder auch so benannte Jagdschlößchen, wird 1859 abgerissen.
Nach dem preußisch-dänischen Krieg, besetzt Preußen Schleswig und das beteiligte Österreich Holstein. Das Herzogtum Lauenburg, das seit 1815 zu Dänemark in Personalunion gestanden hat, wird auf Grundlage des Vertrages von Gastein, 1865, zunächst ebenfalls in Personalunion, schließlich 1867 dem preußischen Staat einverleibt. In Anerkennung seiner Verdienste verleiht der preußische König und Kaiser Wilhelm I., 1871, unmittelbar nach der Reichsgründung, Bismarck die Fürstenwürde. Der preußische König, in seiner Eigenschaft als Herzog v. Lauenburg, übereignet den Sachsenwald mit dem Namen Fideikommißherrschaft Schwarzenbek, mit einer damaligen Gesamtgröße von rund 7500 ha, als Dotation dem Fürsten Bismarck, nachdem mit den Lauenburgischen Ständen Verhandlungen stattgefunden haben und in einem Rezeß der Sachsenwald dem König v. Preußen zugesprochen worden ist. Es war der dem regierenden Herzog als Hausgut zustehende Anteil am Domanialvermögen des Landes.
Hierbei soll nicht unerwähnt bleiben, daß der Kreis Herzogtum Lauenburg noch heute umfangreichen Wald- und Domänenbesitz hat; ein Ergebnis der Verhandlungen der Ritter- und Landschaft mit Preußen, nach denen das Domanialvermögen dem Kreis verblieb und nicht an den Staat Preußen fiel.
1890 wird Bismarck vom preußischen König und Kaiser Wilhelm II. der Titel des Herzogs v. Lauenburg übertragen. Dieser Titel ist von Bismarck niemals in Anspruch genommen worden. Bei Übernahme der Dotation hat es kein Herrenhaus in der Fideikommißherrschaft gegeben. Bismarck bemüht sich daher um den Ankauf des Schlosses Reinbek. Das gelingt ihm nicht, deshalb begnügt er sich zunächst mit der Gastwirtschaft Frascati, die er umbauen und zu einem stattlichen Bau erweitern läßt. 1903 erfährt das Haus unter seinem Sohn einen weiteren Umbau und eine Vergrößerung. In den letzten Kriegstagen des Zweiten Weltkrieges ist Schloß Friedrichsruh durch einen Fliegerangriff zerstört worden. In verkleinerter Form, teilweise auf den Grundmauern eines Flügels des alten Gebäudes, wird ein neues Haus

Mausoleum

errichtet. Architekten dieses Hauses sind Elingius und Schramm aus Hamburg. Das jetzige Haus ist zweigeschossig. Man betritt zunächst eine große Eingangshalle, geschmückt mit Bildern von Lenbach. Neben einem Flur liegen die Bibliothek und ein Speiseraum. Es folgt dann ein Gartensaal. Die

Einrichtung besteht aus geretteten Möbeln und Bildern aus dem alten Bismarckschen Besitz Schönhausen in der Altmark.

Im Bismarckmuseum in Friedrichsruh sind die nach dem Krieg geretteten Gegenstände aus dem alten Schloß zu besichtigen, u. a. das Arbeitszimmer des alten Reichskanzlers. Weitere Erinnerungsstücke befinden sich in der sogenannten Fürst Bismarck Mühle. Diese Mühle ist bereits 1350 zum erstenmal urkundlich erwähnt. Im Gutspark wird 1889–90, durch den Architekten Schorbach, in neuromanischer Form das Bismarck Mausoleum als Tuffsteinbau auf Granitsockel erbaut. Das Gebäude ist in Anlehnung an die Grab-Kapelle Theoderichs des Großen in Ravenna entworfen worden.

In dem Zentralbau stehen die Marmorsarkophage des Fürsten und der Fürstin Otto v. Bismarck. Gegenüber der Kapelle steht eine Hirschgruppe, ein Geschenk des Landes Anhalt an den Fürsten zu seinem 80. Geburtstag am 1. 4. 1895.

Das Gut Schönau mit der Brennerei ist heute Eigentum des Grafen Maximilian v. Bismarck. Der Hof Schwarzenbek ist ein Besitz des jüngsten Bruders des jetzigen Fürsten, des Grafen Leopold v. Bismarck.

Friedrichsruh

Besitzer: Ferdinand Fürst v. Bismarck

Besitzer

1761 Friedrich Graf zur Lippe Biesterfeld
1781 Willinek
1871 Fürst v. Bismarck

Gut und Bauten

Sachsenwald im Besitz der Herzöge v. Lauenburg
1767 Altes Landhaus. Ausbau zum Jagdschlößchen
1903 Ausbau des Hauses Frascati. Erweiterung und Umbau
1945 Zerstörung des Schlosses durch Bomben

Bau eines neuen Hauses unter Benutzung alter Bauteile durch die Architekten Ellingius und Schramm aus Hamburg

Gülzow

Kirchspiel Gülzow   Kreis Herzogtum Lauenburg

Das zu den adeligen Gerichten gehörende Lehengut Gülzow, einst Gultsowe geheißen, ist im Gegensatz zu den meisten Mannlehen ein Kunkellehen gewesen. Das Kunkellehen ist auch in weiblicher Deszendenz vererbbar gewesen, damit ist bei diesen Gütern stets die Gewähr vorhanden gewesen, länger in der Hand der weiteren Familie zu bleiben, sollte auch die männliche Linie als Namensträger erlöschen. Gülzow, urkundlich bereits im 13. Jahrhundert erwähnt, besitzt noch heute eine Burginsel, auf der sich ein stattlicher Backsteinbau aus dem 18. Jahrhundert befindet. Ältere Bauteile sind bei diesem Bau verwendet worden, der mit einem Krüppelwalmdach versehen ist. Dieser Bau ist ein ehemaliges Brauhaus.
Das alte adelige Gericht ist über 300 Jahre in den Händen der im Lauenburgischen zu den ältesten ritterschaftlichen Familien zählenden Familie v. Schack gewesen.
1654 verkauft der berühmte dänische Reichsfeldherr und Lehnsgraf Hans Schack auf Schackenburg den alten Familienbesitz an Bonaventura v. Bodeck, Sproß einer großen Kaufherrenfamilie, die eng mit den Uffeln in Basthorst verwandt ist.
Ein knappes Jahrhundert später gelangt Gülzow, 1738, in die Hand der Familie der Grafen v. Kielmansegg. Der hannoversche General Georg

Ludwig Graf v. Kielmansegg kauft das Gut zu günstigem Preise aus der Zwangsversteigerung. Nahezu zwei Jahrhunderte hat diese Familie in Gülzow gesessen, der der Stammsitz aller noch heute lebenden Nachfahren ist. Die aus Itzehoe kommende Familie Kielmann wird im Jahre 1641 nobilitiert. 1652 erhält der berühmte holsteinisch-herzogliche Kanzler Adolf Kielmann vom Kaiser die Erlaubnis sich Kielmann v. Kielmannseck zu nennen. Bei diesem letzten Namen in abgewandelter Form, Kielmansegg, ist es dann geblieben, auch bei den Enkeln, die 1723 in die Würde von Reichsgrafen des Heiligen Römischen Reiches Deutscher Nation gelangen. Die Kielmansegg haben nicht nur in Schleswig-Holstein, später in Preußen, sondern vor allem auch im Dienst der Kurfürsten und großbritannischen Könige aus dem Haus Hannover, Hervorragendes geleistet. Die Gülzower Linie ist beredtes Zeugnis dafür.
Der erste Besitzer von Gülzow aus der Familie Kielmansegg ist General, zieht sich aus dem Dienst zurück und hat in Gülzow als tüchtiger Forstwirt gewirkt, zu einer Zeit als sich die Forstwirtschaft erst in den allerersten Anfängen befindet. Er erwirbt 1752 das sich noch heute in der Familie befindliche adelige Gut Seestermühe im westlichen Holstein. Im 19. Jahrhundert ist es ein Urenkel, der weit über die Landesgrenzen hinaus als Politiker bekannt geworden ist, Friedrich Ludwig Graf v. Kielmansegg. Aus der Lauenburgischen Geschichte ist er nicht hinwegzudenken, die er in erheblichem Maße mitgeprägt hat, besonders in den schwierigen Jahren der 1848er Revolution, steht doch Lauenburg gerade in dieser Zeit zwischen dem deutschen Bund und dem dänischen König, dem die Lauenburger seit 1815 den Treueid geleistet haben. Kielmansegg hat in diesen Jahren als Statthalter des Herzogtums Lauenburg klug und mäßigend regiert.
In den kriegerischen 60er Jahren bleiben die Lauenburger neutral. Graf Friedrich Ludwig v. Kielmansegg hat als ein geschickter Pragmatiker politisch ausgleichend gewirkt. Der letzte in Gülzow lebende Repräsentant der Familie ist unverheiratet geblieben. Er hat in Gülzow ein einsames Leben geführt, nachdem er in Rumänien für einige Zeit als Konsul tätig gewesen ist. 1930 wird der Besitz von der Hamburger Familie Fischer erworben, in deren Hand er sich seit dieser Zeit befindet.
Das Herrenhaus und die Hofanlage des ehemaligen Fideikommißgutes, das durch Hinzufügung der Güter Collow und Hasenthal eine beträchtliche Größe besessen hat, erhält im 18. Jahrhundert eine vollkommene bauliche Umstrukturierung. Ein großer Park wird durch den Baumeister Johann Friedrich Laves, der zu der bekannten hannoverschen Baumeisterfamilie gehört, angelegt. Ein Lageplan aus diesem Jahre zeigt die Anordnung der Gebäude und des Parkes. Auf diesem Lageplan erkennt man, daß das alte

Herrenhaus, mit dem eingangs genannten Brauhaus auf der Insel, von dem Burggraben umgeben ist. Das Herrenhaus ist axial zum Wirtschaftshof angeordnet. Diese älteren Gebäude sind nur in ihren Umrissen eingezeichnet. Auf dem Plan steht die jeweilige Zahl ihres Abbruches. Vorhandene Hofgebäude sind laut dieser Einzeichnung zwischen 1771 und 1783 abgerissen worden.
Auch das Herrenhaus ist zerstört worden. Zwischen 1779 und 1783 wird das neue Herrenhaus in der Gartenachse angelegt. Neben diesem wird 1780 die Rentei gebaut, die als Übergangswohnung benutzt worden ist. Die Rentei ist ein Fachwerkbau im sogenannten hannoverschen Stil. Das Herrenhaus ist ein Ziegelsteinbau mit einem Schieferdach. Es besteht aus zwei Etagen, einem später hinzugefügten Turm und Terrassen. 1852 wird es sehr vergrößert, der Turmanbau stammt aus dieser Zeit. Auch im 20. Jahrhundert, bereits zur Besitzerzeit der Familie Fischer, ist weiter an dem Haus gebaut worden.

Rentei

Der Besitzer wohnt heute im Park, der mit seinen barocken Spuren einen romantischen Hintergrund liefert für das aus dem 18. Jahrhundert stammende, im 20. Jahrhundert von dem Hamburger Architekten Klaus J. Ehrenberger, umgebaute Palmenhaus. Im Park stehen ebenfalls noch ein Mausoleum und ein Teehaus, neben dem Hof die klassizistische Patronatskirche.

Adeliges Gericht Gülzow

Besitzer: Gerd Fischer

Besitzer

Seit dem	
13. Jhdt.	v. Schack
1654	v. Bodeck
1736	Grafen v. Kielmansegg
1930	Fischer

Gut und Bauten

Gülzow ist Kunkellehen.
Erweiterung des Gutes durch die Güter Collow und Hasenthal. Fideikommiß und Majorat.
Burganlage auf einer Insel mit Brauhaus a. d. 18. Jhdt. mit älteren Teilen

Zwischen 1771 und 1783	Abbruch der Hofgebäude, einschließlich eines Herrenhauses
1783	neues Herrenhaus
1780	Rentei „hannoverscher Stil" (Fachwerk)
1852	Umbau, Hinzufügung des Turmes
1930	Umbauten
1930	Palmenhaus aus dem 18. Jhdt. Ausgebaut durch Klaus J. Ehrenberger

Personenregister

Abbildungsnachweis

Farbabbildungen

Cramers Kunstanstalt, Dortmund: 213
Alfred Demnick, Kiel: 241
Walter Hahn, Mölln: 353, 374
Flemming Jerk, Charlottenlund bei Kopenhagen: 129, 174, 183, 193, 204, 224
Saxtorph Jørgensen: 21, 24, 45, 56, 66, 75, 86, 95, 97, 108, 120
Günter Jost, Hamburg: 343
Foto Kaack, Itzehoe: 271, 282
Landesamt für Denkmalpflege Schleswig-Holstein, Kiel: 314, 334, 383, Schutzumschlag
Karl Lock, Bad Segeberg: 298, 303
Privatbesitz: 114
Klaus Rohmeyer, Fischerhude: 262
Sammlung Schwarzkopf, Hamburg: 359
Otto Vollert, Kiel: 139, 252, 291, 323

Schwarzweißabbildungen

Bernd Böhm, Hamburg: 48
Jürgen Gaiser, Aachen: 269, 270
Walter Hahn, Mölln: 350, 362, 364, 366, 368
Volker Hamann, Groß Gladebrügge: 297
Heinrich Hinz, Flensburg: 17
Hans Hoffmann, Husum: 113
Marie Gräfin Holstein-Ledreborg: 137, 140
Flemming Jerk, Charlottenlund bei Kopenhagen: 23, 72, 126, 133, 135, 158, 168, 169, 173, 179, 180, 181, 188, 192, 196, 198, 202, 211, 214, 220
Landesamt für Denkmalpflege Schleswig-Holstein, Kiel: 15, 18, 19, 26, 29, 30, 31, 34, 36, 37, 43, 46, 49, 60, 69, 73, 77, 85, 88, 96, 99, 106, 107, 111, 116, 119, 122, 123, 124, 131, 142, 145, 149, 157, 160, 161, 162, 164, 166, 171, 176, 177, 184, 186, 190, 200, 203, 216, 218, 222, 223, 231, 232, 279, 293, 294, 295, 300, 301, 302, 306, 308, 309, 310, 312, 318, 321, 325, 326, 329, 332, 337, 338, 348, 360, 371, 372, 373, 377, 379, 381, 384, 386, 389, 391, 393
Heiner Leiska, Hamburg: 341
Karl Lock, Bad Segeberg: 229
Privatbesitz: 27, 38 (freigeg. Reg.-Präs. Düsseldorf Nr. 25/J 132418002), 40, 62, 65, 70, 76, 90, 92, 93, 103, 104, 148, 153, 156, 207, 209, 225, 234, 237, 305, 346, 387
Schleswig-Holsteinisches Landesmuseum, Schleswig: 52, 54, 55, 58
Sammlung Schwarzkopf, Hamburg: 354, 357
Ferdinand Uhrbahns, Eutin: 226
Otto Vollert, Kiel: 63, 79, 80, 82, 84, 102, 128, 151, 239, 242, 243, 245, 246, 249, 250, 254, 255, 257, 258, 259, 261, 264, 266, 267, 273, 274, 276, 277, 281, 284, 286, 288, 289, 316, 320, 327, 328, 331
Foto Waibel, Plön: 146

Erwin Raeth, Kiel: Karte auf den Vorsätzen

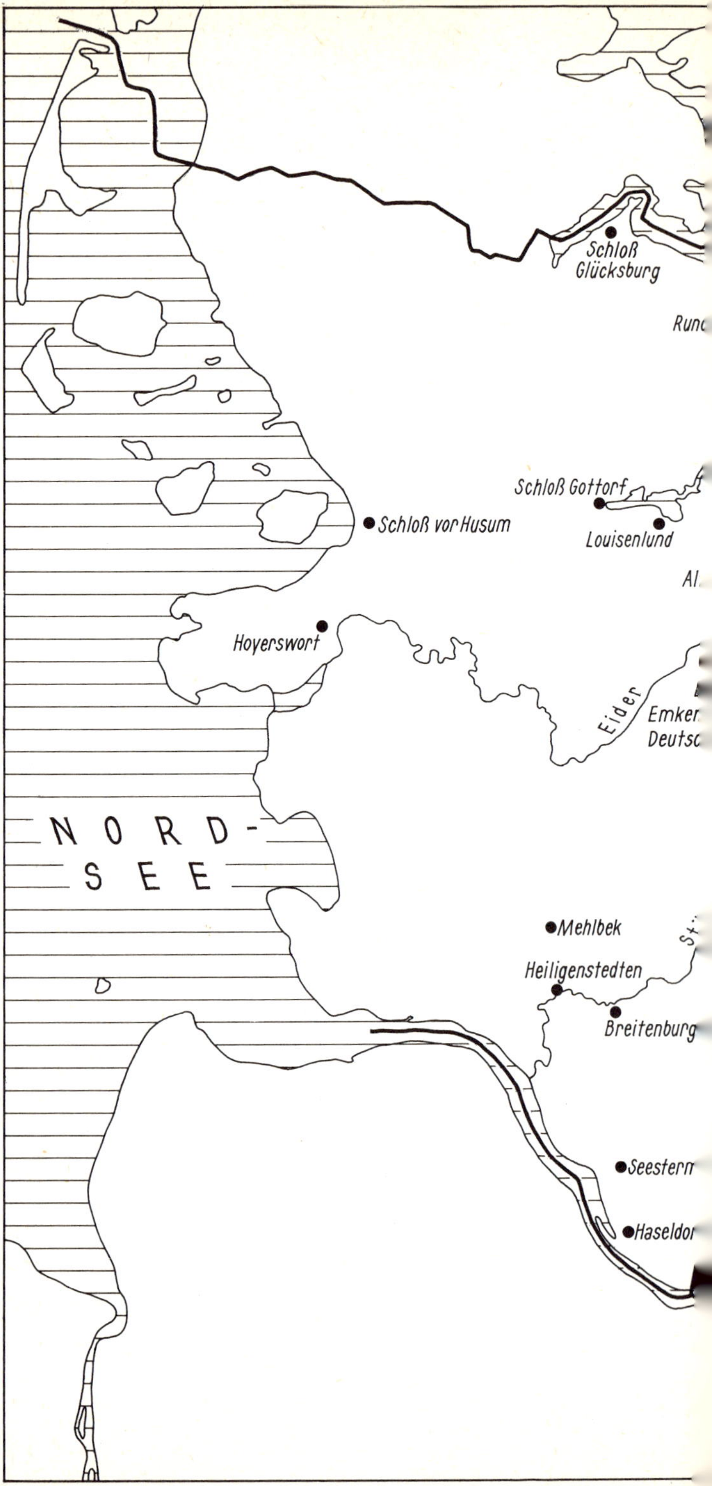

Schloß
Glücksburg
Schloß Gottorf
Schloß vor Husum
Louisenlund
Hoyerswort
Eider
NORD-
SEE
Mehlbek
Heiligenstedten
Breitenburg